面向新工科高等院校大数据专业系列教材

# Python 数据分析、挖掘与可视化

毋建军　姜　波　编著

机械工业出版社

本书从大数据分析实际业务流程出发，利用案例贯穿介绍了大数据分析应具备的基础开发技术，包括 Python 基础、Python 高级开发技术、数据采集与存储、数据预处理、数据分析、数据可视化、数据挖掘等；详细介绍了基于 Python 的数据分析全流程技术和相关机器学习算法；并通过社交用户画像挖掘案例，介绍了从应用场景需求分析→社交数据分析→用户画像构建的开发方法和过程，以及基于 Flask 框架、用户属性、神经网络挖掘的社交用户数据分析和画像构建过程。

本书既可作为高等院校人工智能、计算机、大数据等专业的相关课程的教材，也可作为大数据分析人员的技术参考书。

本书配套授课电子课件、案例源码，需要的教师可登录 www.cmpedu.com 免费注册，审核通过后下载，或联系编辑索取（微信：15910938545，电话：010-88379739）。

**图书在版编目（CIP）数据**

Python 数据分析、挖掘与可视化 / 毋建军，姜波编著. —北京：机械工业出版社，2021.7（2025.1 重印）
面向新工科高等院校大数据专业系列教材
ISBN 978-7-111-68710-8

Ⅰ. ①P… Ⅱ. ①毋… ②姜… Ⅲ. ①软件工具-程序设计-高等学校-教材 Ⅳ. ①TP311.561

中国版本图书馆 CIP 数据核字（2021）第 140197 号

机械工业出版社（北京市百万庄大街 22 号 邮政编码 100037）
策划编辑：胡 静 责任编辑：胡 静
责任校对：张艳霞 责任印制：单爱军
北京虎彩文化传播有限公司印刷

2025 年 1 月第 1 版·第 4 次印刷
184mm×240mm·21.75 印张·540 千字
标准书号：ISBN 978-7-111-68710-8
定价：89.00 元

电话服务 网络服务
客服电话：010-88361066 机 工 官 网：www.cmpbook.com
010-88379833 机 工 官 博：weibo.com/cmp1952
010-68326294 金 书 网：www.golden-book.com
**封底无防伪标均为盗版** 机工教育服务网：www.cmpedu.com

# 面向新工科高等院校大数据专业系列教材
# 编委会成员名单

（按姓氏拼音排序）

主　　任　　陈　钟

副 主 任　　陈卫卫　　汪　卫　　吴小俊　　闫　强

委　　员　　安俊秀　　鲍军鹏　　蔡明军　　朝乐门

　　　　　　董付国　　李　辉　　林子雨　　刘　佳

　　　　　　罗　颂　　吕云翔　　汪荣贵　　薛　薇

　　　　　　杨尊琦　　叶　龙　　张守帅　　周　苏

秘 书 长　　胡毓坚

副秘书长　　时　静　　王　斌

# 出 版 说 明

当前，我国数字经济建设加速推进，作为数字经济建设的主力军，大数据专业人才需求迫切，高校大数据专业建设的重要性日益凸显，并呈现出以下四个特点：实用性、交叉性较强，专业设立日趋精细化、融合化；专业建设上高度重视产学合作协同育人，产教融合发展迅猛；信息技术新工科产学研联盟制定的《大数据技术专业建设方案》，使得人才培养体系、专业知识体系及课程体系的建设有章可循，人才培养日益规范化、标准化；大数据人才是具备编程能力、数据分析及算法设计等专业技能的专业化、复合型人才。

作为一个高速发展中的新兴专业，大数据专业的内涵和外延不断丰富和延伸，广大高校亟需能够系统体现大数据专业上述四个特点的教材。基于此，机械工业出版社联合信息技术新工科产学研联盟，汇集国内专家名师，共同成立教材编写委员会，组织出版了这套《面向新工科高等院校大数据专业系列教材》，全面助力高校新工科大数据专业建设和人才培养。

这套教材依照《大数据技术专业建设方案》组织编写，体现了国内大数据相关专业教学的先进理念和思想；覆盖大数据技术专业主干课程的同时，延伸上下游，涵盖云计算、人工智能等专业的核心课程，能够更好地满足高校大数据相关专业多样化的教学需求；引入优质合作企业的技术、产品及平台，体现产学合作、协同育人的理念；教学配套资源丰富，便于高校开展教学实践；系列教材主要参编者皆是身处教学一线、教学实践经验丰富的名师，教材内容贴合教学实际。

我们希望这套教材能够充分满足国内众多高校大数据相关专业的教学需求，为培养优质的大数据专业人才提供强有力的支撑。并希望有更多的志士仁人加入到我们的行列中来，集智汇力，共同推进系列教材建设，在建设数字社会的宏大愿景中，贡献出自己的一份力量！

**面向新工科高等院校大数据专业系列教材编委会**

# 前　　言

随着人工智能技术的发展，挖掘和分析商业应用大数据已经成为一种推动企业应用场景落地的重要手段，大数据分析已经成为一个快速发展的新型学科。在人工智能及大数据分析中，Python 以简洁、丰富的第三方库被广泛采用。虽然市面有很多以 Python 为基础的数据分析书籍，但关注数据分析全流程分析技术的书籍却很少，尤其使读者能够对数据分析技术全面了解、易于上手的入门教材更为短缺。因而，本书在 Python 开发的基础上，通过案例全面深入介绍了大数据分析中的 Python 开发知识、数据采集与存储、数据预处理、数据分析、数据可视化、数据挖掘等技术，并引入了数据分析综合案例社交用户画像挖掘，供读者深入学习。

本书从数据分析所需的 Python 开发技术讲起，由浅入深，逐步介绍在数据采集、数据处理、数据存储、数据分析、数据可视化方面的技术，及 Python 在数据挖掘、机器学习、嵌入式开发中的技术及应用等内容。全书共 8 章，共分 4 部分：分别为 Python 开发技术（第 1 章、第 2 章），数据采集、存储、预处理部分（第 3 章、第 4 章）；数据分析、可视化、挖掘应用部分（第 5 章、第 6 章、第 7 章）；综合案例社交用户画像挖掘（第 8 章）。

本书作为面向高等院校大数据技术的教材，涵盖了大数据分析所涉及的主要技术。通过项目案例，构建 Python 基础及数据分析应用知识体系，以项目贯穿、由简到繁、由易到难，简单易上手，项目内容丰富全面，信息量大。在知识内容组织上全方位涵盖了 Python 环境搭建、Python 高级开发、数据预处理、数据分析、数据可视化的全流程操作，以及 Python 数据挖掘、可视化的知识体系，适合 Python 数据分析的初学者。

本书所介绍的项目案例都是在 Python 3.8 环境和 PyCharm 下调试运行通过的。而第 8 章的综合案例是基于 Flask 框架来完成的，可帮助读者理解、掌握大数据分析的高级应用开发。从数据预处理→数据分析→建模训练→用户画像展示的全流程设计开发，读者可按照书中项目案例，完成数据分析的全过程任务。

本书编写、代码调试工作由毋建军、姜波完成。感谢本书编辑胡静给予的支持和帮助。

本书提供所有项目源代码及数据，可登录 www.cmpedu.cn 注册下载。

由于编者水平有限，书中难免存在不妥之处，请读者指正，并提出宝贵意见。

编　者

# 目　　录

# 第1章
# Python 基础

本章主要讲解 Python 基础知识，包括 Python 在数据采集、数据处理、数据分析、数据可视化方面的相关知识，以及 Python 在数据挖掘、机器学习、嵌入式开发中的技术及应用；当前主流的 Python 集成开发平台、常用库、数据分析工具。本章在介绍不同系统下 Python 开发环境搭建的同时，还给出实际的开发案例。本章学习目标如下：

◇ 了解 Python 基础知识。

◇ 掌握大数据分析流程及应用工具。

◇ 掌握不同系统平台下 Python 开发环境的搭建。

◇ 熟悉 Python 集成开发平台及常用库。

◇ 实现 Python 在移动终端、嵌入式开发的基本步骤和方法。

◇ 实现 Python 在 Anaconda 中的基本程序开发步骤和方法。

学习完本章，将对 Python 的基础开发和工具有一个全面的认识和掌握，并用其开发实际的应用程序。

## 1.1 Python 概述

Python 最早起源于 ABC 语言，在 1989 年由 Guido van Rossum 发明，是一门跨平台的可解释性编程语言，有时也称其为高级动态编程语言或脚本语言。它结合了 C、UNIX shell 和 ABC 语言的特点，以程序、面向对象、功能等方式运行于 Windows、Linux、Mac、UNIX、Solaris 等系统平台，广泛应用于 Web 开发、软件开发、复杂科学计算及统计、云计算、人工智能、网络爬虫等。在 2020 年 1 月之后，Python 2.7 版本由免费转为付费模式。

Python 第一个公开版发行于 1991 年，其版本发展历史如下。

● Python 1.0：1994 年 1 月，增加了 lambda，map，filter and reduce。

● Python 2.0：2000 年 10 月，加入了内存回收机制，构成了现在 Python 语言框架的基础。

● Python 2.4：2004 年 11 月，同年诞生了目前最流行的 Web 框架 Django。

● Python 2.7：2010 年 3 月发行。

● Python 3.0：2008 年 12 月发行。

● Python 2.7.18：2020 年 4 月发行（Python 2 时代结束，不再更新）。

● Python 3.9.0a6：2020 年 4 月 28 日发行。

**1. Python 语言特点**

Python 是完全面向对象的语言，具有简洁、易读、可扩展、可嵌入的特点，其函数、模块、数字、字符串等都为对象，支持继承、重载、派生、多继承、重载运算符、动态类型。Python 具有丰富的 API、工具（PyGTK、PyQt、wxPython、PyOpenGL 等）和第三方库，使用 Python 可将其他语言编写的程序进行集成和封装，以此来编写扩充模块。

Python 语言与其他编程语言相比，Python 依赖缩进，使用空格来定义范围，如循环、函数和类的范围，而其他编程语言通常使用花括号来实现上述目标，如 C、C++等语言；另外，Python 使用新行来完成命令，而不是使用分号或括号。在 Python 中，一个模块的界限，是由每行的首字符在这一行的位置来决定的，而 C 语言与字符的位置没有关系，是用一对花括号{}来明确地定出模块的边界。

**2. Python 基本语法**

Python 文件既可以在文本编辑器中编写，也可以在后续讲述的集成开发工具中创建，其文件扩展名为.py，由于 Python3.x 并不能完全兼容 Python 2.x，所以在基本语法上 Python 2.x 和 Python3.x 存在一些区别，Python 2.x 环境下的文件并不能完全无缝地迁移到 Python3.x 的环境中运行。一般在创建或运行 Python 程序之前，需查看 Python 版本，例如，在 Windows 操作系统的命令行（cmd）、Linux 或 Mac 的终端输入命令：python-version。

1）变量：在 Python 中变量名称区分大小写，变量命名需要满足规则。

● 变量名必须以字母或下划线字符开头。

● 变量名称不能以数字开头。

● 变量名只能包含字母、数字字符和下划线（A~z、0~9 和_）。

● 变量名称区分大小写（如 na、Na、NA 分别是 3 个不同的变量）。

在 Python 中没有声明变量的命令，不需要提前使用任何特定类型进行变量类型声明，首次为变量赋值时，才会根据赋值的类型为变量创建类型，同时，也可以在设置后更改变量类型。如下变量创建及类型更改。

```
x = 1        # x 是 int 类型
x = "Wjj"    # x 更改为字符串类型
```

2）注释和代码块：在 Python 中注释以"#"开头，Python 将其余部分作为注释；代码块则是通过使用缩进（代码行开头的空格）来进行标识。

3）数据类型：包含数值类型、文本类型、布尔类型、二进制类型、序列类型、集合类型和映射类型，如表 1-1 所示。

表 1-1　Python 内置数据类型

| 数值类型 | 文本类型 | 布尔类型 | 二进制类型 | 序列类型 | 集合类型 | 映射类型 |
|---|---|---|---|---|---|---|
| int, float, complex | str | bool | bytes, bytearray, memoryview | list, tuple, range | set, frozenset | dict |

## 1.2　Python 大数据应用

基于 Python 的大数据应用催生了很多技术，应用于很多行业，如嵌入式开发、数据挖掘、机器学习等。本节将对 Python 在大数据处理全流程中的技术、行业数据集、嵌入式开发平台、数据挖掘算法机器学习处理及库等知识和应用，分别进行简要介绍。

### 1.2.1　Python 与大数据技术

大数据作为一种数字资源，已经成为行业领域和社会发展的重要基础和驱动力。Python 以其简洁、丰富的库资源推动了大数据处理技术的发展，以 Python 为基础的数据技术贯穿数据采集、数据处理、数据分析、数据可视化全过程，解决了数据如何来、如何处理、如何存储、如何呈现等问题。下述介绍 Python 衍生的数据技术。

#### 1. 数据采集技术

在互联网时代，数据采集面临着日志文件、文档、图片、音频、视频等非结构化数据，以及数据量巨大、数据协议多样化、传输带宽狭窄、安全性欠缺等问题，采集终端有传感器、RFID、移动设备、浏览器等。

围绕 Python 的数据采集技术有爬虫框架 Scrapy、HTTP 工具包 Urlib2、HTML 解析工具 Beautiful Soup、XML 解析器 lxml 等。Scrapy 框架在第 3 章会详述。对于 Urlib2 包，可以通过使用 ulropen() 和 urlretrieve() 的方法，实现将爬取到的数据分别存储内存和硬盘文件中，命令如下。

```
import urllib.request
data = urllib.request.ulropen(http://www.baidu.com).read().decode("utf-8","ignore")
# 打开 baidu 页面，读取数据到内存，解码并赋值给 data
```

Beautiful Soup 是一个可以从 HTML 或 XML 文件中提取数据的 Python 库，应用需要导入 bs4 包。同样，lxml 也是 Python 的一个解析库，支持 HTML 和 XML 的解析，支持 XPath 解析方式；除 Python 标准库中自带 lxml 模块之外，还有 Cython 实现的第三方库 lxml，而且增加了很多功能应用于爬虫处理网页数据。

#### 2. 数据预处理技术

数据预处理常用的框架有 Apache Hadoop、Apache Storm、Apache Samza、Apache Spark、Apache Flink 等，它们处理数据的模式可分为批处理、流处理、混合处理 3 种模式，涉及 MapReduce、HDFS、Stream 等技术。

在数据预处理前一般需要安装或导入所需的库文件。数据预处理的流程，一般包含数据集导入、数据清洗（处理缺失的数据）、特征选择（编码分类数据），然后生成训练数据或生成新数据，如图 1-1 所示。

Python 还提供了一些数据预处理的库（如 NumPy、pandas、sklearn 等），来完成数据的标准化处理、归一化、二值化、标记编码、数据集拆分等处理操作。其中，NumPy 库用于数学函数、科学计算，pandas 库用于导入和管理数据集，sklearn.preprocessing 库用于数据前期处理，sklearn.model_selection 库的 train_test_split 方法用于数据集拆分，代码如下所示：

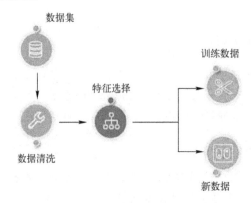

图 1-1　数据预处理操作流程

```
# 导入库和定义数据
import numpy as np
from sklearn import preprocessing
data1 = np.array([[2,-1,2,-0.4],
                  [0,4,0.3,2.1]])
# 标准化处理
data1_standardized=preprocessing.scale(data1)
# 数据集拆分
X_train, X_test, Y_train, Y_test = train_test_split( X , Y , test_size = 0.4,
random_state = 0)
```

### 3．数据存储技术

数据存储有多种方式，根据数据的规模和应用，可以采用文件存储、二进制存储、数据库存储等。文件存储可分为 TXT 纯文本形式、CSV 格式、Excel 格式、JSON 格式等；而在 Python 中常用的大数据库及表存储有 MongoDB、Redis、SQLite、PyTables 等。

在 Python 中，文本文件可使用 open()方法、read()方法、pickle 模块等进行读写，还有 bs4、pandas、xlrd、xlwt、os 等库也可实现文件的读写。xlwt 库用于数据的写入，常用于读取 Excel 文件，实现比较精准的控制，代码如下所示：

```
import xlrd
# 打开 Excel 文件
x1 = xlrd.open_workbook(filename)
# 获取 sheet 对象
x1.sheet_names()                        # 获取所有 sheet 名字
tb = data.sheet_by_name('Sheet1')       # 根据工作表的名称获取工作表的内容
ds = x1.sheet_by_index(2)               # 通过索引查找
# 行操作
ds.row_values(0)                        # 获取第一行所有内容
# 表操作
ds.row_values(1,5,9)                    # 获取第二行，第 5～8 列
```

与 xlrd、xlwt 库相比，pandas 库读取数据的方式和范围更为广泛，其常用函数如下。

```
import pandas as pd
tb = pd.read_table('tb.txt')            # 读取文本数据
```

```
csv = pd.read_csv(r'c:\tx.csv')          # 读取 CSV 文件
excel = pd.read_excel(r'c:\tc.xlsx')     # 读取 Excel 文件
```

同时，也可与 psycopg2 库结合，使用 pd.read_sql_query()函数读取数据库中的数据，并保存到 Excel 文件中。

```
import psycopg2                          # 使用 psycopg2 库连接数据库
import pandas as pd
try:
        conn = psycopg2.connect("dbname=%s port=%s user=%s host=%s password=%s"
% (dbname, portnum, username, url, password))
except:
        print("fail in connect!")        # 如果连接失败，打印该语句
query = 'SELECT age, teststep FROM db.database WHERE age < 20;')
# 根据 query 语句到 conn 数据库中查询，并将结果返回
df = pd.read_sql_query(query, conn)      # 查询语句、连接的数据库对象
df.to_excel(filename,sheetname)
# 将 df 中的数据保存到 Excel 表格中，保存路径为 filename，sheet 名为 sheetname
```

如果文件的格式为标签型数据，如 HTML、XML、JSON、YAML 等，可以通过 bs4 库的 BeatifulSoup 函数来获取标签中的数据，再把标签数据转换为 soup 类，然后调用 soup 类的 find_all('标签名称')方法，最后根据参数"标签名称"进行遍历，从而实现读取全部数据的任务。

另外，利用 os 库的 listdir()函数，读取文件目录下的所有文件名称，再结合上述读取文件的操作，实现对多个数据文件的批量处理。

**4. 数据可视化技术**

Python 提供了丰富的数据可视化库和工具包，广泛应用于各种领域。Python 的可视化库如下。

- matplotlib：Python 数据可视化工具和绘图库。利用 matplotlib 可生成线图、直方图、条形图、散点图等。
- Seaborn：基于 matplotlib 统计数据可视化库。需提前安装 NumPy、SciPy、pandas 和 matplotlib。Seaborn 支持 Python 3.6+，不再支持 Python 2。
- PyQtGraph：基于 PyQt4/PySide 和 NumPy 构建的纯 Python GUI 图形库，主要用于数学、科学、工程领域。
- Pygal：基于 XML 开放标准的矢量图形语言，可生成多个输出格式的高分辨率 Web 图形页面，需要导入 Pygal 库。
- ggplot：基于 R 的 ggplot2 和图形语法的 Python 绘图系统，ggplot 与 pandas 紧密联系。如果使用 ggplot，最好将数据保存在 DataFrames 中。
- Bokeh：一个 Python 交互式可视化库，支持浏览器端 Web 展示，能与 NumPy、pandas、Blaze 等大部分数组或表格式的数据结构完美结合。
- VisPy：用于交互式科学可视化的高性能 2D/3D 数据可视化库，具有快速、可伸缩、易用等特点。它利用图形处理单元（GPU）的计算能力，通过函数 API 的方式为 OpenGL ES 2.0、Angle 和 WebGL 提供接口。

- NetworkX：一个 Python 包，提供了适合各种数据结构的图表、二合字母和多重图，还有大量标准的图算法，可以产生随机网络、合成网络或经典网络，且节点可以是文本、图像、XML 记录等。

除此之外，还有 Plotly、python-igraph、folium、Gleam、vincent、mpld3、HoloViews、Altair、missingno、Mayavi2 等库，均可供数据可视化应用。

## 1.2.2　常用行业数据集

sklearn 包中自带的数据集有鸢尾花数据集 iris、乳腺癌数据集 breast_cancer、手写数字数据集 digits 及 MNIST、糖尿病数据集 diabetes、波士顿房价数据集 boston、体能训练数据集 linnerud 等。

不同行业领域涉及的数据集非常广泛，本书只列举了部分，主要有交通、医疗、经济金融、消费、体育等，分别如下。

- 交通领域数据集：Pronto 共享单车数据集、Uber 纽约市乘车数据、明尼阿波里斯市交通流量数据、欧州航空旅客运输季度数据集等。
- 医疗领域数据集：埃博拉数据集、宫颈癌风险因素数据集、帕金森疾病诊断数据集、新型冠状病毒（2019-nCoV）疫情时间序列数据集等。
- 经济金融领域数据集：拍拍贷互联网金融数据、信用卡评分模型构建数据、信用卡欺诈检测数据集、LendingClub 贷款数据、Santander 客户价值预测数据集等。
- 消费领域数据集：去哪儿网旅游产品及酒店数据、淘宝云主题点击数据集、淘宝 App 用户行为及广告实时竞价数据等。
- 体育领域数据集：NBA 数据集、欧洲足球联赛数据集、American College football 数据集等。

按研究领域划分数据集，可分为机器学习、计算机视觉（CV）、自然语言处理（NLP）、语音识别等。同时，也有一些按研究子领域划分的数据集，如命名实体识别、情感分析、推荐评价、社区发现等。例如，面向新算法的真实图像数据集 ImageNet，它是根据 WordNet 层次结构来组织的，其中层次结构的每个节点都由成百上千个图像来描述；以及关于电影评分的 MovieLens 数据集，包含了从 IMDB、The Movie DataBase 中获取用户对电影的评分信息。

除此之外，还有一些提供大量数据集的网站，例如，kaggle 提供了大约 19000 个公开数据集，供研究使用。

## 1.2.3　嵌入式开发应用

Python 的嵌入式开发是通过嵌入式开发平台与其他语言模块（如 C/C++等）形成联结、调用，应用于智能仪器、工业控制、图形处理、数字处理、Web 编程、多媒体应用等领域。

MicroPython 是 Python 3 编程语言的一个简洁和快速实现，专门优化运行于微控制器电路板上，提供交互式提示符（REPL）来立即执行所支持的命令。除了选定的核心 Python 库，MicroPython 还包括给予编程者访问低层硬件的模块。

当前，支持 MicroPython 的微处理器板有 pyboard、TPYBoard、Pymagic、Raspberry Pi，及嵌入式硬件 WiPy、Esp8266、Espruino Pico、STM32F4 Discovery 等。

CircuitPython 是一门应用于低成本微处理器的程序设计语言，已经获得约 124 个处理器支持，如 PyPortal、Thriket M0、Feather M4 Express、Metro M0 Express 等。

Python 嵌入式开发流程通常包含安装 Python3 及配置环境（MicroPython 或 circuitPython 安装）、烧录代码、编译调试代码。在 Windows、Linux、Mac 等不同的系统平台下，Python 在 ARM、STM32 上进行嵌入式开发需要不同的工具和软件。一般使用 Visual Studio Code 作为编辑器，keil 作为编译器，再安装支持 C/C++的 VS Code 插件，ms-VScode 和调试插件 Cortex-Debug。此外，在 Linux 平台上可以安装支持 ARM 架构的 gcc 工具链。当然，调试工具也可以使用 Jlink 调试（需要下载 Jlink 套件），或使用 STLink 调试（需要下载 stutil 工具）。对于 Arm Cortex-M 处理器的开发，可以使用 Keil MDK 软件，其支持 RVCT 和 gcc 两种工具链。

## 1.2.4　数据挖掘及应用

数据的大量生成和增长，使得从大量数据中分析、挖掘和发现未知规律及有价值的信息，成为当前及未来的重要任务，例如，挖掘用户兴趣爱好，实现新闻、购物、美食的个性化推荐等。

数据挖掘的过程，从狭义角度来看，即为数据预处理的过程，包含数据清洗、数据集成、数据转换规范、数据简化等环节；从广义来说，包含数据采集、数据预处理、数据建模、参数优化、模型评价等环节。在此基础上，也催生了很多数据挖掘技术和算法，如决策树、回归（Regression）、关联规则（Association Rule）、聚类（Clustering）、朴素贝叶斯算法、主成分分析（PCA）、支持向量机（SVM）、kNN 算法、EM 算法、K-Means 算法、AdaBoost、神经网络、异常检测等。

- 决策树：典型算法有 ID3（Iterative Dichotomiser）、分类决策树算法 C4.5、CART（Classification and Regression Trees）算法等。C4.5 是 ID3 的继承和改进，其优点是计算复杂度不高，中间缺失值不敏感，结果易于理解；而其缺点是容易产生过度匹配。决策树主要应用于分类、预测问题，在用户类别划分、行为预测等方面具有广泛的应用。
- 回归：包括线性回归和逻辑斯谛回归（LR 回归）。LR 回归是在线性回归模型的基础上，使用 sigmoid 函数将线性模型 $w^Tx$ 的结果压缩到 [0,1] 之间，使其拥有概率意义。主要应用于流行病学中，如探索某疾病的危险因素，根据危险因素预测某疾病发生的概率等。逻辑斯谛回归更多地应用于响应预测、分类划分等。
- 关联规则：典型算法是 Apriori 算法、Eclat，主要目的是找出数据集中的频繁模式，常应用于超市购物篮分析、网络连接分析、基因分析。例如，关联算法在超市购物篮分析中的作用主要是优化货架商品摆放或优化邮寄商品目录的内容，从而实现交叉销售、捆绑销售、异常识别等。
- 聚类：典型的算法有 K 均值聚类（K-Means）、层次聚类、密度聚类、谱聚类等。聚类类似于分类，但与分类的目的不同。聚类是针对数据的相似性和差异性将一组数据分为几个类别，属于同一类别数据间的相似性很大，不同类别之间数据的相似性较小，跨类的数据关联性很低。聚类常应用于文本分析、主题发现、网络分析、趋势预测、情感分析等，包括发现离群点、孤立点、数据降维，通过聚类发现数据间深层次的关系等。

常用的 Python 包有 NumPy、pandas、SciPy、statsmodels、Gensim、matplotlib，以及框架 LightGBM、Xgboost、时序包 Prophet 等。

## 1.2.5　机器学习及应用

机器学习（Machine Learning, ML）是研究计算机（机器）如何模拟和实现人的学习行为的一种技术。从历史数据或经验中发现规律、获取知识和技能，利用新学到的知识和已存在的知识，改进问题的求解和系统的性能。1998 年，Tom Mitchell 提出机器学习定义为：提出学习问题后，如果计算机程序对于任务 T 的性能度量 P 通过经验 E 得到了提高，则认为此程序对经验 E 进行了学习。

在机器学习研究历程中，可分为符号主义、联结主义、进化主义、贝叶斯派、Analogizers（类比主义）5 个学派，分别起源于不同学科，也有着不同的代表性算法和领域人物，如表 1-2 所示。

表 1-2　机器学习学派及其他信息

| 机器学习学派 | 起源学科 | 代表性算法 | 代表性人物 | 应用 |
|---|---|---|---|---|
| 符号主义（Symbolists） | 逻辑学、哲学 | 逆演绎算法（Inverse Deduction） | Tom Mitchell、Steve Muggleton、Ross Quinlan | 知识图谱 |
| 联结主义（Connectionist） | 神经科学 | 反向传播算法（Backpropagation）、深度学习（Deep Learning） | Yann LeCun、Geoff Hinton、Yoshua Bengio | 机器视觉、语音识别 |
| 进化主义（Evolutionaries） | 进化生物学 | 基因编程（Genetic Programming） | John Koda、John Holland、Hod Lipson | 海星机器人 |
| 贝叶斯派（Bayesians） | 统计学 | 概率推理（Probabilistic Inference） | David Heckerman、Judea Pearl、Michael Jordan | 反垃圾邮件、概率预测 |
| 类比主义（Analogizer） | 心理学 | 核机器（Kernel Machines） | Peter Hart、Vladimir Vapnik、Douglas Hofstadter | 推荐系统 |

机器学习通常分为有监督学习、半监督学习、弱监督学习、自监督学习、无监督学习、深度学习、强化学习和深度强化学习。除此之外，还有对抗学习、对偶学习、迁移学习、分布式学习和元学习等。

机器学习处理流程步骤如下。

1）定义问题：根据具体任务，定义学习问题。

2）收集数据：将收集的数据分成 3 组：训练数据、验证数据和测试数据。

3）特征工程：使用训练数据来构建使用相关特征。

4）模型训练：根据相关特征训练模型。

5）模型评估：使用验证数据评估训练模型，测试数据检查被训练的模型表现。

6）模型应用：使用完全训练好的模型在新数据上做预测。

7）模型调优：根据模型应用中的问题，以及更多数据、不同的特征和参数来提升算法的性能表现。

传统的机器学习算法包含线性回归、逻辑回归、决策树、支持向量机、贝叶斯网络、神经网络等。与传统机器学习不同的是，深度学习采用端到端的学习，基于多层的非线性神经网络，直接从原始数据学习，自动抽取特征，从而实现回归、分类等目标。

## 1.2.6　数据分析未来发展

数据分析是指用适当的统计分析方法对收集来的大量数据进行分析，提取有用信息并形成结论后，对数据加以详细研究和概括总结的过程。数据挖掘（Data Mining）则是知识发现和提取的过程，是从数据集合中自动抽取隐藏在数据中的有用信息的非平凡过程，这些信息的表现形式为规则、概念、规律及模式等。数据挖掘融合了数据库、人工智能、机器学习、统计学、高性能计算、模式识别、神经网络、数据可视化、信息检索和空间数据分析等多个领域的理论和技术。

随着大数据时代的到来，传统的软件已经无法处理和挖掘大量数据中的信息。数据存储发展经历了谷歌分布式文件系统 GFS、大数据分布式计算框架 Mapreduce、大数据 NoSQL 数据库 BigTable，以及 HDFS、HBASE、Ceph、GPFS、Swift 等分布式存储技术，从而奠定了大数据技术的基础。当前存储和分析大型数据集而开发的开源框架有 Hadoop、Spark、Flink、Storm 等。

在数据分析过程中，一个完整的流程包含数据采集、数据清洗、数据存储、数据计算、数据应用环节，基本结构如图 1-2 所示。数据采集环节经历了结构化数据和非结构化数据（图片、声音、视频）的采集。随着采集数据量的增大，数据的实时收集与处理变得困难，Spark、Kafka 和 Pulsar 已经成为当前数据接入常用的工具。而非结构数据的采集和接入，是未来的重要方向。

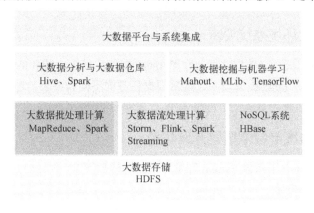

图 1-2　大数据分析基本结构

数据清洗中数据质量控制是重要环节，其中脏数据和错误数据是数据分析的主要瓶颈，数据清理和修复耗费了大量时间。自动清洗数据技术必是未来发展的方向。工具 HoloClean 就是一个由概率推理驱动的数据清理框架，在统一的框架中结合了各种异构信号（完整性约束、外部知识等），可以扩展到大型真实世界的脏数据集，并具有自动修复功能。

数据存储的核心是所有数据（结构、半结构、非结构、二进制）的管理，如何从数据库、数据仓库（OnLine Analytical Processing）和数据湖（结构、半结构、非结构、二进制）中挖掘、分析是其关键。结构化典型工具有 Hive，它是基于 Hadoop 的一个数据仓库工具，利用 HDFS 存储数据，利用 MapReduce 查询分析数据，可以将结构化的数据文件映射为一张数据库表，并提供类 SQL 查询功能，常用来做离线数据分析。半结构化数据（如日志文件）工具有 Pig。数据湖的工具有 Delta Lake、Kylo、Dremio、zaloni、Azure 等。

数据计算的数据量处理能力和实时性，已经成为当前大量场景实时分析和决策的基础，例如，实时新闻推荐、用户行为分析、舆情分析等。典型的有 Flink 、Storm、Samza、SparkStreaming（实时处理框架）等。其中，SparkStreaming 提供了动态的、高吞吐量的、可容错的流式数据处理，可以从多个数据 Kafka、Flume、Kinesis 中获取数据，然后使用复杂的算法进行数据处理加工，将处理后的数据输出到文件系统和可视化界面，也可以在数据流上使用机器学习和图形计算算法。

数据应用在不同领域有不同的应用方向，但数据建模与模型管理、数据可视化是重要的方向，当前的机器学习平台大多提供了从数据分析→数据转换→数据校验→模型训练建立→模型测试→模型校验→模型部署→模型监测的全过程。例如，SAS、Keyence KI、Dataiku 等平台。

数据可视化的工具有 Anodot、Sisu、Arcadia Data、Geotab、Siren、Linkedin、Imply、kyvos、esri、Plotly 等。

## 1.3 搭建 Python 开发环境

Python 作为具有跨平台特性的编程语言，可以部署在不同的操作系统环境和设备平台上，下面以常见的 Windows、Linux 和 macOS 为例，讲述 Python 在不同操作系统平台下，开发环境的搭建过程。

### 1.3.1 Python 开发环境系统要求

Python 可在 Windows、UNIX、Linux 和 macOS 等系统上安装和部署，也可以移植到 Java 和 .NET 虚拟机上。在 Python 开发中，通常根据任务的不同和要求，选择不同的开发环境。简单的 Python 程序，可以使用 IDLE 或 Python Shell 来编写 Python。

### 1.3.2 Windows 系统平台下搭建开发环境

在 Windows 系统平台下搭建 Python 开发环境的步骤如下。

**1. Python 下载和安装**

Python 提供了可用于 32 位和 64 位系统的可执行安装文件，可以从 Python 官网下载安装，如图 1-3 所示。

图 1-3　Python 下载页面

根据不同系统下载 32 位或 64 位的.exe 文件，下载后双击，安装中可选择直接安装，或选择自定义安装，如图 1-4 所示，按操作提示安装，在安装中选择把 Python 添加到环境变量即可。

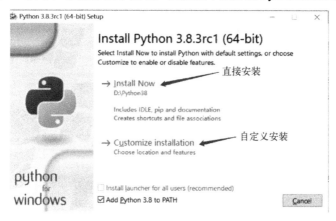

图 1-4　Python 安装

**注意**：在 Python 3.5 版本后不再支持 Windows XP 系统。

**2．Python 环境变量配置**

在环境变量中添加 Python 目录的方式有以下两种。

1）在命令提示框中（cmd）输入命令：

```
path=%path%;C:\Python
```

其中，C:\Python 是 Python 的安装目录。

2）通过右击"计算机"，在弹出的快捷菜单中选择"属性"命令，在打开的"系统"窗口中，选择"高级系统设置"选项，在"系统属性"对话框的"高级"选项卡中，单击"环境变量"按钮，如图 1-5 所示。

图 1-5　设置环境变量

然后在"系统变量"列表下选择"Path"选项，如图 1-6 所示，双击"Path"选项，在打开的"编辑环境变量"对话框中添加 Python 安装路径（C:\Python38），如图 1-7 所示。

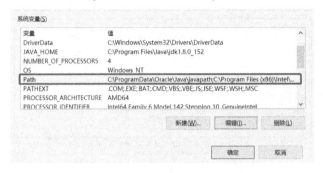

图 1-6　设置系统变量"Path"

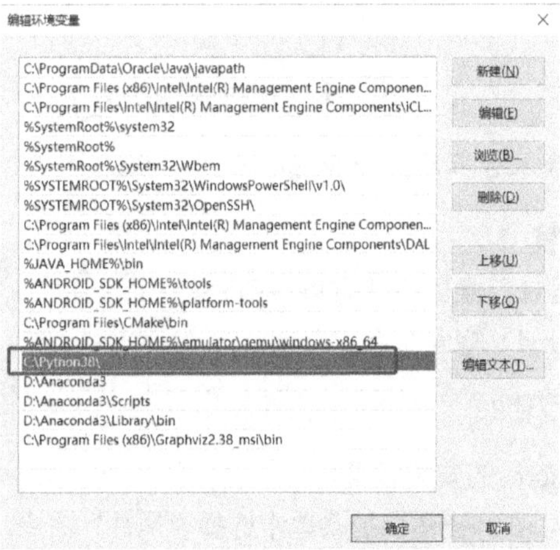

图 1-7　添加 Python 安装路径

设置成功后，在 cmd 命令行，输入命令"python"，验证 Python 环境变量设置是否生效，如图 1-8 所示。

图 1-8　验证 Python 环境变量设置

### 1.3.3　Linux 系统平台下搭建开发环境

在 Linux 系统平台下搭建 Python 开发环境的步骤如下。

1）Python 的 Linux 系统下的安装包可以从 Python 官网下载安装，如图 1-9 所示。

图 1-9　Python 源码

创建 Python 文件夹，使用 wget 命令下载上述 Python 源码，代码如下：

```
cd /usr/local/
mkdir python                           //创建一个文件夹用于存放下载的 Python3 压缩包
wget https://www.python.org/downloads/source/Python-3.8.2.tgz
                                       //Linux 下载 Python3.8.2 指令
```

2）解压 Python3.8.2 压缩包，命令如下：

```
tar -zxvf Python-3.8.2.tgz
```

3）使用 yum 命令安装必需的依赖包，如果没有安装 gcc，需要先安装 gcc，再安装依赖包，命令如下：

```
yum -y install gcc
yum -y install zlib-devel bzip2-devel openssl-devel ncurses-devel sqlite-
devel readline-devel tk-devel gdbm-devel db4-devel libpcap-devel xz-devel
yum -y install openssl-devel
```

4）执行配置文件、编译及安装，命令如下：

```
cd Python-3.8.2
./configure --prefix=/usr/local/python3.8.2    //设置配置
make && make install                           //编译、安装
```

5）建立软连接，命令如下：

```
ln -s /usr/local/python3.8.2/bin/python3.8  /usr/bin/python3
rm /usr/bin/python
ln -s /usr/local/python3  /usr/bin/python
ln -s /usr/local/python3.8.2/bin/pip3   /usr/bin/pip3
```

6）测试 Python 是否安装成功，输入以下命令：

```
python  --version  //查看 Python 安装版本，若显示版本信息，则表示安装成功
```

## 1.3.4　Mac 系统平台下搭建开发环境

在 Mac 系统平台下搭建 Python 开发环境的步骤如下。

1）Python 下载。Mac 系统一般都自带 Python 2.x 版本的环境，也可以在 Python 官网下载最新版安装（要求 macOS X10.9 以上），如图 1-10 所示。

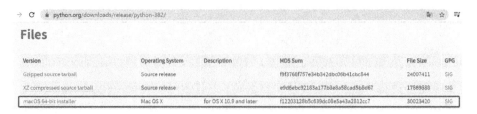

图 1-10　macOS X 版本

2）首先使用 brew 命令安装 pyenv，命令如下：

```
brew install pyenv
```

如果 pyenv 已经存在，可以使用下面命令更新。

```
brew upgrade pyenv
```

3）把 pyenv 路径添加到.zshrc 文件或.bashrc、.profile、.bash_profile 中任一个（根据具体情况而定）。

```
echo 'export PATH="$(pyenv root)/shims:$PATH"' >> ~/.bashrc
~ source ~/.bashrc
```

4）安装 Python 3.8.2 到 Mac 系统，命令如下：

```
pyenv install --list | grep 3.8.2
pyenv install 3.8.2
```

5）检测系统所有安装的 Python，及 Python 3.8.2 是否安装成功，命令如下：

```
pyenv versions
```

6）设置 Python 3.8.2 为系统默认 Python，命令如下：

```
pyenv global 3.8.2
```

7）检测当前默认 Python 版本，命令如下：

```
python3  -V
```

# 1.4　Python 集成开发平台

复杂的 Python 程序，通常使用集成开发环境（Integrated Development Environment，IDE）进行程序开发。Python 集成开发平台主要有以下几个。

**1. PyCharm**

PyCharm 是由 JetBrains 公司推出的一款 Python 专用编辑器和集成开发环境，具有跨平台性，其版本分为专业版和社区版，社区版为免费版本，可在 PyCharm 官网下载相应版本。注意：安装 PyCharm 之前，需要安装 Python。

PyCharm 具有调试、语法高亮、Project 管理、代码跳转、智能提示、自动完成、单元测试和版本控制等特点。

PyCharm 提供编码协助、代码分析、Python 重构等功能，支持 Django 开发、Google App Engine、IronPython、图形页面调试器、集成单元测试、Vuex、智能 debug 和专用编码字体 Mono 等。

**2. Anaconda**

Anaconda 是基于 Python 的数据处理和科学计算平台，已内置 Conda、Python 及多种有用的第三方库，如 NumPy、pandas、Scrip、matplotlib 等 180 多个包及其依赖项。Anaconda 分个人版、团队版、企业版和专业版，个人版为开源版本。可根据操作系统，以及处理器（32 位或 64 位）在官网选择不同的版本下载。Anaconda 内置的 Python 版本有 3.7 和 2.7 两种，如图 1-11 所示。

图 1-11　Anaconda 版本下载

另外，Anaconda 支持 TensorFlow、PyTorch 等机器学习平台，及数据分析、可视化工具 bokeh、HoloViews、PyViz 等。

**3. Eclipse + PyDev**

PyDev 是面向 Eclipse 的 Python IDE，作为 Eclipse 的插件，可用于 Python、Jython、IronPython 的开发。PyDev 版本、Eclipse 版本和 Java 版本之间有明确的兼容性要求，具体如下。

- Eclipse 2019, Java 8: PyDev 7.5.0。
- Eclipse 4.5, Java 8: PyDev 5.2.0。
- Eclipse 3.8, Java 7: PyDev 4.5.5。
- Eclipse 3.x, Java 6: PyDev 2.8.2。

在 Eclipse 和 PyDev 进行集成配置前，首先需要下载安装 JDK 和 Eclipse。PyDev 在 Eclipse 中集成，有两种方式，一种是提前下载 PyDev，然后在 Eclipse 中选择本地安装集成；另一种是在 Eclipse 中选择在线安装集成。

首先启动 Eclipse，选择"Help"→"Install New Software"命令，在弹出的窗口中单击"Add"按钮，在弹出的"Add Repository"窗口的"Location"文本框中，添加在线更新安装网址：http://pydev.org/updates，如图 1-12 所示，单击"Add"按钮，结果如图 1-13 所示。

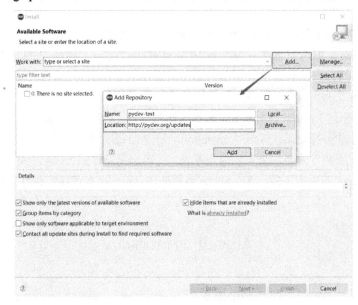

图 1-12　添加 Python 在线安装地址

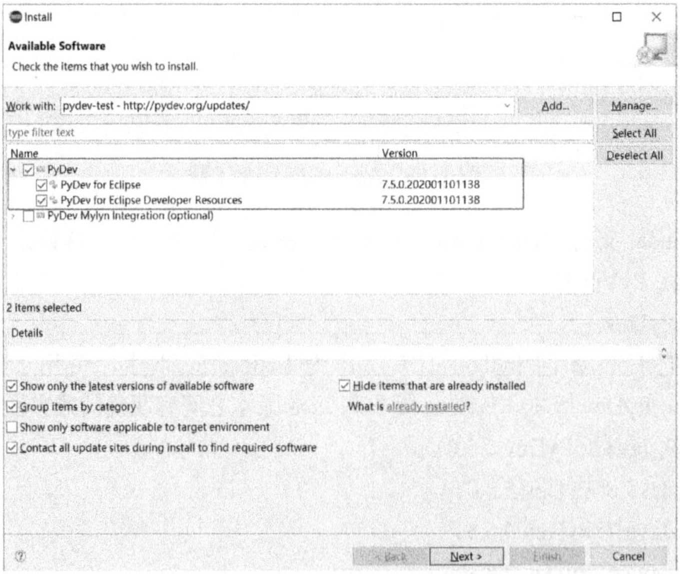

图 1-13　选择 PyDev 安装

PyDev 插件安装成功后，还需设置 Python 解释器，具体步骤如下。

打开 Eclipse，选择"Window"→"Preferences"命令，在弹出的"Preferences"窗口中选择"PyDev"→"Interpreters"→"Python Interpreter"选项，单击"Config first in PATH"按钮，在 Path 路径中找到 Python 解释器，也可单击"Browse for Python/pypy exe"按钮，手动找到

Python 解释器。添加完成后，单击"Apply and Close"按钮即可，如图 1-14 所示。

### 4. Python Tools for Visual Studio（PTVS）

Python Tools for Visual Studio 是一个免费开源的 Visual Studio 插件，支持 Visual Studio 2010 以上版本。在 Visual Studio 2019 的安装过程中，选择"Python development"选项即可支持 Python 开发；也可选择单独安装 Python 解释器，然后进行配置修改。

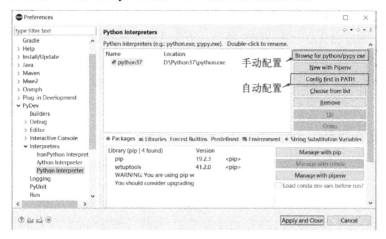

图 1-14  Eclipse 中配置 Python 解释器

PTVS 支持 Django 和 Flask 等常见的框架，同时，还添加了对 CPython、IronPython、智能提示、混合 Python/C++调试、远程 Linux/macOS 调试、客户端云计算等功能的支持。

### 5. Visual Studio Code+Python

Visual Studio Code 是 Microsoft 在 2015 年推出的一个运行于 macOS X、Windows 和 Linux 系统之上，编写 Web 应用和云应用的跨平台源代码编辑器。该编辑器支持多种语言和文件格式，支持 37 种语言或文件，如 F#、HandleBars、Markdown、Python、Java、PHP、C++等。

在 Visual Studio Code 和 Python 安装完成之后，只需在 Visual Studio Code 中，选择"文件"→"首选项"→">设置"→"搜索设置"→"Python"命令，即可实现 Visual Studio Code 和 Python 的关联。

### 6. Spyder

Spyder 是应用于优化数据科学工作流的开源 Python 集成开发环境。和其他的 Python 开发环境相比，它最大的优点是模仿 MATLAB 的"工作空间"，可以方便地观察和修改数组的值。它通常作为 Anaconda 的一部分进行分发，也可单独下载进行安装配置，但需要提前安装 PyQt5、Qtconsole、Rope、Pyflakes、Sphinx、Pygments、Pylint、Pycodestyle、Psutil、Nbconvert、Qtawesome、Pickleshare、PyZMQ、QtPy、Chardet、Numpydoc、Cloudpickle 支持包。

### 7. Thonny

Thonny 是基于 Python 内置图形库 Tkinter 开发出来的、支持多系统平台（Windows、Linux、Mac）的 Python IDE，支持语法着色、代码自动补全、debug 等。

另外，还有 Eric6、Wing IDE、Pyzo、NINJA-IDE 等 Python 集成开发平台。

## 1.5　Python 常用库概述

Python 标准库提供的组件涉及范围广泛，包含多个内置模块（以 C 编写），可实现系统级功能，如文件 I/O；此外还有大量以 Python 编写的模块，提供日常编程中很多问题的标准解决方案。

Windows 版本的 Python 安装程序通常包含整个标准库及很多额外组件。对于类 UNIX 操作系统，Python 通常会分成一系列的软件包，因此可能需要使用操作系统所提供的包管理工具来获取部分或全部可选组件。

在标准库以外还存在很多且不断增加的其他组件（从单独的程序、模块、软件包直到完整的应用开发框架），这些都可以通过访问 Python 包索引获取。

### 1.5.1　Python 库简介

本书重点介绍 Python 机器学习中库 NumPy、SciPy、scikit-learn、Theano、TensorFlow、Keras、PyTorch、pandas、matplotlib 等，它们使得机器学习在科学计算、列表数据、数据模型及预处理、时序分析、文本处理、图像处理、数据分析与数据可视化等方面，都有广泛应用。同时，机器学习也被越来越多地用于大型项目的开发，可缩短开发周期。除上述提及的库之外，还有 Gensim、milk、Octave、Mahout、PyML、NLTK、LIBSVM 等库。

**1. Theano**

Theano 是一个可让用户定义、优化、有效评价数学表示的 Python 包，是一个通用的符号计算框架。Theano 的优点是显式地利用了 GPU，使得数据计算比 CPU 更快；使用图结构下的符号计算架构；对 RNN 支持很好。缺点是依赖于 NumPy，偏底层、调试困难、编译时间长、缺乏预训练模型。

**2. scikit-learn**

scikit-learn 是一个在 2007 年由数据科学家 David Cournapeau 发起，基于 NumPy 和 SciPy 等包的 Python 机器学习开源工具包。它通过 NumPy、SciPy 和 matplotlib 等 Python 数值计算的库，实现有监督和无监督的机器学习。在分类、回归、聚类、降维、预处理等方面，应用于数据挖掘、数据分析等领域，是简单高效的数据挖掘和数据分析工具。

**3. statsmodels**

在 Python 中，statsmodels 是统计建模分析的核心工具包，其包括了几乎所有常见的各种回归模型、非参数模型和估计、时间序列分析和建模及空间面板模型等。

**4. Gensim**

Gensim 是一个开源的第三方 Python 工具包，用于从原始非结构化的文本中，无监督地学习到文本隐层的主题向量表达，其支持 TF-IDF、LSA、LDA、word2vec 等主题模型算法。Gensim 的输入是原始的、无结构的数字文本（纯文本），在内置的算法支持下，通过计算训练语料中的统计共现模式，自动发现文档的语义结构。

**5. Keras**

Keras 是一个基于 Theano 的深度学习框架，也是一个高度模块化的神经网络 API 库，提供了一种更容易表达神经网络的机制。Keras 主要包括 14 个模块包，如 Models、Layers、Initializations、Activations、Objectives、Optimizers、Preprocessing、metrics 等模块。另外，Keras 还提供了一些用于编译模型、处理数据集、图形可视化等方面的最佳工具。Keras 运行在 TensorFlow、CNTK 或 Theano 之上，支持 CPU 和 GPU 运行。

**6. DMTK**

DMTK 由一个服务于分布式机器学习的框架和一组分布式机器学习算法构成，是一个将机器学习算法应用在大数据上的强大工具包；支持在超大规模数据上灵活稳定地训练大规模机器学习模型。DMTK 的框架包含参数化的服务器和客户端 SDK。

DMTK 适用于分布式机器学习的平台。深度学习不是 DMTK 的重点，DMTK 中发布的算法主要是非深度学习算法。如果想使用最新的深度学习工具，建议使用 Microsoft CNTK。DMTK 与 CNTK 紧密合作，并为其异步并行培训功能提供支持。

**7. CNTK**

CNTK 是微软认知工具集（Microsoft Cognitive Toolkit），是用于商业级分布式深度学习的开源工具包。它通过有向图将神经网络描述为一系列计算步骤。CNTK 允许用户轻松实现和组合流行的模型类型，例如，前馈 DNN、卷积神经网络（CNN）和递归神经网络（RNN/LSTM）。CNTK 通过跨多个 GPU 和服务器的自动微分和并行化实现随机梯度下降（Stochastic Cradient Descent，SGD）学习。

另外，CNTK 可以作为库包含在 Python、C＃或 C++程序中，也可以通过其自身的模型描述语言（BrainScript）用作独立的机器学习工具。另外，也可以在 Java 程序中使用 CNTK 模型评估功能。

CNTK 是第一个支持开放神经网络交换 ONNX 格式的深度学习工具包，由一种用于框架互操作性和共享优化的开源共享模型表示。ONNX 由 Microsoft 共同开发，并得到很多人的支持，允许开发人员在 CNTK、Caffe2、MXNet 和 PyTorch 等框架之间移动模型。

## 1.5.2　Python 库安装及集成

Python 库的安装及集成过程类似，本书只介绍 Theano、scikit-learn 的安装与 Anaconda 的集成过程。Python 库的安装可以通过 PyPI 的 pip 安装，也可以通过 Anaconda 安装，或通过 Miniconda 安装（只安装需要的包）。

**1. Theano 安装**

1）在 Anaconda 中创建 Python 3.6 虚拟环境，需输入以下命令：

```
conda create --name ML python==3.6
```

2）安装 Theano，需输入以下命令。

```
conda install theano
```

3）安装 Theano 环境所依赖组件，代码如下所示：

```
conda install mkl-service
```

```
pip install nosey
pip install parameterized
```

4）测试 Theano 安装环境，进入 Python 解释器并输入如下代码，结果如图 1-15 所示。

```
import theano
theano.test()
```

图 1-15　测试 python 环境

**2. scikit-learn 安装**

1）在 Anaconda 中创建并进入环境，注意 Python 版本要小于等于 3.6（参考 1.4 搭建机器学习开发环境），输入以下命令：

```
conda create --name ML python==3.6
```

2）安装 scikit-learn，输入以下命令：

```
conda install scikit-learn
```

如图 1-16 所示。

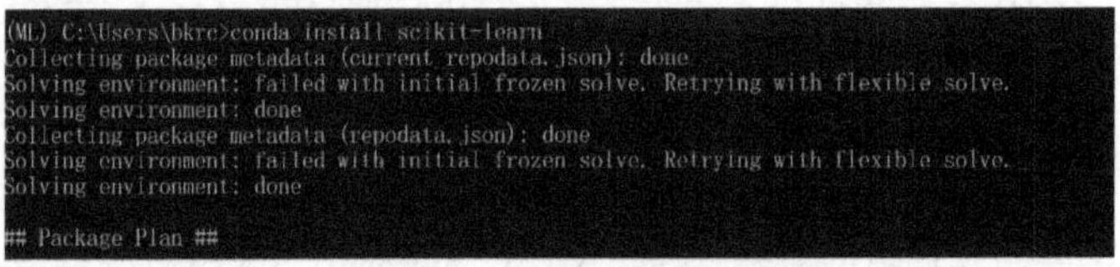

图 1-16　安装 scikit-learn

3）测试 scikit-learn 安装环境，进入 Python 解释器，输入如下代码，结果如图 1-17 所示。

```
from sklearn import datasets
iris = datasets.load_iris()
digits = datasets.load_digits()
print(digits.data)
```

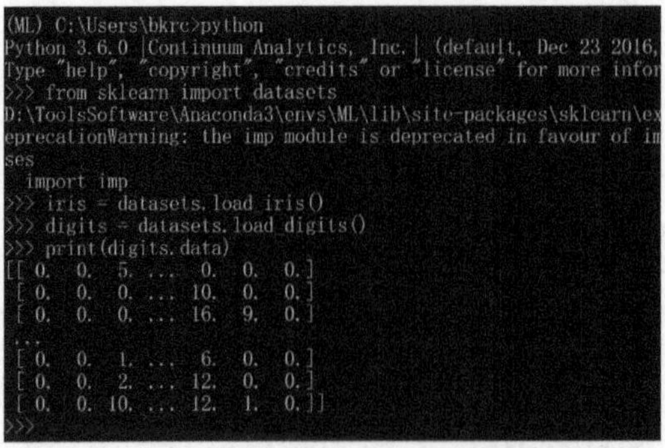

图 1-17　测试 scikit-learn 环境

## 1.5.3　Python 数据分析工具

数据分析是进行数据收集、整理、加工、分析和展示的过程，其主要 Python 应用工具包有 NumPy、pandas、scikit-learn、SciPy、matplotlib 等，在后续章节会详述。另外，还有一些数据分析工具包，如 Pyrallel、PyMVPA、MDP、Monte、mlpy、PyML 等，下面分别进行简述。

### 1. Pyrallel

Pyrallel 简称 PP，是一个基于 Python 编写的开源和跨平台的分布式计算框架，它具有在 SMP（具有多个处理器或多核的系统）和集群（通过网络连接的计算机）上并行执行 Python 代码、基于 Job 的并行化技术、自动检测最佳配置、动态负载平衡（作业运行时在处理器之间分布）、跨平台跨架构的可移植性和互操作性等特点。

### 2. PyMVPA

PyMVPA（MultiVariate Pattern Analysis in Python）是一个为大数据集提供统计学习分析的 Python 工具包，它提供一个灵活可扩展的框架，通过接口提供分类、回归、特征选择、数据导入/导出、可视化等各种算法，可以与相关软件包很好地集成，如 scikit-learn、MDP、Shogun、LIBSVM 等。

在安装 PyMVPA 之前，需要安装 NumPy、SciPy 依赖包。PyMVPA 安装完成后，输入命令：import mvpa2，测试是否安装成功。

### 3. MDP

MDP（The Modular toolkit for Data Processing）是数据处理模块工具包的简称，是一个 Python 数据处理框架。从用户的角度来看，MDP 是监督、无监督学习算法和其他数据处理单元的集合，可以组合成数据处理序列和更复杂的前馈网络架构。从科学开发人员的角度来看，MDP 是一个模块化框架，可以轻松扩展。MDP 新实现的单元自动与库的其余部分集成。

MDP 工具包中的算法，包括信号处理方法（主成分分析、独立分量分析、慢特征分析）、流形学习方法（Hessian 局部线性嵌入）、分类器，及概率方法（因子分析、RBM）、数据预处理方法等。

### 4. Monte

Monte 用于构建基于梯度学习的 Python 框架，可迅速构建神经网络、条件随机场、逻辑回归等模型。Monte 包含模块（参数、成本函数和梯度函数）和训练器（可以通过最小化其在训练数据上的成本函数来调整模块的参数）。模块通常由其他模块组成，这些模块又可以包含其他模块等，如可分解系统的梯度可以通过反向传播来计算。

除了上述之外，还有 mlpy 和 PyML。mlpy（Machine Learning Python）是基于 NumPy/SciPy 和 GSL 构建的 Python 模块，它提供了高层函数和类，允许使用少量代码来完成复杂的分类、特征提取、回归、聚类等任务。PyML 是面向机器学习的交互式面向对象框架，主要侧重于 SVM 和其他内核方法。

# 1.6　创建 Python 程序

如前所述，在不同的操作系统平台下 Python 开发环境搭建的方式不同，使得在不同的开发环境中创建 Python 程序的方式有些差异，下面简单介绍 Python 在 Anaconda、命令行、移动终端、嵌入开发等方式下，创建 Python 基本应用程序的过程。

## 1.6.1　在 Anaconda 下创建 Python 程序

Anaconda 可在 Windows、macOS、Linux（x86/Power8）系统平台中安装和使用，根据 32 位或 64 位系统选择相应版本下载。Anaconda 有两种安装方式，分别是图形界面安装和命令行安装。如在 Windows 系统安装，安装完成后，可通过以下任一方法，检测安装是否成功。

1）选择"开始"→"Anaconda3（64-bit）"→"Anaconda Navigator"命令，若可成功启动 Anaconda Navigator，则说明安装成功。

2）选择"开始"→"Anaconda3（64-bit）"→"Anaconda Prompt"命令，在 Anaconda Prompt 中输入命令：conda list，查看已经安装的包名和版本号。若可以正常显示，则说明安装成功。

1）Anaconda Python 环境创建。

① 启动 Anaconda，单击导航左侧"Evnironments"按钮，再单击"Create"按钮，在弹出的对话框中添加环境名称"Python37"，在"Package"的下拉列表框中选择 Python 版本，当前 Anaconda 4.7.12 内置默认 Python 最高版本为 3.7 版本，如图 1-18 所示。

图 1-18　创建 Python 环境

② 还可以在 Anaconda 中单独创建 Python 3.8 环境，如图 1-19 所示。在程序中打开 Anaconda Prompt，输入命令：conda create -n py38 python=3.8，创建名为 py38 的 Python3.8 环境，如图 1-20 所示。

图 1-19　打开 Anaconda Prompt

图 1-20  创建 Python3.8 环境

③ 启动 Anaconda 后出现"py38"选项，单击"py38"选项，在弹出的下拉菜单中选择相应选项，可打开终端或 Python3.8 环境，如图 1-21 所示。

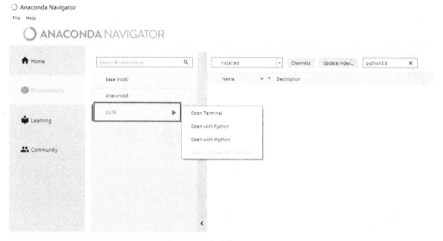

图 1-21  打开 Python3.8

④ 通过上述操作后，Anaconda 已将 Python 的环境配置完成，在导航栏中单击"Home"选项，并选择刚刚创建的环境，再选择 Python 的编译工具 Spyder，单击"Install"按钮进行安装。

2）安装完成后，单击 Spyder 中的"launch"按钮，启动 Spyder，如图 1-22 所示。

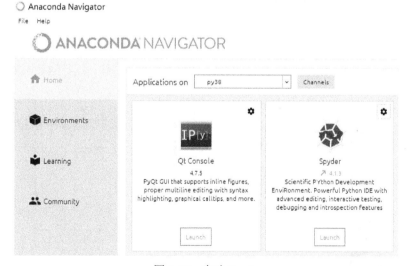

图 1-22  启动 Spyder

3）在启动后的 Spyder 中，选择"Projects"→"New Project"命令，创建新的工程，添加工程名"PythonTest1"和工程存放目录"D:\PythonTest1",如图 1-23 所示。

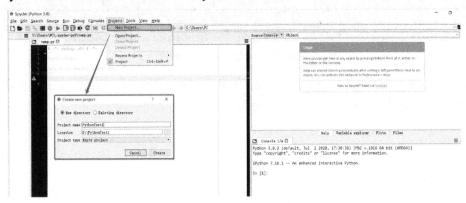

图 1-23　创建新的工程

4）选中工程"PythonTest1"并右击,在弹出的快捷菜单中选择"New"→"File"命令,创建 Python 文件 test.py,如图 1-24 所示。

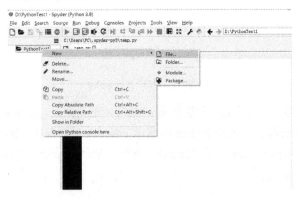

图 1-24　创建 Python 文件

5）编辑 test.py 文件,编写输出语句,单击工具栏中"run"按钮,运行结果如图 1-25 所示。

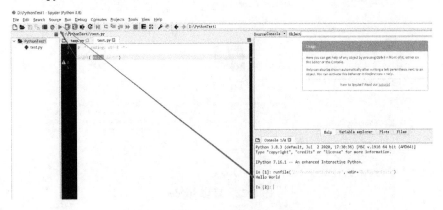

图 1-25　编辑 test.py 程序及运行结果

## 1.6.2　命令行创建 Python 程序

命令行创建 Python 程序的方式有多种。

1）从 Anaconda 导航栏左侧选择"Environments"→"Anaconda3"命令，单击绿色按钮，选择"Open Terminal"或"Open with Python"命令打开 Python，如图 1-26 所示。

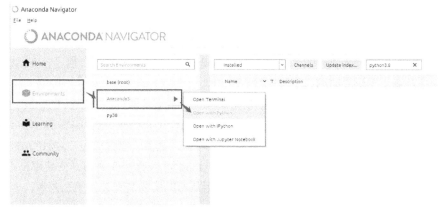

图 1-26　Anaconda 中打开 Python

2）从 cmd 中使用命令 Python，打开 Python，如图 1-27 所示。

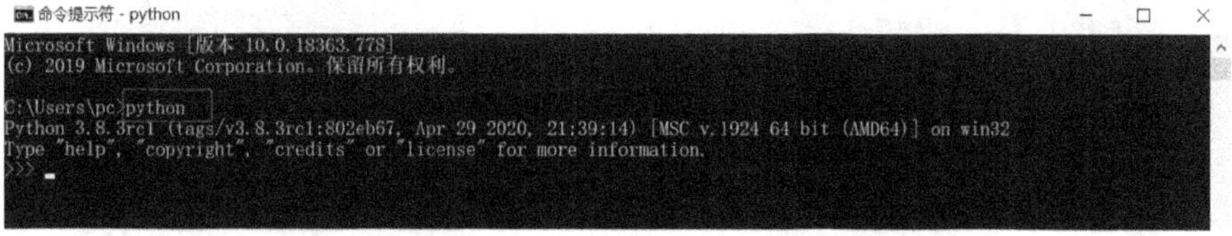

图 1-27　在 cmd 中打开 Python

然后在 Python 提示符下输入命令：print("hello world")，按〈Enter〉键，其输出结果如图 1-28 所示。

图 1-28　Python 测试结果

## 1.6.3　Python 运行在移动终端

由于 Python 在库和开源代码方面的优势，使得在移动终端设备调用 Python 算法和数据分析结果是当前和未来发展的重要趋势，本书以 Android 系统移动终端为例，介绍其基本开发工具包和步骤。

当前主要有 3 种方法：SL4A（Scripting Layer for Android）方法、CLE（Common Language Extension）方法和 QPython（Python on Android）方法。SL4A 方法通过在 Android 移动设备上安

装 SL4A 和 Pythonforandroid 两个.apk 程序，通过 Python 程序脚本访问 Android 移动设备。CLE 方法的 CLE for Android 开发包（支持 Android、iOS 等）操作详见 CLE 官网。由于篇幅原因，本节重点介绍 QPython 方法。

QPython 是 Android 上的 Python 脚本引擎，它包含了 Python 解析器、控制台、编辑器。除了集成了基础的 Python 库之外，还集成了支持 WebApp 开发的 bottle 库、支持调用安卓 API 的 SL4A 库等常见库。针对 iOS 用户的 QPython（for iOS）应用也已在 AppStore 上线。

目前，QPython 分为 QPython Ox（OL、OS）和 QPython 3x（3L、3S）两个版本，QPython Ox 适用于初学者，QPython 3x 面向高级开发者。QPython 支持运行控制台程序、WebApp 程序、后台应用程序及基于图形界面的应用程序等。

1）在 QPython 官网下载安装文件，下载完直接在手机安装即可。本书以 QPython Ox（OS）版本为例，安装完成后 QPython 的界面如图 1-29 所示。QPython 包含编辑器（Editor）、终端（console）、文件（从文件中读取程序）、二维码、QPYPI、更多（包含课程、My IP Adress、SL4A 服务、FTP 服务、应用消息推送等）功能模块。QPython 可以通过 3 种方式安装库：手动安装、从 QPypi 安装及从 Pypi 安装。如图 1-30 所示，采用从 QPypi 安装并使用第三方库。

图 1-29　QPython 打开界面

图 1-30　第三方库 Numpy 下载

2）打开编辑器（QEdit），编写 Python 代码，如图 1-31 所示，单击"运行"按钮，结果如图 1-32 所示。

3）编写 Python 代码调用 Android 弹出对话框，代码如下：

```python
import androidhelper
ad = androidhelper.Android()
respond = ad.dialogGetInput("用户名", "请输入您的姓名")
print (respond)
name = respond.result
if name:
    message = '欢迎您, %s!' % name
```

```
else:
    message = "请您输入, %Username%!"
ad.makeToast(message)
```

图 1-31　编写 Python 代码

图 1-32　Python 运行结果

4）单击"运行"按钮，结果如图 1-33 所示，在对话框中输入用户名"张老师"，单击"OK"按钮，显示提示信息如图 1-34 所示。

图 1-33　Python 调用 Android 对话框结果

图 1-34　输入用户名后提示信息

## 1.6.4　创建 Python 嵌入式程序

在 1.2.3 节中已经介绍了 Python 的嵌入开发工具和应用，如传感器数据特征读取选择、数据预处理特征选择、图像特征选择（OpenMV）、采集病人数据等。本节以 Windows 系统下 Python 读取传感器数据为例，简单介绍 Python 嵌入式应用程序开发的全过程。

1）安装串口第三方库模块 pyserial，打开 cmd，输入如下命令：

```
pip install pyserial  #python 3 版本下
```

2）读取串口数据的代码如下：

```
import serial
sert = serial.Serial('com3', 115200)          # 按照参数端口号、波特率，打开串口
sert.set_buffer_size(rx_size=20480)           # 设置缓冲区
if sert.isOpen():                              # 检查串口是否打开成功
    print('open port successful!')

data = b'f=' + bytes(fs, encoding='ascii') + b'\r\n'
sert.write(data)                               # 写入字节数组
alines = ''                                    # 所有的行
while True:                                     # 延迟 3s 等待，读取 rx buffer 的数据
    time.sleep(3)
    ct = sert.inWaiting()                      # 数据读入缓存
    if (ct > 0):
        data = sert.read(ct)
        alines = str(data, encoding='ascii')   # 转码成字符串
        break
```

3）将 alines 中保存成 CSV 格式文件，用于后续的数据分析处理。

```
File_cs = open(fname + '.csv' , 'w')           # 写模式创建并打开文件
File_cs.write(alines)                          # 直接写入
file_cs.close()                                # 写完记得关闭
```

4）利用 matplotlib 库，导入并使用其 pylab 模块来绘制上述传感器数据图。

```
Import  matplotlib.pylab  as pl
alines = str(alines, encoding='ascii').splitlines()
…
```

# 习题

### 1. 简答题

1）数据分析与数据挖掘有什么区别？

2）Python 常见的机器学习库有哪些，主要应用在哪些方面？

3）Python 数据分析的流程包含哪些步骤，分别使用哪些工具？

4）如何在移动终端使用 Python 训练特征选择模型？

### 2. 操作题

使用 MicroPython 编写人体血压监测程序，要求如下。

1）多线程定时采集数据。

2）支持数据库存储。

3）支持实时图形显示。

4）不限制嵌入式开发板。

# 第 2 章
# Python 高级开发

本章主要讲解 Python 的高级开发知识，主要包括字符串的常用方法及应用、文本处理方法及应用、文件和流处理应用、网络及 Web 应用、Python 图形绘制、Python 测试及框架。同时给出了数据读取、解析、转换、统计分析、文件操作、网络访问、可视化图形绘制及框架测试等知识的实际应用案例。本章学习目标如下：

◇ 熟悉字符串常用方法、字符串匹配与正则表达式匹配、字符串应用。

◇ 掌握文本常用的读写、解析、转换方法及其应用。

◇ 熟悉文件和流处理的一些技巧。

◇ 掌握 TCP、UDP、RPC 网络处理方法及动态网站搭建。

◇ 熟悉 Python 图形绘制的常用方法和工具包。

◇ 了解 Python 当前测试工具分类及框架。

学习完本章，要全面掌握和熟悉 Python 高级应用开发的相关知识，并将其应用在实际的程序开发中。

## 2.1 字符串

本节主要介绍字符串的对象处理，以及字符串格式化、分割、替换、对齐、截取、搜索、匹配及正则表达式等常用方法和应用。

### 2.1.1 字符串及格式化

#### 1. 字符串和字符

通常，在 Python 中使用 str 对象处理文本数据，str 对象也称为字符串。字符串（string）是由单引号（'）或双引号（"）或三重单引号（"''）括起来的文本信息组成的有序字符集合。三重引号不同之处在于，使用三重引号的字符串可以跨越多行，其中所有的空白字符都将包含在该字符串中。由于不存在单独的字符类型，原有的字符表示，如'a'，在 Python 中表示长度为 1 的字符串，它和"a"表示相同的字符串。

Python 特殊字符使用反斜杠（"\"）进行转义，由反斜杠（"\"）和紧接的字符组成转义特殊字符，常用转义特殊字符如表 2-1 所示。

表 2-1　Python 转义特殊字符

| 转义特殊字符 | 名　　称 | 转义特殊字符 | 名　　称 |
|---|---|---|---|
| \b | 退格符 | \t | 横向制表符 |
| \n | 换行符 | \v | 纵向制表符 |
| \f | 换页符 | \000 | 空 |
| \r | 回车符 | \oyy | 八进制数，yy 代表字符，其中 o 是字母，不是数字 0 |
| \\ | 反斜线 | \xyy | 十六进制数，yy 代表字符 |
| \' | 单引号 | \other | 其他的字符以普通格式输出 |
| \" | 双引号 | | |

**注意**：字符串的单引号和双引号都无法取消特殊字符的含义。

如让引号内所有字符取消特殊含义，需在引号前面加 r，使用 r 可以让反斜杠不发生转义，例如，letters = r'k\tmf'，输出结果为 k\tmf。

**2．字符串格式化**

在 Python 中字符串格式化的方法有 4 种，分别为基于位置格式化的方法、调用字符串对象的.format()方法、f-strings 方法、字符串模板。

1）基于位置格式化的方法是将一个变量值插入一个有字符串格式符 %s 的字符串中。它可以分别插入一个变量值或多个变量值，如果插入多个变量值，需要使用元组表示，如图 2-1 所示。

图 2-1　基于位置的字符串格式化

2）调用字符串对象的.format()方法是 Python 2.6 之后引入的，在大多数情况下与基于位置字符串的 % 格式化类似，只是增加了{}和 ：来取代 %。它可以通过替换字段用大括号{}进行标记，也可以通过索引来以其他顺序引用变量，或以参数名、字典来引用数据，如图 2-2 所示。

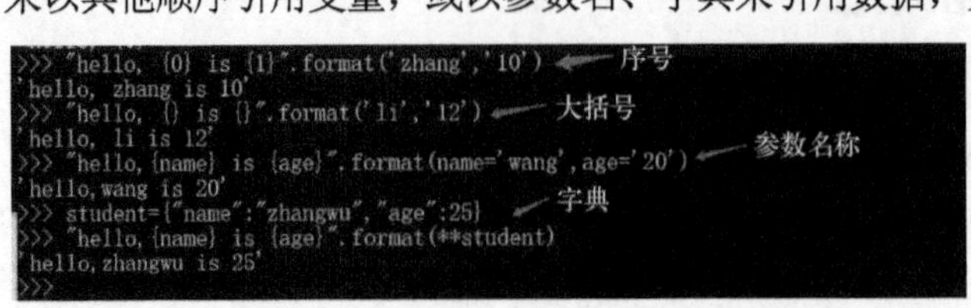

图 2-2　调用字符串对象的.format()表示

除此之外，还有对齐文本、指定宽度、替代%s 和%r、使用特定类型的专属格式化、使用逗号作为千位分隔符等。

对齐文本及指定宽度，代码如下：

```
>>> '{:<30}'.format('left aligned')
'left aligned                  '
>>> '{:>30}'.format('right aligned')
'                 right aligned'
>>> '{:^30}'.format('centered')
'           centered           '
```

替代%s 和%r，代码如下：

```
>>> " shows quotes: {!r}; str() doesn't: {!s}".format('te1', 'te2')
" shows quotes: 'te1'; str() doesn't: te2"
```

使用特定类型的专属格式化，代码如下：

```
>>> import datetime
>>> d = datetime.datetime(2020, 4, 4, 12, 15, 58)
>>> '{:%Y-%m-%d %H:%M:%S}'.format(d)
'2020-04-04 12:15:58'
```

使用逗号作为千位分隔符，代码如下：

```
>>> '{:,}'.format(1234567890)
'1,234,567,890'
```

3）f-strings 方法是 formatted string literals 的简称，是自 Python 3.6 开始新增加的在字符串常量中使用嵌入 Python 表达式的字符串格式化方法。它可以进行内联计算、嵌入替换、调用函数传值替换等操作，如图 2-3 所示。

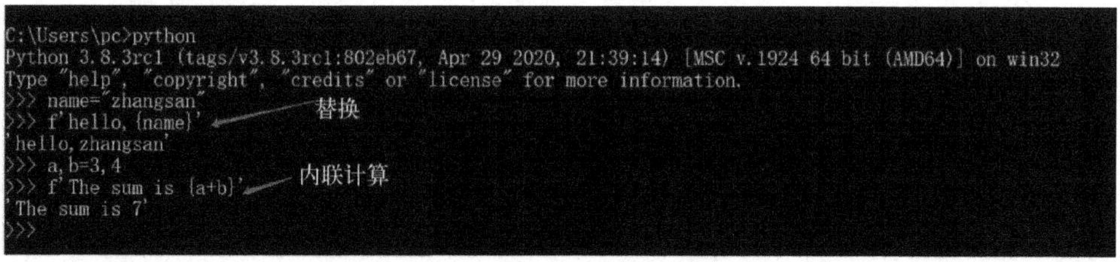

图 2-3　f-strings 方法操作

调用函数传值替换，代码如下：

```
def sum (a,b):
    return a + b
print('求和的结果为' + f'{sum (1,2)}')
```

4）字符串模板提供了更简便的字符串替换方式，模板字符串的类是 Template ，它支持基于 $ 的替换，$identifier 为替换占位符，会匹配一个名为“identifier”的映射键，${identifier}等价于 $identifier。模板字符串的一个主要应用是文本国际化（i18n）。示例代码如下：

```
>>> from string import Template
```

```
>>> s = Template('$who likes $what')
>>> s.substitute(who='tim', what='kung pao')
'tim likes kung pao'
>>> d = dict(who='tim')
>>> Template('$who likes $what').safe_substitute(d)
'tim likes $what'
```

## 2.1.2　字符串常用方法

字符串方法可以实现一般序列的操作，如删除替换字符串中不需要的字符，分割字符串，字符串替换、合并拼接、对齐、截取、搜索等操作，常见的方法如下。

1）删除替换字符串中不需要的字符。通常为去掉字符串开头、结尾或中间的字符。strip()方法用于删除开始或结尾的字符。lstrip()方法为从左执行删除操作，rstrip()方法为从右执行删除操作。如果删除中间空格或特殊字符，可使用 replace()方法替换或使用后续介绍的正则表达式。示例代码如下：

```
>>>s='  hello world  '
>>>s.strip()  # 不是在原字符串上操作，而是返回一个去掉两边空格的字符串
'hello world'
>>>s='----hello world  '
>>>s.lstrip('-')
'hello world  '
>>>s.replace(' ','')
'----helloworld'
```

2）分割字符串是将一个字符串用分隔符分割为多个字段。常用的方法有 string 对象的split()、rsplit()、lsplit()方法，如有多个分隔符，则常用 re.split()方法。示例代码如下：

```
>>> s='----hello world'
>>>s.split(' ')
['----hello', 'world']
>>> line='----hello,world;zhangsan'
>>> import re
>>>re.split(r'[,;]', line)
['----hello', 'world', 'zhangsan']
```

3）字符串合并拼接是将几个小的字符串合并拼接为大的字符串。常用的方法有 join()、加号(+)，示例代码如下：

```
>>> ps= ['I','am','a','student']
>>>' '.join(ps)
'I am a student'
>>>a= ' I am'
>>>b= ' a teacher'
>>>a +' ' + b
'I am a teacher'
```

此外，还有使用字符串生成器函数、I/O 的 write()方法。

4）字符串对齐、截取及搜索。字符串对齐常用的方法有左对齐 ljust()、右对齐 rjust()、居中 center()，及函数 format()方法（使用<,>或-符号后面跟随一个指定的宽度）。示例代码如下：

```
>>> ts= 'hello world'
>>>format(ts,'20')
'hello world         '
>>> format(ts,'=<20')
'hello world========='
```

字符串截取常用的方法有切片、sub()方法或正则表达式提取，而搜索常用的方法有 find()、findall()、sub()、index()等。示例代码如下：

```
>>> ts= 'hello world'
>>> name = ts[0:2]          # 第 1 位到第 2 位的字符
>>> print (name)
he
>>> te="Python, is python, not iPython"
>>> re.findall('python',te)
['python']
```

## 2.1.3　字符串匹配与正则表达式匹配

### 1. 字符串匹配

字符串匹配常用于指定的文本模式匹配，根据不同的应用情况有多种方式，常用的简单匹配方法包含 startswith()、endswith()、fnmatch()、fnmatchcase()、find()等，这些方法常用于字符串开头或结尾匹配、文件名或后缀匹配、查找字符串及其位置等，示例代码如下：

```
>>> name="te.txt"
>>> name.endswith('.txt')
True
>>> ul= "http://www.bcpl.cn"
>>> ul.startswith('http:')
True
>>>fnmatch('te.txt','*.txt')  # 不区分大小写
True
```

如果多个文件名或后缀项需要匹配，可以统一放到元组中，使用 for 循环完成匹配。

```
>>>ul=[ 'http://www.bcpl.cn','https://www.mbc.cn','ftp://127.0.1.1' ]
>>> [ urls for urls in ul if ul.startswith(('http:','https:')) ]
```

### 2. 正则表达式匹配

正则表达式通常用于复杂的字符串模式匹配，在 Python 中需要导入 re 模块，常用的函数包含 match()、search()、sub()、compile()、findall()、finditer()、split()等。

（1）查找匹配

常用的查找匹配方法有 match()、search()及 compile()。compile() 方法编译正则表达式，生成一个正则表达式对象，供 match()和 search()方法使用。

re.match(pattern, string, flags=0)方法有 3 个参数。

- pattern 表示匹配的正则表达式。
- string 表示要匹配的字符串。
- flags 表示标志位，用于控制正则表达式的匹配方式，如是否区分大小写、多行匹配等。

匹配成功 re.match 方法返回一个匹配的对象，否则返回 None。示例代码如下：

```
# span()返回一个元组包含匹配 (开始,结束) 的位置
>>> import re
>>> print(re.match('www', 'www.bcpl.com').span())    # 在起始位置匹配
(0, 3)
>>>print(re.match('com', 'www.bcpl.com'))    # 不在起始位置匹配
None
>>> pattern = re.compile(r'\d+')                # 用于匹配至少一个数字，可多次使用
>>> m = pattern.match('one12twothree34four', 3, 10)
                                               # 从'1'的位置开始匹配，正好匹配
>>> m.group(0)    # 可直接使用 group() 或 group(0)方法，获得整个匹配的子串
'12'
```

re.search(pattern, string, flags=0)方法也是 3 个参数，但 re.search()方法扫描整个字符串并返回第一个成功的匹配。

两者的区别是 re.match()方法只匹配字符串的开始，如果字符串开始不符合正则表达式，则匹配失败，函数返回 None；而 re.search()方法匹配整个字符串，直到找到一个匹配。

（2）检索和替换

除了上述的 findall()、find()、finditer()方法之外，Python 还提供了 re.sub()方法用于替换字符串中的匹配项，re.sub(pattern, repl, string, count=0, flags=0)方法有 4 个参数，说明如下。

- pattern：正则中的模式字符串。
- repl：替换的字符串，也可为一个函数。
- string：要被查找替换的原始字符串。
- count：模式匹配后替换的最大次数，默认 0 表示替换所有的匹配。

下面以电话号码和日期的提取为例，说明 re.sub()方法的使用。

```
>>> import re
>>>phone = "010-89269806  # 这是一个电话号码"        # 删除字符串中的 Python 注释
>>>num = re.sub(r'#.*$', "", phone)
>>>print "电话号码是: ", num
电话号码是:  010-89269806
>>>tx=' This is 4/25/2020. Con19 starts 1/1/2020. '
>>>dpattern = re.compile(r'\d+/\d+/\d+')            # 设置匹配模板
>>>dpattern.findall(tx)                             # 查找
['4/25/2020', '1/1/2020']
>>> for n in dpattern.finditer(tx):
...    print (n.group())                            # 注意缩进格式
...
4/25/2020
1/1/2020
```

```
>>>
```

## 2.1.4　字符串应用

下述以 parse 解析后的文本为例,介绍字符串与 I/O 结合,从文本文件中读取字符,再经过基本统计处理,然后把文本信息和统计信息写入文件保存的过程,具体代码如下:

```
# 统计文本中的字符数量
filer = open('twitter.txt','rt',encoding='utf-8')
filew = open('tw_count.csv','wt',encoding='utf-8')
tw = filer.read().strip().strip('\n')          # 删除空格、'\n'
tw_dict = {}
ps_tw= []
for items in tw:
    if items not in tw_dict.keys():
        tw_dict[items] = tw.count(items)       # 遍历文本,把字符及数量写入字典
    else:
        continue
else:
    print('count is over! ')
#twitter 文本统计结果写入 CSV 文件保存
for keys in tw_dict:
    ps_tw.append("{}:{}".format(keys,tw_dict[keys]))
filew.write(','.join(ps_tw))
filer.close()                                   # 读关闭
filew.close()                                   # 读关闭
```

# 2.2　文本处理

Python 标准库为文本处理服务提供了字符串(string)、正则表达式(re)、计算差异的辅助工具(difflib)、格式化文本自动换行填充(textwrap)等包,而在实践中的文本处理更多是基于文本数据的复杂转换、数据结构映射、数据提取等。本节简要介绍文本间的转换及提取。

## 2.2.1　读写 JSON 数据

JSON(JavaScript Object Notation)是一个基于 JavaScript 的轻量级数据交换格式,采用完全独立于语言的文本格式,由两种结构组成:键值对集合(在不同语言中,实现对象为记录、结构、字典、散列表、键列表或关联数组等)、有序的值列表(如数组)。Python 内置有 json 内置包,提供了 4 个功能函数:dumps()、dump()、loads()、load(),用于处理 JSON 数据,转换为 Python 的 list 或 dict。使用 JSDN 数据之前需要导入包。

```
import  json
```

### 1. 把 JSON 数据转换为 Python 字典

首先创建代码文件 test_loads.py（如使用 Anaconda 或 PyCharm 先创建工程，然后在工程下创建代码文件 test_loads.py），使用 loads()方法将 JSON 字符串转换为字典，代码如下。

```python
#使用 loads: 将 JSON 字符串转换为字典
import json
x = '{ "name":"ZhangSan", "age":18, "city":"Beijing"}'        # JSON 格式数据
y = json.loads(x)                                             # Python 字典
print(y["age"])
```

执行命令，结果如图 2-4 所示。

```
D:\>python test_loads.py
18
```

图 2-4　提取 age 结果

### 2. 把 Python 对象转换为 JSON 字符串

创建代码文件 test_dumps.py，使用 dumps()方法将其转换为 JSON 字符串，代码如下：

```python
import json
# 使用 Python 对象（字典）：
x = {
  "name": "ZhangSan",
  "age": 18,
  "city": "Beijing"
}
y = json.dumps(x)                              # 转换为 JSON 字符串
print(y)                                       # 打印结果 JSON 字符串
```

执行命令，结果如图 2-5 所示。

```
D:\>python test_dumps.py
{"name": "ZhangSan", "age": 18, "city": "Beijing"}
```

图 2-5　转换 JSON 数据结果

除了转换为 dict、list 之外，dumps()函数还支持把 Python 对象 tuple、string、int、float、True、False、None 转换为 JSON 字符串。还可以使用参数 indent 定义缩进数、使用参数 separators 更改默认分隔符，代码如下：

```python
json.dumps(x, indent=4)                                 # 定义缩进数
json.dumps(x, indent=4, separators=(". ", " = "))       # 更改默认分隔符
```

### 3. 读写文件

dump()和 load()方法主要用于读写 JSON 格式的文件。首先创建 w_json.py 文件，代码如下。

```
import json
x = {
  "name": "ZhangSan",
  "age": 18,
  "city": "Beijing"
}
with open('name.txt', 'w') as f:
    json.dump(x,f)
```

执行以下命令：

```
python  w_json.py
```

运行结果是生成 name.txt 文件，内容如图 2-6 所示。

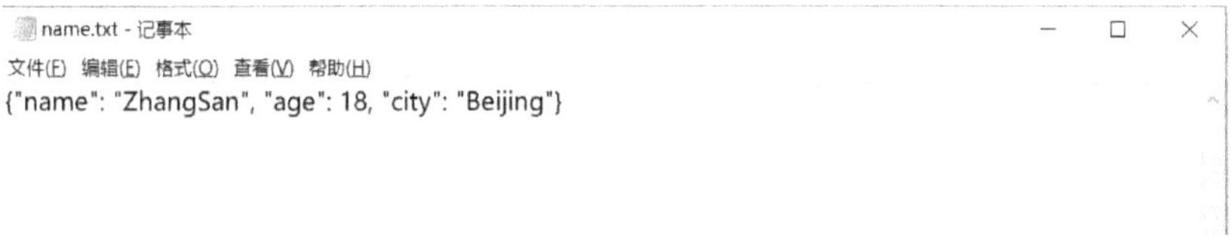

name.txt - 记事本
文件(F) 编辑(E) 格式(O) 查看(V) 帮助(H)
{"name": "ZhangSan", "age": 18, "city": "Beijing"}

图 2-6　写入结果文件内容

读取文件内容使用 load()方法，步骤同上，代码如下：

```
import json
with open('name.txt', 'r') as f:
    x = json.load(f)     # x是字典对象
print (x['age'])
```

## 2.2.2　读写 CSV 数据

CSV（Comma Separated Vaules）是电子表格和数据库中最常见的输入、输出文件格式。Python 中内置的 CSV 标准库模块可以实现 CSV 格式表单数据的读写，其中 Reader 类和 Writer 类可用于读写序列化的数据，DictReader 类和 DictWriter 类以字典的形式读写数据。另外，也可以使用 pandas 解析 CSV 文件。

**1．reader()和 writer()读写文件**

在应用之前，需导入 csv 包，读取 CSV 文件可使用函数 csv.reader(csvfile, dialect=' ', **fmtparams)，返回为 reader 对象，该对象将逐行遍历 csvfile，参数说明如下。

- csvfile：可以是任何对象，如果 csvfile 是文件对象，则打开它时应使用 newline=''。
- dialect：可选参数，用于不同的 CSV 变种的特定参数组。它可以是 dialect 类的子类的实例，也可以是 list_dialects()方法返回的字符串之一。
- fmtparams：可选参数，可以覆写当前变种格式中的单个格式设置，如 dialect.delimiter 用于分隔字段的单字符，默认为 ','；dialect.quotechar 表示一个单字符，用于包住含有特殊字符的字段，如定界符、引号字符或换行符。默认为 '"'。

案例实践步骤与前述相同，需要先创建代码文件或创建工程后再创建代码文件，使用 reader()方法读取 test.csv 文件，然后把文件内容在控制台输出，代码如下。

```
>>> import csv
>>> with open('test.csv', newline=' ', encoding='utf-8' ) as csvfile:
                                        # 指定编码格式
...     tx_reader = csv.reader(csvfile, delimiter=' ', quotechar='|')
...     for row in tx_reader:
...         print('; '.join(row))
```

使用 csv.writer(csvfile, dialect=' ', **fmtparams)方法将数据写入 CSV 格式文件，其参数含义与上述类似，不再赘述，其实现代码如下。

```
import csv
with open('w_test.csv', 'w', newline='') as csvfile:
    tx_writer = csv.writer(csvfile, delimiter=' ',
                        quotechar='|', quoting=csv.QUOTE_MINIMAL)
    tx_writer.writerow('Bill', 'is over')
    tx_writer.writerow(['Bill', 'loves twitter', 'Why '])
```

**注意**：csv.QUOTE_MINIMAL 表示 writer 对象仅为包含特殊字符（如定界符、引号字符或行结束符中的任何字符）的字段加上引号。

除了上述的两个函数之外，Python 新增加了 csv.DictReader()和 csv.DictWriter()方法，在操作上类似于 csv.reader() 和 csv.writer()方法，但是 csv.DictReader()方法将每行中的信息映射到一个 dict，csv.Dictwriter()将字典的键和值映射到输出行。

**2．使用 pandas 读取 CSV 文件**

pandas 作为开源的 Python 库，适用于高性能的大数据分析。使用 pandas 读写 CSV 格式文件，需要导入 pandas 包，其基本代码如下。

```
import pandas
tf = pandas.read_csv('test.csv')      # 读取数据存储在 DataFrame 中
print(tf)
tf.to_csv('tw_test.csv')              # 将数据写入文件中
```

## 2.2.3  解析 XML 数据

XML（eXtensible Markup Language）指用来传输和存储数据的可扩展标记语言。Python 中用于处理 XML 的 Python 接口都在 xml 包中，常见的 XML 编程接口有 DOM（Document Object Model）和 SAX（simple API for XML）两种。对于 XML 的解析，可通过 SAX、DOM 和 ElementTree 三种方式完成，其中，ElementTree 类似轻量级的 DOM。

**1．SAX 解析 XML 文件**

SAX 是一种基于事件驱动的 API，通过解析器和事件处理器解析 XML 文件，解析器负责读取 XML 文档，并向事件处理器发送事件，事件处理器则负责对事件做出响应，对传递的 XML 数据进行处理。上述解析过程主要通过 xml.sax 中的 parse() 方法和 xml.sax.handler 中的 ContentHandler 类的方法完成。

1）在 Anaconda3 中使用 Spyder 创建工程 PythonTest1，如图 2-7 所示。

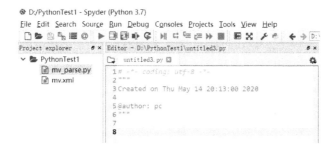

图 2-7　创建工程

2）在工程下导入需要解析的 XML 文件 mv.xml，代码如下。

```
<collection shelf="New Arrivals">
<mv title="Enemy Behind">
    <type>War, Thriller</type>
    <format>DVD</format>
    <year>2019</year>
    <description>Talk about a US-Japan war</description>
</mv>
<mv title="Transformers">
    <type>Anime, Science Fiction</type>
    <format>DVD</format>
    <year>2019</year>
    <description>A schientific fiction</description>
</mv>
</collection>
```

3）在工程下创建 Python 解析代码文件 mv_parse.py，代码如下。

```
# -*- coding: utf-8 -*-
import xml.sax
class MHandler( xml.sax.ContentHandler ):
    def __init__(self):
        self.CurrentData = ""
        self.type = ""
        self.format = ""
    # 元素开始事件处理
    def startElement(self, tag, attributes):
        self.CurrentData = tag
        if tag == "mv":
            print ("-----mv----")
            title = attributes["title"]
            print ("title is ", title)
    # 元素结束事件处理
    def endElement(self, tag):
        if self.CurrentData == "type":
            print ("Type:", self.type)
        elif self.CurrentData == "format":
            print ("Format:", self.format)
```

```
        elif self.CurrentData == "year":
            print ("Year:", self.year)
        elif self.CurrentData == "description":
            print ("Description:", self.description)
        self.CurrentData = ""
    # 内容事件处理
    def characters(self, content):
        if self.CurrentData == "type":
            self.type = content
        elif self.CurrentData == "format":
            self.format = content
        elif self.CurrentData == "year":
            self.year = content
        elif self.CurrentData == "description":
            self.description = content
if ( __name__ == "__main__"):
    # 创建一个 XMLReader
    parser = xml.sax.make_parser()
    # 关闭命名空间
    parser.setFeature(xml.sax.handler.feature_namespaces, 0)
    # 重写 ContextHandler
    Handler = MHandler()
    parser.setContentHandler( Handler )
    parser.parse("mv.xml")      #解析 xml 文件
```

4) 单击 "Run" 按钮, 程序运行结果如图 2-8 所示。

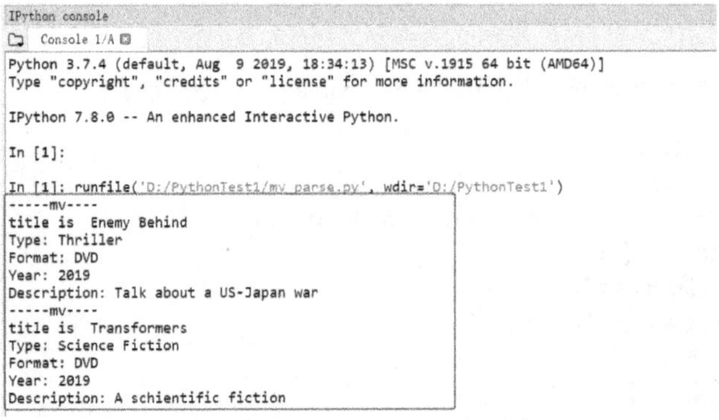

图 2-8  SAX 解析 XML 运行结果

## 2. DOM 解析 XML 文件

DOM（Document Object Model，文件对象模型）是处理可扩展置标语言的标准编程接口。DOM 的解析器在解析 XML 文档时，一次性读取整个文档，把文档中所有元素保存在内存中的一棵树结构里，然后利用 DOM 提供的不同函数来读取或修改文档的内容和结构，也可以把修改过的内容写入 XML 文件。

1) 步骤与 SAX 解析 XML 文件相同，同样在上述工程下创建 DOM 解析文件 mv_domparse.py，代码如下。

```
from xml.dom.minidom import parse
import xml.dom.minidom
# 使用 minidom 解析器打开 XML 文档
DOMTree = xml.dom.minidom.parse("mv.xml")
collection = DOMTree.documentElement
if collection.hasAttribute("shelf"):
    print ("根元素 : %s" % collection.getAttribute("shelf"))
# 在集合中获取所有 MV
mvs = collection.getElementsByTagName("mv")
# 打印每个 mv 的详细信息
for mv in mvs:
    print ("-----mv------")
    if mv.hasAttribute("title"):
        print ("title: %s" % mv.getAttribute("title"))
    type = mv.getElementsByTagName('type')[0]
    print ("Type: %s" % type.childNodes[0].data)
    format = mv.getElementsByTagName('format')[0]
    print ("Format: %s" % format.childNodes[0].data)
    description = mv.getElementsByTagName('description')[0]
    print ("Description: %s" % description.childNodes[0].data)
```

2）单击 "Run" 按钮，程序运行结果如图 2-9 所示。

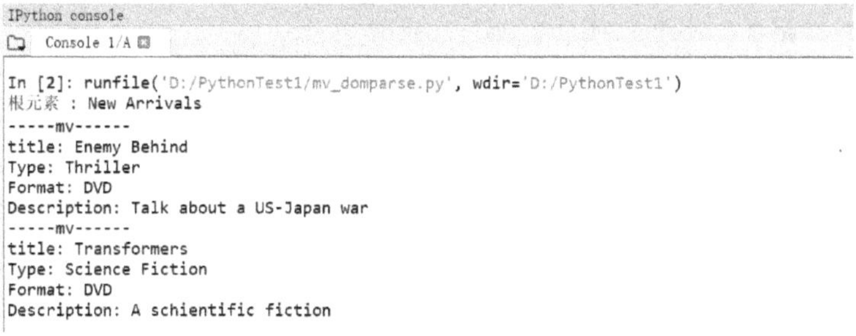

图 2-9　DOM 解析 XML 文件运行结果

### 3. ElementTree 解析及修改 XML 文件

ElementTree 将整个 XML 文档表示为一棵树，Element 表示该树中的单个节点。与整个文档的交互（读写文件）通常在 ElementTree 级别完成。与单个 XML 元素及其子元素的交互是在 Element 级别完成的，它们都属于 ET 类。命令行基本代码如下。

```
import xml.etree.ElementTree as ET
tree = ET.parse('mv.xml')
root = tree.getroot()
print (root.tag)
```

修改 mv.xml 文件，给每个 mv 的节点 year 添加属性，并统一加 1 操作，命令行代码如下。

```
>>> for year in root.iter('year'):
...     new_year = int(year.text) + 1
...     year.text = str(new_year)
...     year.set('updated', 'yes')
```

```
...
>>> tree.write('mv.xml')
```

## 2.2.4 字典转 XML 数据

在 Python 中，字典与 XML 文件是存储数据的两种方式，从字典转存到 XML 文件，通常需要提前安装及导入 dicttoxml 包，转成 XML 格式，然后通过 DOM 方式写入 XML 文件。反之，由 XML 文件转为字典，需使用 xmltodict 模块，调用 xmltodict.parse（xml 字符串）方法完成。

安装 dicttoxml 包的命令如下。

```
pip install dicttoxml
```

字典转为 XML 格式，并存为 XML 文件，代码如下。

```
import dicttoxml
from xml.dom.minidom import parseString
import  os
mv_xml={'title':'Enemy',
    'type':'war',
    'format': 'DVD',
    'year': 2020',
    'description':'Talk about the Second war'}
txml=dicttoxml.dicttoxml(mv_xml,custom_root='mv')
mxml=txml.decode('utf-8')
print(mxml)
dom=parseString(mxml)
i_xml=dom.toprettyxml(indent='    ')
f=open('mv_1.xml','w',encoding='utf-8')
f.write(i_xml)
f.close()
```

程序运行结果如图 2-10 和图 2-11 所示。

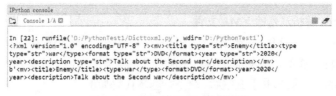

图 2-10  字典转 XML 格式结果

```
Editor - D:\PythonTest1\mv_1.xml
   mv_1.xml
1 <?xml version="1.0" ?>
2 <mv>
3     <title type="str">Enemy</title>
4     <type type="str">war</type>
5     <format type="str">DVD</format>
6     <year type="str">2020</year>
7     <description type="str">Talk about the Second war</description>
8 </mv>
9
```

图 2-11  存储的 XML 文件内容

## 2.2.5　文本处理应用

文本数据的处理不仅仅是上述数据格式之间的转换和读写保存，通常把数据的采集请求、基本处理、指定格式保存 3 个基本过程衔接起来，使得按指定格式保存的数据能够供后续的数据分析使用。本节以豆瓣电影网页的数据采集、基本信息提取、指定格式保存为例，介绍文本处理的基本流程。

**注意：** 需要使用 pip install 命令或其他方式提前安装 urllib 包、urllib.request 包、bs4 包。

1）创建工程步骤同 2.2.3 节，在工程下创建 text_process.py 文件，采集网页数据信息。以电影信息采集为例，应用 urllib.request 进行基本网页信息请求，接着用 Beautiful Soup 进行网页解析及基本信息提取。

```python
import urllib.request
import urllib
import re
from bs4 import BeautifulSoup
from distutils.filelist import findall
# 获取网页信息
def require_json(path):
    headers = {'User-Agent':'Mozilla/5.0 (Windows NT 6.1; WOW64; rv:23.0)
Gecko/20100101 Firefox/23.0'}
    req = urllib.request.Request(url='http://movie.douban.com/top250?format=
text', headers=headers)
    page = urllib.request.urlopen(req)
    contents = page.read()
    print(contents)
    soup = BeautifulSoup(contents,"html.parser")
    print("电影" + "\n" +" 影片名             评分      评价人数     链接 ")
    # 打开 CSV 文件
    csvfile = open(path+'.csv', 'w', newline='')              # 基于 python3
    writer = csv.writer(csvfile, delimiter='\t')
    keys=['m_name', 'm_rating_score', 'm_peoplecount', 'm_url'] # 写入列头名称
    writer.writerow(keys)                      # 写入 CSV 文件
    info=[ ]
    for tag in soup.find_all('div', class_='info'):
        # 提取信息
        m_name = tag.find('span', class_='title').get_text()
        m_rating_score = float(tag.find('span',class_='rating_num').get_text())
        m_people = tag.find('div',class_="star")
        m_span = m_people.findAll('span')
        m_peoplecount = m_span[3].contents[0]
        m_url=tag.find('a').get('href')
        print( m_name+"          " +  str(m_rating_score)  + "          " +
m_peoplecount + "     " + m_url )
        writer.writerow([m_name,str(m_rating_score),m_peoplecount,m_url])
                                        # 写入 CSV 文件
```

```
        # 信息存储词典
        row={"m_name":m_name,"m_rating_score":str(m_rating_score),"m_peoplecount":
m_peoplecount,"m_url":m_url}
        info.append(row)
    csvfile.close()
    write_json(path,row)   # 调用方法，写入 JSON 文件
# 写 JSON 文件
def write_json(path,x):
    with open(path+'.json', 'w') as f:
        json.dump(x,f, ensure_ascii=False)
if __name__ == '__main__':
 path=str(sys.argv[1]) # 获取 path 参数
 print (path)
 require_json(path)
```

2）程序运行结果如图 2-12 所示，写入的 JSON 文件和 CSV 文件如图 2-13 和图 2-14 所示。

图 2-12　电影信息提取结果控制台显示

```
 1 m_name  m_rating_score  m_peoplecount    m_url
 2 肖申克的救赎 9.7 2015511人评价   https://movie.douban.com/subject/1292052/
 3 霸王别姬 9.6 1492495人评价    https://movie.douban.com/subject/1291546/
 4 阿甘正传 9.5 1525865人评价    https://movie.douban.com/subject/1292720/
 5 这个杀手不太冷   9.4 1718595人评价    https://movie.douban.com/subject/1295644/
 6 美丽人生 9.5 960387人评价 https://movie.douban.com/subject/1292063/
 7 泰坦尼克号 9.4 1475913人评价   https://movie.douban.com/subject/1292722/
 8 千与千寻 9.4 1579141人评价    https://movie.douban.com/subject/1291561/
 9 辛德勒的名单 9.5 777889人评价    https://movie.douban.com/subject/1295124/
10 盗梦空间 9.3 1459923人评价    https://movie.douban.com/subject/3541415/
11 忠犬八公的故事   9.4 1013102人评价    https://movie.douban.com/subject/3011091/
12 海上钢琴师 9.3 1217053人评价   https://movie.douban.com/subject/1292001/
13 楚门的世界 9.3 1084117人评价   https://movie.douban.com/subject/1292064/
```

图 2-13　CSV 文件存储提取信息

```
a.json - 记事本                                            —  □  ×
文件(F) 编辑(E) 格式(O) 查看(V) 帮助(H)
[{"m_name": "肖申克的救赎", "m_rating_score": "9.7", "m_peoplecount": "2015511人评价", "m_url":
"https://movie.douban.com/subject/1292052/"}, {"m_name": "霸王别姬", "m_rating_score": "9.6",
"m_peoplecount": "1492495人评价", "m_url": "https://movie.douban.com/subject/1291546/"},
{"m_name": "阿甘正传", "m_rating_score": "9.5", "m_peoplecount": "1525865人评价", "m_url":
"https://movie.douban.com/subject/1292720/"}, {"m_name": "这个杀手不太冷", "m_rating_score": "9.4",
"m_peoplecount": "1718595人评价", "m_url": "https://movie.douban.com/subject/1295644/"},
{"m_name": "美丽人生", "m_rating_score": "9.5", "m_peoplecount": "960387人评价", "m_url":
"https://movie.douban.com/subject/1292063/"}, {"m_name": "泰坦尼克号", "m_rating_score": "9.4",
"m_peoplecount": "1475913人评价", "m_url": "https://movie.douban.com/subject/1292722/"},
{"m_name": "千与千寻", "m_rating_score": "9.4", "m_peoplecount": "1579141人评价", "m_url":
"https://movie.douban.com/subject/1291561/"}, {"m_name": "辛德勒的名单", "m_rating_score": "9.5",
"m_peoplecount": "777889人评价", "m_url": "https://movie.douban.com/subject/1295124/"},
{"m_name": "盗梦空间", "m_rating_score": "9.3", "m_peoplecount": "1459923人评价", "m_url":
"https://movie.douban.com/subject/3541415/"}, {"m_name": "忠犬八公的故事", "m_rating_score": "9.4",
```

图 2-14　JSON 文件存储提取信息

## 2.3　文件和流

Python 文件及流通常包含文件 I/O 函数、File 对象方法及 OS 模块。文件 I/O 函数主要为标准输入（raw_input()、input()）、屏幕或控制台输出（print()）等操作；File 对象方法主要有文件打开 open()、关闭 close()、读写 read()、write()等操作；OS 模块提供了执行文件处理操作的方法，如重命名 rename()和删除文件 remove()等操作。在 Python 中处理文件系统的包，主要有 os.path、pathlib、glob、fnmatch、linecache、tempfile、shutil、filecmp、mmap、codecs 和 io 等。

文件 I/O 的标准输入和输出读写函数：raw_input()读取一行，并返回一个字符串，而函数 input() 还可以接收一个 Python 表达式作为输入，并将运算结果返回。在 Python 3 之后，输出操作需要使用 print() 方法。下面重点介绍 File 对象方法及 OS 模块的基本应用。

### 2.3.1　打开文件及模式

对于实际的数据文件读写，Python 提供的 File 对象方法可以完成大部分的文件操作，File 对象的创建打开需要使用内置函数 open()，创建之后才可以调用进行读写。

1）创建并打开文件 File 对象，代码如下。

```
file f = open(file_name [, access_mode][, buffering])
```

- file_name：文件名（字符串值）。
- access_mode：可选参数，设置打开文件的模式，如只读、写入、追加等，如表 2-2 所示。默认文件访问模式为只读（r）。
- buffering：可选参数，设置缓存区大小。

**表 2-2　打开文件的模式**

| 模　式 | 描　　述 |
|---|---|
| t | 文本模式（默认） |
| x | 写模式，新建一个文件，如果该文件已存在则会报错 |
| b | 二进制模式 |
| + | 打开一个文件进行更新（可读可写） |
| r | 以只读方式打开文件，文件的指针将会放在文件的开头。默认模式 |
| r+ | 打开一个文件用于读写，文件指针将会放在文件的开头 |
| w | 打开一个文件只用于写入。如果该文件已存在则打开文件，并从开头开始编辑，即原有内容会被删除。如果该文件不存在，创建新文件 |
| w+ | 打开一个文件用于读写。如果该文件已存在则打开文件，并从开头开始编辑，即原有内容会被删除。如果该文件不存在，创建新文件 |
| a | 打开一个文件用于追加。如果该文件已存在，文件指针将会放在文件的结尾，即新的内容将会被写入已有内容之后。如果该文件不存在，创建新文件进行写入 |
| a+ | 打开一个文件用于读写。如果该文件已存在，文件指针将会放在文件的结尾。文件打开时会是追加模式。如果该文件不存在，创建新文件用于读写 |

2）文件对象调用。File 对象相关的属性有 f.name、file.closed、f.mode、file.softspace，基本操作如下。

```
# 打开一个文件，以写方式
f = open("test.txt", "w")
print ("文件名: ", f.name)          # 获取文件名称
print ("是否已关闭 : ", f.closed)    # 判定文件是否关闭
print ("访问模式 : ", f.mode)        # 获取文件打开的模式
```

运行结果如图 2-15 所示。

```
In [1]: runfile('D:/PythonTest/TeAnalysis/filetest.py', wdir='D:/PythonTest/
TeAnalysis')
文件名:  test.txt
是否已关闭 :  False
访问模式 :  w
```

图 2-15　File 对象属性运用结果

## 2.3.2　文件处理方法

文件对象 File 的方法有 close()、read()、write()、readline()，以及用于文件定位的 tell()、seek() 方法等。另外，在 OS 模块中提供了重命名 rename()、删除文件 remove()、当前目录下创建新目录 mkdir()、改变当前目录 chdir()、显示当前工作目录 getcwd()、删除目录 rmdir()等方法，应用之前，需要导入 os 包，代码如下。

```
import os
# 打开一个文件，以读写方式
f = open("test.txt", "w+")
f.write( "www.bcpl.cn!\n")
ps = f.tell()                        # 查找当前位置
print ("当前文件指针位置在 : ", ps)
f.seek(0,0)                          # 把指针重新定位到文件开头
str = f.read(5)
print ("读取文件的内容是 : ", str)
f.close()                           # 关闭打开的文件
f1 = open("te.txt", "w")
f1.close()
os.rename( "te.txt", "test1.txt" )  # 重命名文件 test.txt 到 test1.txt
os.mkdir("tmk")                     # 创建一个新目录 test
print (os.getcwd())                 # 给出当前的目录
os.chdir("tmk")
print ("当前目录是：",os.getcwd())
```

运行结果如图 2-16 所示。

```
IPython console
Console 6/A
In [3]: runfile('D:/PythonTest/TeAnalysis/fileprocess.py', wdir='D:/PythonTest/
TeAnalysis')
当前文件指针位置在 :  14
读取文件的内容是 :  www.b
D:\PythonTest\TeAnalysis
当前目录是：  D:\PythonTest\TeAnalysis\tmk
```

图 2-16　文件方法操作运行结果

## 2.3.3　文件应用

本节以数据分析中常用的文件应用为例，综合运用目录、文件内容读、词典写入 JSON 格式文件、异常处理等知识点。

1）假定给定数据文件存储目录，完成目录下指定类型扩展名的所有文件的读操作，同时，把分析后的字典内容写入指定文件中，在此过程中完成异常的处理操作，代码如下。

```python
#coding: utf-8
import json
import os
import numpy as np
def iterFile(filepath):
    pathDr = os.listdir(filepath)              # 获取当前路径下的文件名，返回 list
    for sd in pathDr:
        newDr=os.path.join(filepath,sd)        # 将文件名写入到当前文件路径后面
        if os.path.isfile(newDr): # 判定是否文件
            if os.path.splitext(newDr)[1]==".json":  # 判断是否 JSON 文件
                readFile(newDr)
                pass
            else:
                break
 # 读文件
def readFile(filepath):
    with open(filepath,'r', encoding='utf-8') as f:
    #with open(filepath,'r',encoding='unicode_escape') as f:
        line=f.readline()
        print(line)
# 写文件，把词典写入 JSON 文件
def writeFile(filepath):
    mydict = {
        'name': 'zhangsan',
        'age': 18,
        'qq': 154658,
        'friends': ['lisi', 'wangwu'],
        'school': [
            {'一中': '重点'},
            {'北大': '重点'},

        ]
    }
    try:
        with open('data.json', 'w', encoding='utf-8') as f:
            json.dump(mydict, f,ensure_ascii=False)
    except IOError as e:
        print(e)
    print('保存个人数据完成!')
def main():
    fp=r'D:\\PythonTest\\TeAnalysis\\tmk\\'        # 存放数据的目录
    os.chdir(fp)                                   # 进入目录
    iterFile(fp)                                   # 读取文件
```

```
          writeFile(fp)                    # 写入数据
    if __name__ == '__main__':
        main()
```

2）把词典写入 data.json 文件，同时读取 tmk 目录下所有文件（a.json 和 data.json）的内容，并在控制台输出，a.json 文件为 2.2.5 节生成的文件，程序运行结果如图 2-17 所示。

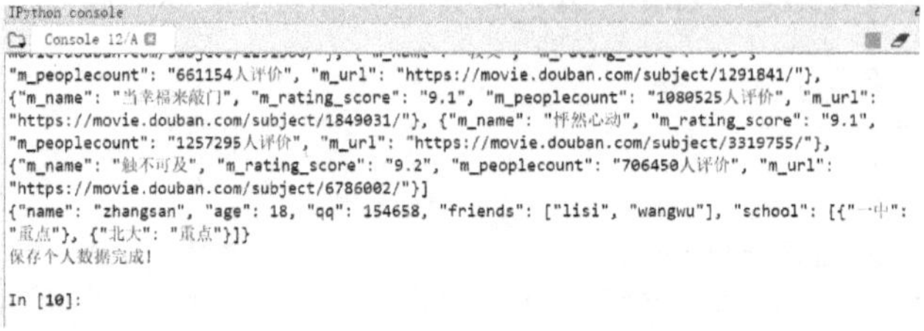

图 2-17   文件应用运行结果显示

# 2.4  网络及 Web 应用

Python 提供了支持网络通信的底层网络接口模块 Socket 和高层网络接口模块 SocketServer，及互联网协议模块 HTTP、webbrowser 模块、urllib 模块、ftplib 模块、http.server 服务器模块、smtplib 模块等。本节的 TCP、UDP 都属于 Socket 模块，需要提前导入 socket 包。

## 2.4.1   创建 TCP、UDP 服务器

### 1. 创建 TCP 服务器和客户端

创建 TCP（Transmission Control Protocol，传输控制协议）服务器和客户端的实体类在 SocketServer 模块和 Socket 模块，使用前需要导入 socketserver 库和 socket 库，具体步骤如下。

1）创建 TCP 服务器，设置服务、地址、端口，并启动 TCP 服务，代码如下。

```
import socketserver

class Handler_TCPServer(socketserver.BaseRequestHandler):

    def handle(self):
        # TCP socket 连接到客户端
        self.data = self.request.recv(1024).strip()
        print("{} sent:".format(self.client_address[0]))
        print(self.data)
        # 返回确认消息
        self.request.sendall("OK from TCP Server".encode())
if __name__ == "__main__":
    HOST, PORT = "localhost", 8888      # 初始化服务器地址和端口
    tcp_server = socketserver.TCPServer((HOST, PORT), Handler_TCPServer)
    tcp_server.serve_forever()    # 启动 TCP 服务，按 Ctrl-C 中止服务
```

2）创建 TCP 客户端，并与 TCP 服务器建立连接、发送读取数据，代码如下。

```python
import socket
host_ip, server_port = "127.0.0.1", 8888
data = " Hello how are you?\n"
# 初始化 TCP 客户端 socket
tcp_client = socket.socket(socket.AF_INET, socket.SOCK_STREAM)
try:
    # 与 TCP 服务器建立连接
    tcp_client.connect((host_ip, server_port))
    tcp_client.sendall(data.encode())
    # 读取 TCP 服务器数据
    received = tcp_client.recv(1024)
finally:
    tcp_client.close()      # 关闭连接

print ("Sent:     {}".format(data))
print ("Received: {}".format(received.decode()))
```

3）TCP 服务器与客户端通信的运行结果如图 2-18 和图 2-19 所示。

图 2-18　服务器端接收信息和回复确认消息

图 2-19　客户端发送消息和接收服务器消息

**2. 创建 UDP 服务器和客户端**

UDP（User Datagram Protocol，用户数据报协议）与 TCP 的主要区别在于无连接与否，TCP 保证数据的正确性及顺序，而 UDP 可能丢包且数据无序。UDP 服务器内部、客户端内部、服务器与客户端之间的通信如图 2-20 所示。

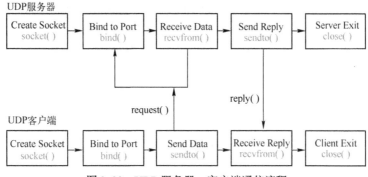

图 2-20　UDP 服务器、客户端通信流程

创建 UDP 服务器和客户端的步骤如下。

1）创建 UPD 服务器，代码如下。

```python
import socket
localIP     = "127.0.0.1"
localPort   = 8889
bufferSize  = 1024
msgFromServer  = "How are UDP Client"
bytesToSend    = str.encode(msgFromServer)

# 创建 socket 数据包
UDPServerSocket = socket.socket(family=socket.AF_INET, type=socket.SOCK_DGRAM)
# 绑定 IP 和端口
UDPServerSocket.bind((localIP, localPort))
print("UDP server up and listening")
# 监听数据
while(True):
    bytesAddressPair = UDPServerSocket.recvfrom(bufferSize)
    message = bytesAddressPair[0]
    address = bytesAddressPair[1]
    clientMsg = "Message from Client:{}".format(message)
    clientIP  = "Client IP Address:{}".format(address)
    print(clientMsg)
    print(clientIP)
    # 给客户端发送回复
    UDPServerSocket.sendto(bytesToSend, address)
```

2）创建 UDP 客户端，代码如下。

```python
import socket
msgFromClient        = "How are UDP Server"
bytesToSend          = str.encode(msgFromClient)
serverAddressPort    = ("127.0.0.1", 8889)
bufferSize           = 1024

# 创建 socket
UDPClientSocket = socket.socket(family=socket.AF_INET, type=socket.SOCK_DGRAM)
# 发送信息给服务器
UDPClientSocket.sendto(bytesToSend, serverAddressPort)
msgFromServer = UDPClientSocket.recvfrom(bufferSize)
msg = "Message from Server {}".format(msgFromServer[0])
print(msg)
```

3）启动 UDP 服务器，打开客户端，UDP 服务器和客户端的运行结果如图 2-21 和图 2-22 所示。

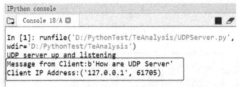

图 2-21　UDP 服务器接收客户端信息结果

图 2-22　UDP 客户端接收服务器信息结果

## 2.4.2　RPC 远程访问

本节以 XML-RPC（XML Remote Procedure Call，XML 远程过程调用）为例，介绍远程过程访问的基本流程。XML-RPC 使用 HTTP 作为传输协议；XML 作为传送信息的编码格式，传送、处理复杂的数据结构，其应用需要导入 xmlrpc.server 和 xmlrpc.client 包。RPC 远程的实现步骤如下。

1）创建服务器端 RPCServer_xml.py，代码如下。

```python
# -*- coding: utf-8 -*-
from xmlrpc.server import SimpleXMLRPCServer
from xmlrpc.server import SimpleXMLRPCRequestHandler

# 限制在特定的路径.
class RequestHandler(SimpleXMLRPCRequestHandler):
    rpc_paths = ('/RPC2',)

# 创建服务
with SimpleXMLRPCServer(('localhost', 8000),
                        requestHandler=RequestHandler) as server:
    server.register_introspection_functions()

    # 注册 pow() 函数
    server.register_function(pow)

    # 定义及注册 adder_function()函数
    def adder_function(x, y):
        return x + y
    server.register_function(adder_function, 'add')

    # 注册实例作为 XML-RPC 方法
    class MyFuncs:
        def mul(self, x, y):
            return x * y

    server.register_instance(MyFuncs())

    # 启动服务器服务
    server.serve_forever()
```

2）创建客户端 RPCClient_xml.py，连接服务器调用函数进行运算，代码如下。

```python
# -*- coding: utf-8 -*-

import xmlrpc.client
```

```
s = xmlrpc.client.ServerProxy('http://localhost:8000')
print(s.pow(2,3))    # 返回 2**3 = 8
print(s.add(2,3))    # 返回 2+3 的结果 5
print(s.mul(5,2))    # 返回 5*2 的结果 10

# 列出当前的方法
print(s.system.listMethods())
```

3）运行服务器端程序启动服务，然后在 cmd 命令行运行客户端，客户端运行结果如图 2-23 所示，服务器端响应如图 2-24 所示。

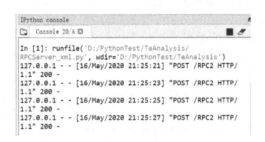

图 2-23　客户端运行及接收服务器信息显示结果

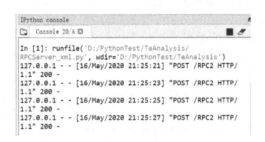

图 2-24　服务器接收连接信息显示结果

## 2.4.3　Python 动态网站应用

Python 在动态网站 Web 开发方面，有很多不同的高级框架，如 Django、Flask、Tornado、Sanic、web2py、Quixote、Pylons 等，均可快速开发 Web 动态网站。本节以 Django 框架为例，介绍 Windows 系统下搭建开发 Python 动态网站的基本流程和步骤。由于篇幅限制，本节不讨论 Django 与数据库交互部分，但 Django 支持 PostgreSQL、MariaDB、MySQL、Oracle 和 SQLite 等数据库。

在安装 Django 框架之前，建议安装 virtualenv 或 virtualenvwrapper，建立虚拟环境，以保证建立一个隔离的目录安装动态网站项目需要的所有包，而不与其他项目产生包冲突。安装 virtualenv 虚拟环境，建立隔离目录（自定义）的命令如下。

```
pip install pipx                                # python 3.5 版本之上，建议安装 pipx
pipx install virtualenv                         # 安装 virtualenv
python -m venv ~/.virtualenvs/testdjangodev     # 建立虚拟环境目录
source ~/.virtualenvs/testdjangodev/bin/activate    # 激活 Linux 系统下的虚拟环境
%HOMEPATH%\.virtualenvs\testdjangodev\Scripts\activate.bat
                                                # 激活 Windows 系统下的虚拟环境
```

或安装 virtualenvwrapper 来建立 Windows 虚拟环境，代码如下。

```
python -m pip install virtualenvwrapper-win      # 安装 virtualenvwrapper
mkvirtualenv myproject                           # 建立虚拟环境项目目录
```

1）安装 Django 框架，命令如下。

```
python  -m pip install  Django
```

然后输入如下命令验证 Django 是否安装成功，输出 Django 版本，如图 2-25 所示。

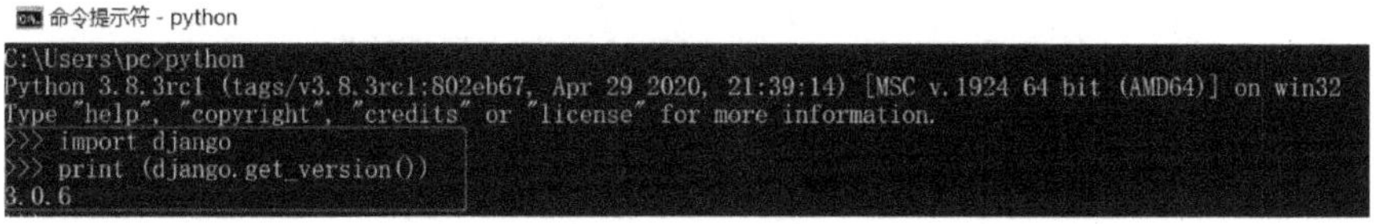

图 2-25　验证 Django 是否安装成功并输出版本号

2）创建工程。在 D 盘根目录下，使用命令创建工程 test_site，如图 2-26 所示。

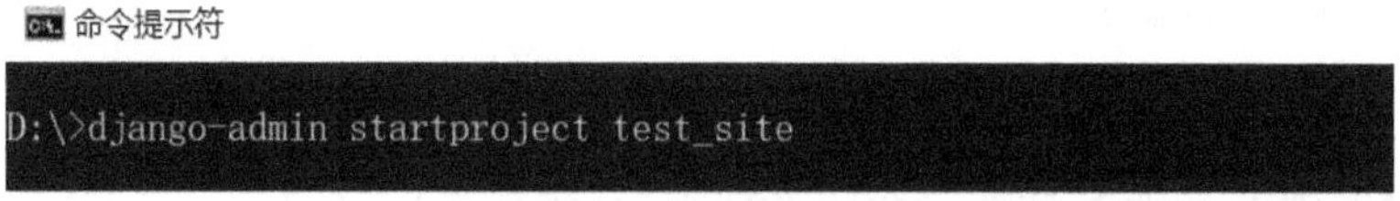

图 2-26　创建工程

创建完成的工程 test_site 目录结构如下。

```
test_site/
    manage.py
    test_site/
        __init__.py
        settings.py
        urls.py
        asgi.py
        wsgi.py
```

3）进入工程目录，使用如下命令启动 Django 框架服务，如图 2-27 所示。

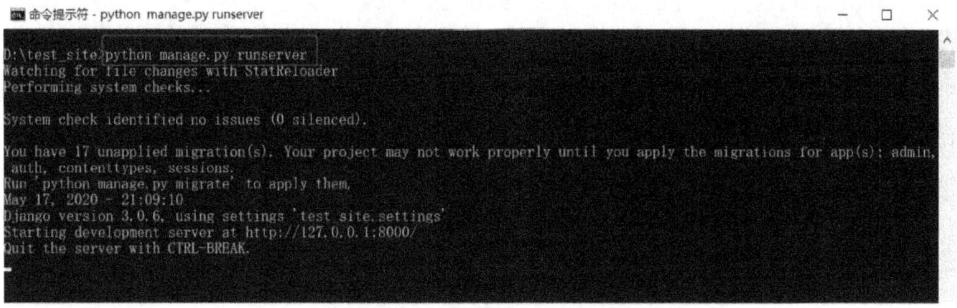

图 2-27　启动 Django 服务

4）在浏览器中输入 http://127.0.0.1:8000/，测试 Django 服务，成功运行结果如图 2-28 所示。

图 2-28　Django 服务启动后浏览器运行结果

5）在工程下创建一个 polls　App 项目，使用如下命令。

```
python manage.py startapp polls
```

6）打开 polls 目录下的 views.py 文件，添加如下代码。

```
from django.http import HttpResponse
def index(request):
    return HttpResponse("Hello, world. 您好！You're at the polls index.")
```

7）在 polls 目录下新建 URL 配置文件 urls.py，并添加如下代码。

```
from . import views

urlpatterns = [
    path('', views.index, name='index'),
]
```

8）打开 test_site 目录下的 urls.py，添加 import include 和 path('polls/', include('polls.urls'))，添加的代码如下。

```
from django.contrib import admin
from django.urls import include, path

urlpatterns = [
    path('polls/', include('polls.urls')),
    path('admin/', admin.site.urls),
]
```

9）启动 Django 服务，命令如下。

```
python manage.py runserver
```

10）在浏览器地址栏输入：http://localhost:8000/polls/，结果如图 2-29 所示。

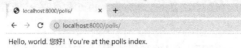

Hello, world. 您好！You're at the polls index.

图 2-29　polls App 浏览器运行结果

## 2.5　Python 图形绘制

Python 整合了很多图形开发工具包，使得开发者在图形界面编程中能够实现 Python 与其他语言（如 C++、Java 等）的接口 API 开发，下面介绍常用 Python GUI 开发框架的安装、配置及简单应用。

### 2.5.1　Python GUI 简介

GUI（Graphical User Interface，图形用户界面）又称图形用户接口，Python 常用的跨系统平台 GUI 工具集有：wxPython、Tkinter、Jython、PyQt、PySimpleGUI、PyGObject、PyGTK、PySide、TkInter、Kivy 等。

本节以 wxPython、PySimpleGUI 和 Jython 为例，介绍 Python GUI 的基本应用。

### 2.5.2　wxPython 安装及配置

wxPython 是一个针对 Python 的跨平台 GUI 工具集，基于热门的 wxWidgets （原 wxWindows）C++工具集进行构建。

**1. wxPython 安装**

在 Windows 和 macOS 操作系统安装 wxPython，使用如下命令。

```
pip install -U wxPython
```

在 Ubuntu 16.04（或 Ubuntu 16.10, LinuxMint 18）等安装 GTK3 wxPython，可使用如下命令。

```
pip install -U \
-f https://extras.wxpython.org/wxPython4/extras/linux/gtk3/ubuntu-16.04 \
wxPython
```

另外，如使用 Anaconda 集成 wxPython，可使用如下命令。

```
conda install -c anaconda wxpython
```

**2. wxPython 的简单调用**

在 Python 程序中调用 wxPython，需要导入 wx 包，其实现需要 4 个步骤：创建 App 应用对象、创建 Frame 布局、显示布局和调用 App 事件循环。

1）新建 wxp.py 文件，基本代码如下。

```
import wx
app = wx.App()                 # 创建应用对象
# 创建 Frame 布局，标题显示 Hello World，并指定 Frame 大小
frm = wx.Frame(None, title="Hello World", size=(200,100))
frm.Show()                     # 显示布局
app.MainLoop()                 # 启动 App 事件循环
```

2）在命令行运行 "Python wxp.py" 命令，运行结果如图 2-30 所示。

### 2.5.3　wxPython 应用

下面介绍使用 wxPython 进行简单记事本界面的创建。

图 2-30　wxPython 运行结果标题显示

**1．简单记事本界面组成及事件**

简单记事本的实现由界面控件和事件触发两部分组成，界面控件包含布局 Frame、面板 Panel、标题 Title、菜单 Menu、菜单栏 MenuBar、菜单项 MenuItem 和状态栏 StatusBar，事件触发由 bind()函数完成。

**2．简单记事本实现流程**

1）创建 openworld.py 文件，定义类 HelloFrame(wx.Frame)，包含初始化方法__init__()、makeMenuBar()、OnExit()、OnOpen()和 OnAbout()。

- __init__()方法完成在 Frame 中创建 Panel、设置显示的文本字体格式，如大小、加粗，创建 sizer 管理子控件、菜单栏和状态栏。
- makeMenuBar() 方法实现在菜单栏添加菜单项、菜单项绑定 handler()，及把 handler() 与 EVT_MENU 事件绑定，响应每个菜单项。
- OnExit()方法完成关闭 Frame，中止应用；OnOpen()和 OnAbout() 方法实现显示消息对话框。

2）调用 wxPython 方法来创建 App、创建 HelloFrame 类对象、显示布局和调用事件主循环，完成简单记事本的实现，具体代码如下。

```python
import wx

class HelloFrame(wx.Frame):
    """
    这是一个显示 Hello World 的 Frame
    """

    def __init__(self, *args, **kw):
        # 调用父类的 __init__
        super(HelloFrame, self).__init__(*args, **kw)

        # 在 Frame 中创建 Panel
        pnl = wx.Panel(self)

        # 设置显示的文本字体格式，如大小、加粗
        st = wx.StaticText(pnl, label="Hello World!")
        font = st.GetFont()
        font.PointSize += 10
        font = font.Bold()
        st.SetFont(font)

        # 创建 sizer 管理子控件
        sizer = wx.BoxSizer(wx.VERTICAL)
        sizer.Add(st, wx.SizerFlags().Border(wx.TOP|wx.LEFT, 25))
        pnl.SetSizer(sizer)
```

```python
        # 创建菜单栏 menu Bar
        self.makeMenuBar()

        # 创建状态栏 Bar
        self.CreateStatusBar()
        self.SetStatusText("Welcome to wxPython!")


    def makeMenuBar(self):
        """
        菜单栏 menu bar 包含菜单项，菜单项绑定 handler()
        """
        # 创建 File 菜单，包含打开和退出菜单项
        fileMenu = wx.Menu()
        openItem = fileMenu.Append(-1, "&打开...\tCtrl-H",
                "Help string shown in status bar for this menu item")
        fileMenu.AppendSeparator()
        # 用静态常量 ID_EXIT
        # 标签
        exitItem = fileMenu.Append(wx.ID_EXIT)

        # 在 About 菜单下设置帮助
        helpMenu = wx.Menu()
        aboutItem = helpMenu.Append(wx.ID_ABOUT)

        # 创建菜单栏添加 File、Help
        menuBar = wx.MenuBar()
        menuBar.Append(fileMenu, "&File")
        menuBar.Append(helpMenu, "&Help")

        # 把菜单栏设置到 Frame
        self.SetMenuBar(menuBar)

        # 把 handler()函数与 EVT_MENU 事件绑定，响应每个菜单项
        self.Bind(wx.EVT_MENU, self.OnOpen, openItem)
        self.Bind(wx.EVT_MENU, self.OnExit,  exitItem)
        self.Bind(wx.EVT_MENU, self.OnAbout, aboutItem)

    def OnExit(self, event):
        """关闭 frame, 中止应用."""
        self.Close(True)

    def OnOpen(self, event):
        """显示给用户 user."""
        wx.MessageBox("这是一个 wxPython")

    def OnAbout(self, event):
        """显示 About Dialog 对话框"""
        wx.MessageBox("这是一个 wxPython 应用",
                    "关于 wxPython 应用",
                    wx.OK|wx.ICON_INFORMATION)

if __name__ == '__main__':
    app = wx.App()    # 创建 App
```

```
frm = HelloFrame(None, title='wxPython 应用')      # 调用创建 HelloFrame 对象
frm.Show()                                         # 显示布局
app.MainLoop()                                      # 启动事件主循环
```

3）执行命令，程序运行结果如图 2-31～图 2-33 所示。

图 2-31　简单记事本运行结果

图 2-32　打开 File 菜单

图 2-33　单击子菜单"关于(A)"弹出对话框

## 2.5.4　PySimpleGUI 及 Jython 应用

### 1. PySimpleGUI

PySimpleGUI 是基于 Tkinter、wxPython、Remi 和 Qt 的跨平台 GUI 工具，支持 PC、平板、在线虚拟机、Android 设备等硬件设备。PySimpleGUI 不需要类来创建界面，使得创建 GUI 更为便利。关于 PySimpleGUI 的相关内容可参看相关资源。

PySimpleGUI 安装命令如下。

```
pip install pysimplegui
```

### 2. PySimpleGUI 简单应用

首先创建 pysimpleguiTest.py 文件，通过 theme() 方法设置窗口背景颜色，通过 Text() 方法写入内容信息，使用 window.read() 方法读取输入内容，并返回一个元组（event,values），其中，event 是事件，values 是包含所有输入元素值的词典。

```
#coding: utf-8
```

```
import PySimpleGUI as sg

sg.theme('DarkAmber')   # 添加背景颜色，可选值有：BrownBlue、Dark、BrightColors 等
# 在 Window 窗口布局中写入下面内容.
layout = [  [sg.Text('用户信息采集')],
            [sg.Text('请输入用户名: '), sg.InputText()],
            [sg.Button('确认'), sg.Button('取消')] ]

# 创建 Window 窗口
window = sg.Window('PySimpleGUI Test', layout)  # 添加窗口标题
# 循环处理 event 及输入的值
while True:
    event, values = window.read()
    if event in (None, '取消'):   # 用户关闭窗口，或单击取消
        break
    print('你输入的是: ', values[0])

window.close()
```

程序运行结果如图 2-34 所示。

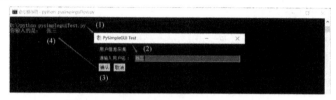

图 2-34   PySimpleGUI 简单应用运行结果

### 3. Jython

与 PySimpleGUI 和 wxPython 不同的是，Jython 是一个完整的语言，是 Python 语言在 Java 中的完全实现。它提供 Python 库的同时也提供了所有的 Java 类，是 Java 语言的补充，适用于嵌入式脚本（Embedding Scripting）、交互式编程、快速应用开发（效率高）。在 Jpython 官网下载安装包，下载完成后，直接双击安装即可。

本节以 Python 中调用 Java 代码为例，介绍 Jython 开发的基本流程和步骤。

1）首先使用 Java 语言创建一个 Calculator.java 文件，在文件中创建一个 Calculator 类，在类中实现小费计算方法 calculateTip()和税率计算方法 calculateTax()，代码如下。

```
public class Calculator {
    public Calculator(){
    }
//计算小费
    public double calculateTip(double cost, double tipPercentage){
        return cost * tipPercentage;
    }
//计算税率
    public double calculateTax(double cost, double taxPercentage){
        return cost * taxPercentage;
    }
}
```

2）使用 javac 命令编译上述 Calculator.java 文件，生成 Calculator.class 文件，如图 2-35 所示，然后在环境变量中添加 Calculator.class 文件路径。

C:\jython2.7.2\bin

| 名称 | 修改日期 | 类型 | 大小 |
|---|---|---|---|
| jython_cache | 2020/5/18 16:54 | 文件夹 | |
| Calculator.class | 2020/5/19 0:41 | CLASS 文件 | 1 KB |
| Calculator.java | 2020/5/19 0:29 | JAVA 文件 | 1 KB |
| easy_install.exe | 2020/5/18 16:57 | 应用程序 | 101 KB |
| easy_install-2.7.exe | 2020/5/18 16:57 | 应用程序 | 101 KB |
| jyt_test.py | 2020/5/19 0:32 | PY 文件 | 1 KB |
| jython.exe | 2020/3/21 10:06 | 应用程序 | 3,887 KB |
| jython_regrtest.bat | 2020/3/21 10:06 | Windows 批处理文件 | 1 KB |
| pip.exe | 2020/5/18 16:58 | 应用程序 | 101 KB |
| pip2.7.exe | 2020/5/18 16:58 | 应用程序 | 101 KB |
| pip2.exe | 2020/5/18 16:58 | 应用程序 | 101 KB |

图 2-35　编译后的 Calculator.class 文件

3）编写 Python 程序 jyt_test.py 文件，导入 Calculator 包，调用上述类对象，调用 calculateTip() 方法和 calculateTax() 方法，代码如下。

```python
import Calculator
from java.lang import Math

class JythonCalc(Calculator):
    def __init__(self):
        pass

    def calculateTotal(self, cost, tip_and_tax):
        return cost + tip_and_tax

if __name__ == "__main__":
    calc = JythonCalc()
    cost = 23.75
    tip = .15
    tax = .07
    print "Starting Cost: ", cost
    print "Tip Percentage: ", tip
    print "Tax Percentage: ", tax
    print Math.round(calc.calculateTotal(cost,
            (calc.calculateTip(cost, .15) + calc.calculateTax(cost, .07))))
```

4）使用 Jython 命令执行 jyt_test.py，运行结果如图 2-36 所示。

图 2-36　jython 执行结果

## 2.6　Python 测试及框架

测试是项目开发过程中不可缺少的环节，按不同类型划分通常有单元测试（白盒测试）、接口测试（灰盒测试或集成测试）、系统测试（黑盒测试）、Web 测试。Python 内置了标准单元测试工具 unittest(PyUnit)，还有第三方测试框架，如 Pytest、Robot Framework、Behavior、nose 等，Python 测试工具分类如表 2-3 所示。在 unittest 测试工具的基础上，衍生了 unittest2 测试工具，添加一些 unittest 的补丁和新方法，需要使用 import unittest2 命令导入包。

**表 2-3　Python 测试工具分类**

| 类　　型 | 类　　别 | 测试工具及框架 |
|---|---|---|
| 单元测试工具<br>(Unit Testing Tools) | unit test | unittest、doctest、Pytest、Sancho、zope.testing、pry、pythoscope |
| | unittest extensions | nose、testify、Trial、subunit、testresources、testlib、dutest |
| | tests runner | Pytest |
| 模糊测试工具<br>(Fuzz Testing Tools) | | Hypothesis、Pester、Peach Fuzzer Framework、antiparser、Taof、Fusil、PyFuzzer |
| Web 测试工具<br>(Web Testing Tools) | Browser simulation | twill、webunit、FunkLoad、zope.testbrowser、webtest、PAMIE、PyXPCOM |
| | In-process | paste.test.fixture、DjangoTesting、ibofobi.utils.test、wsgi-intercept |
| | Browser Automation | Selenium、windmill、SST、Splinter、WebTest |
| | Automation | Loads |
| 图形接口测试工具<br>(GUI Testing Tools) | | Automa、ldtp、pywinauto、ATOMac、PyUseCase、SikuliX |
| 自动运行测试工具<br>(Automatic Test Runners) | | nosier、nosy、nosyd、PyZen、Behavior |
| 代码覆盖测试工具<br>(Code Coverage Tools) | | coverage、figleaf、trace2html、coverage langlet、pry、instrumental |

在测试中，一个测试用例是一个独立的测试单元，通过运行该测试单元，可以完成对测试问题的验证。unittest 提供一个基类：TestCase，用于新建测试用例。一个完整的测试流程，包括测试需求提出、需求评审、测试场景设计、测试用例设计、测试前环境搭建、执行测试代码、测试后环境复原等基本过程。在此过程中，多个测试用例组成测试套件（TestSuite），先有 TestLoader 加载 TestCase 或加载多个 TestCase 到 TestSuite，然后使用 TestRunner 中的 run()方法调用 TestCase 或使用 TestSuite 中的 run()方法执行测试用例，即使用 Test Runner 组件执行和输出测试结果。

下面以 unittest 和 Pytest 测试框架工具为例，介绍 Python 的基本测试步骤。

**1. unittest 单元测试**

unittest 提供了一系列创建和运行测试的工具，unittest 会给每一个以 test 开头的方法构建 TestCase 对象。本例首先创建一个 test.py 文件，在文件中创建测试字符串类 TestStringMethods 并继承 TestCase，分别调用 3 个独立的测试方法 test_upper()、test_isupper()、test_split()来完成测试。每个测试调用 assertEqual()方法来检查预期的输出；调用 assertTrue()方法或 assertFalse()方法来验证是否满足条件；调用 assertRaises()方法来验证抛出了一个特定的异常，代码如下。

```
import unittest

class TestStringMethods(unittest.TestCase):

    def test_upper(self):
        self.assertEqual('foo'.upper(), 'FOO')  # 断言

    def test_isupper(self):
        self.assertTrue('FOO'.isupper())
```

```
            self.assertFalse('Foo'.isupper())

        def test_split(self):
            s = 'hello world'
            self.assertEqual(s.split(), ['hello', 'world'])
            # 当分割的内容不是字符串时，验证 s.split()方法会失败，并抛出类型错误异常
            with self.assertRaises(TypeError):
                s.split(2)

if __name__ == '__main__':
    unittest.main()                        # 测试脚本的命令行接口
```

在测试脚本时添加 "-v" 参数显示 unittest.main() 方法更为详细的信息，执行单元测试命令如下。

```
python -m unittest -v test.py
```

运行结果如图 2-37 所示，3 个测试用例通过。

图 2-37   unittest 测试结果

### 2. Pytest 测试工具

Pytest 是 Python 的第三方单元测试库，从表 2-3 中可以看出它不仅应用于单元测试，而且也能扩展复杂的功能测试；具有自动识别测试模块和测试函数，插件丰富，兼容 unittest 和 nose 测试集，同时支持 Python3 和 PyPy3。Pytest 的安装命令如下。

```
pip install -U pytest
```

如果需要生成 HTML 格式的测试报告，需要安装 pytest-html 包，使用命令如下。

```
pip install -U pytest-html
```

同测试工具 unittest 一样，Pytest 的测试函数、类同样也多以 test_开头，方法中也经常使用 assert 断言。下面以简单的字符串测试为例，介绍 Pytest 的测试过程。

1）创建 test_te.py 文件，在文件中创建类 TestString 及两个方法 test_a()和 test_b()，代码如下。

```
class TestExample:
    def test_a(self):
        x = "name"
        assert 'a' in x
    def test_b(x):
        return x
```

2）执行命令：pytest -v test_te.py 或 python -m pytest-v test_te.py，运行结果如图 2-38 所示。

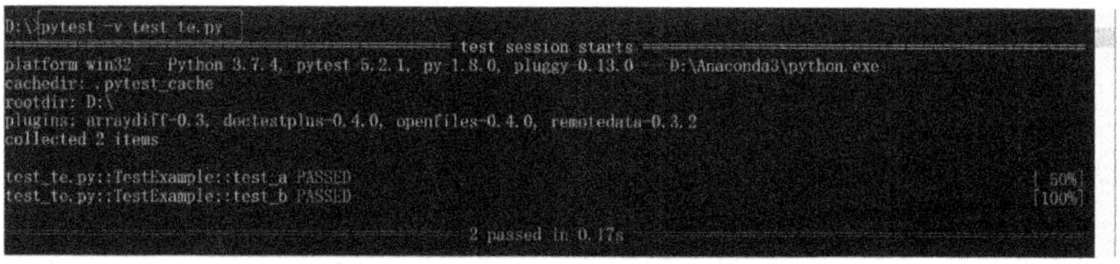

图 2-38　Pytest 执行测试结果

3）使用命令：pytest -v test_te.py --junitxml=report.xml，可生成详细报告 report.xml，运行结果如图 2-39 和图 2-40 所示。如生成 HTML 报告，使用命令。

```
pytest -v test_te.py --resultlog=rep.html
```

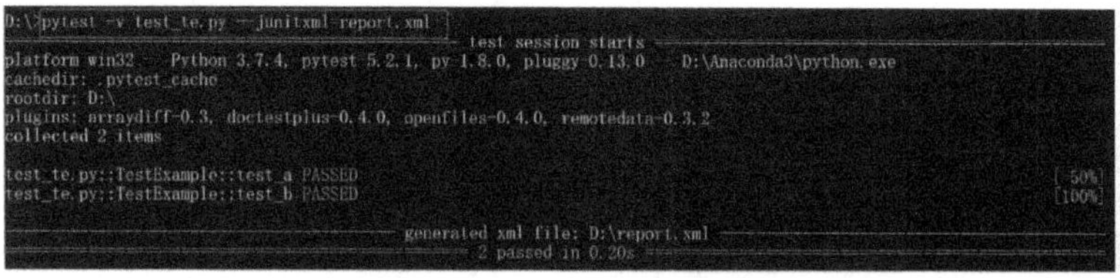

图 2-39　Pytest 生成 xml 报告文件

图 2-40　生成 report.xml 文件内容

# 习题

### 1. 简答题

1）Python 中字符串格式化的方法有哪些，分别应用于哪些场景？

2）Python 读写 JSON、CSV 数据的方法有哪些，如何解析 XML 数据？

3）Python 文件处理方法有哪些，如何实现指定目录下的文件读写操作？

4）如何创建 TCP 服务器和客户端？

5）如何使用 wxPython 实现简单记事本？

### 2. 操作题

编写一个文本分析处理程序。

要求：自动读取指定目录下指定格式的数据；支持文件解析操作；支持 TCP 服务器和客户端的 JSON 格式交互操作；使用文件存储数据。

# 第 3 章
# Python 数据采集与存储

本章主要讲解数据采集与存储的基础知识，主要包括可采集的数据源及对应的数据特色、当前主流的 Python 爬虫系统框架、数据存储格式及数据存储工具。同时给出实际的操作案例，例如，实现一个简易的爬虫系统、存储豆瓣网租房数据等。本章学习目标如下：

◇ 了解当前常见的数据源类型及流行的爬虫框架。
◇ 掌握数据存储常见的格式及应用场景。
◇ 熟悉爬虫系统设计的一些技巧。
◇ 掌握使用 Python 编写爬虫系统及配置爬虫，并在网络上进行爬取操作。
◇ 掌握将数据推送到指定数据库的方法。
◇ 实现爬取新浪微博数据的爬虫系统并进行微博数据存储。
◇ 实现豆瓣租房数据获取的爬虫系统并使用 MongoDB 进行数据存储。

学习完本章，将对数据采集和存储有一个全面的认识和掌握，并应用在实际项目中。

## 3.1 数据采集简介

数据是数据分析的处理对象。不同数据源所产生的数据类型、数据内容及数据获取方式均存在差异性。本节将介绍 4 种常见类型的数据源，同时给出当前流行的爬虫框架，最后通过社交网站信息采集的实例讲解数据采集的主要步骤。

### 3.1.1 数据源概述

随着互联网和信息化的持续发展，企业在线系统、互联网平台、社交网络等各类信息数据呈现井喷式增长，大数据应用已逐步成为各行各业所关注的焦点。在大数据环境下要挖掘出更多的潜在价值，确定数据采集的数据源是数据处理成功的关键因素，也是数据分析的基础，数据是否完备、数据冗余度高低限制着处理和分析的能力，存储和检索也会面临挑战。本节根据数据产生系统不同，可分为企业管理系统、工业控制系统、互联网应用系统和社交网络系统这 4 种类型的数据源，如图 3-1 所示。

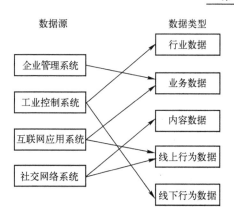

图 3-1　数据源与数据类型的关系

**1. 企业管理系统**

企业管理系统指在企业管理过程中，能够提供相关、准确和完整的数据，帮助管理者决策的一种办公软件，例如，企业文档管理系统、财务管理系统、资产管理系统及客户管理系统等。这些系统所产生的数据类型主要包括人员信息数据、消费者数据、客户关系数据、库存数据和账目数据等，对应数据可通过系统日志收集器进行采集与存储。

**2. 工业控制系统**

机器设备系统指由机器、装置和监控仪器等组成的大型工业系统，或由零部件等组成的机器，如电力监控系统、铁路运输系统、水利检测系统以及全球定位系统等。这些系统产生的数据包括流量数据、耗能数据、位置数据、行为数据等，均可通过智能仪表和传感器获取与传输。

**3. 互联网应用系统**

互联网应用系统是指用于收集、存储、检索、分析与应用各类信息的网络应用系统，如新闻媒体网站、商业购物网站、交友网站、招聘网站以及视频分享网站等。这些系统产生的数据包括用户浏览信息、用户评价信息和购买产品信息等线上行为数据，以及提交表单数据、页面交互数据、应用日志数据等相关的业务数据，这些数据均可通过网络爬虫和系统日志进行采集与存储。

**4. 社交网络系统**

社交网络系统是一种在线虚拟社区，所有人能够发布信息、连接好友、参与讨论和创建活动等。社交网络系统按照其功能属性可大致分为：博客网络、交友网络、媒体分享网络以及即时通信网络等。这些系统产生的数据包括用户注册信息、文本信息、图片信息、连接关系信息、交互行为信息、活动信息等，均可通过数据接口和网络爬虫进行采集与存储。

上述 4 种系统的数据在数据源、数据量、数据结构以及数据产生速度等方面存在较大差异，例如，工业控制系统数据更多来源于目标定位、信号转换和数据传输；互联网应用系统每日的数据量远大于企业管理系统；社交网络系统所产生的数据多为非结构化或半结构化数据等。因此，面向不同的数据分析与挖掘任务，首先需要确定所需采集的数据源及其数据存储格式与规模，最后可通过制定多种采集策略、存储格式、存储方案，确保采集目标的准确性、完备性及实时性，为后续任务提供坚实的数据基础。

### 3.1.2 常用的爬虫框架

**1. Scrapy**

（1）Scrapy 简介

Scrapy 是一个快速的高层网络爬取和 Web 抽取开源框架，主要用于爬取网站并提取结构化数据。Scrapy 通过简单的编码配置或 API 调用获取网络数据，大大提高数据采集效率。Scrapy 同时采用异步网络框架处理网络通信，提供各种调用接口，能够方便灵活地实现各种场景需求。它被广泛应用于数据收集、信息处理以及数据挖掘等领域。Scrapy 的学习者可以通过中文社区（http://bbs.scrapyd.cn/）或者英文社区（https://scrapy.org/community/）获取相关学习资源。

（2）Scrapy 系统架构

Scrapy 由爬虫（Spider）、采集引擎（Scrapy Engine）、调度器（Scheduler）、下载器（Downloader）和消息队列（Item Pipeline）这 5 大组件及下载中间件（Downloader Middlewares）和采集中间件（Spider Middlewares）这两个中间件共同组成。Scrapy 系统框架内各组件之间的关系如图 3-2 所示。

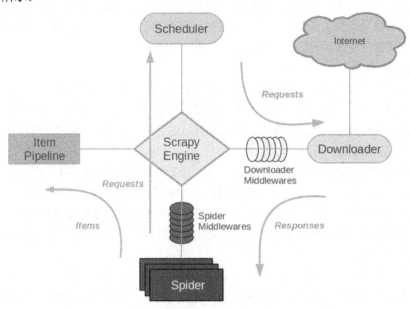

图 3-2　Scrapy 爬虫系统框架图

Scrapy 各个子模块的功能介绍如表 3-1 所示。

表 3-1　Scrapy 各个子模块及功能

| 模　　块 | 功　　能 |
| --- | --- |
| Scrapy Engine | 负责控制整个系统的数据处理流程，并进行事务处理的信号触发 |
| Scheduler | 负责接收 Scrapy 引擎发送到调度器的请求和响应，并压入队列中 |
| Downloader | 负责网页内容的下载，并将网页内容返回给 Spider |
| Spider | 负责从特定网页中提取所需的数据或跟进 URL 继续爬取下一个页面 |

（续）

| 模　　块 | 功　　能 |
| --- | --- |
| Item Pipeline | 负责处理 Spider 从网页中获取到的对象，并将这些对象送到对象管道，进行后续处理 |
| Downloader Middleware | 负责处理 Scrapy 引擎与下载器之间的请求及响应 |
| Spider Middlewares | 负责处理爬虫的响应输入和请求输出 |

（3）Scrapy 工作原理

Scrapy 的数据爬取工作流程如下：

1）引擎打开网站，找到处理该网站的爬虫并向该爬虫请求第一个要爬取的 URL。

2）引擎从爬虫中获取到第一个要爬取的 URL，并在调度器中以请求调度。

3）引擎向调度器请求下一个要爬取的 URL。

4）调度器返回下一个要爬取的 URL 给引擎，引擎通过下载中间件转给下载器。

5）当页面下载完毕，下载器生成该页面的响应，下载器中间件将其发送给引擎。

6）引擎从下载器中接收到响应并通过爬虫中间件发送给爬虫处理。

7）爬虫处理响应，并返回爬取到的对象及新的请求给引擎。

8）引擎将爬虫爬取到的对象传给对象管道，将爬虫返回的请求传给调度器。

9）从第 2）步重复直到调度器中没有更多的请求，引擎便会关闭该网站。

（4）Scrapy 安装

Scrapy 支持 Windows、macOS 和 Ubuntu 三种不同系统平台，使用前需要预先安装 Python 3.6 以上版本。

1）在 Windows 系统安装 Scrapy。

在 Windows 系统的命令行下使用 pip 安装 Scrapy 及其依赖项，命令如下：

```
pip install scrapy
```

Scrapy 也可通过 Anaconda 或 miniconda 使用 conda forge 通道中的包进行安装，命令如下：

```
conda install -c conda-forge scrapy
```

2）在 macOS 系统安装 Scrapy。

在 macOS 系统中需要有一个 C 编译器和开发头文件，同时需要安装 Xcode 命令行工具。打开 macOS 系统终端窗口，并输入如下命令：

```
xcode-select --install
```

安装过程中如果出现阻止 pip 更新系统包的问题，需先更新 PATH 变量，再重新加载 .bashrc 以确保环境变量发生了变化。

接着安装 Python 开发环境，命令如下：

```
brew install python
```

新版本的 Python 中已经包含 pip，所以不需要单独安装 pip。如果缺失 pip，建议升级更新 Python 环境，命令如下：

```
brew update; brew upgrade python
```

如果开发者需要开发多个应用程序，且希望每个应用有一个专属于项目的 Python 环境，则需安装 virtualenv 工具。virtualenv 工具是 Python 的一个虚拟化环境工具，用来建立虚拟的 Python 环境，命令如下：

```
sudo pip install virtualenv
```

在上述基础安装完成后，即可在 macOS 系统中安装 Scrapy，命令如下：

```
pip install scrapy
```

3）在 Ubuntu 系统安装 Scrapy。

在 Ubuntu 系统中安装 Scrapy，需要预先安装以下依赖项，命令如下：

```
sudo apt-get install python3 python3-dev python3-pip libxml2-dev libxslt1-
dev zlib1g-dev libffi-dev libssl-dev
```

完成上述依赖项安装后，使用 pip 安装 Scrapy，命令如下：

```
pip install scrapy
```

（5）Scrapy 基本用法

本节以爬取 quotes.toscrape.com 为例，介绍 Scrapy 的基本用法。Scrapy 爬取数据的过程可以分为 5 个主要步骤，分别如下。

1）创建一个新的 Scrapy 项目。

2）编写爬虫以抓取网站并提取数据。

3）使用命令行导出已爬取的数据。

4）将爬虫更改为递归跟进链接。

5）使用爬虫参数。

相关实现代码如下。

```python
import scrapy

# 创建 Quotes 爬虫类
class QuotesSpider(scrapy.Spider):
    name = "quotes"

    # 爬虫请求入口
    def start_requests(self):
        urls = [
            'http://quotes.toscrape.com/page/1/',
            'http://quotes.toscrape.com/page/2/',
        ]
        for url in urls:
            yield scrapy.Request(url=url, callback=self.parse)

    # 网页内容解析并保存
```

```
def parse(self, response):
    page = response.url.split("/")[-2]
    filename = 'quotes-%s.html' % page
    with open(filename, 'wb') as f:
        f.write(response.body)
    self.log('Saved file %s' % filename)
```

**2．PySpider**

（1）PySpider 简介

PySpider 是一个用 Python 实现的功能强大的网络爬虫系统，前端可通过浏览器界面进行脚本的编写，实现功能的调度和爬取结果的实时查看；后端则使用常用的数据库进行爬取结果的存储。

PySpider 的功能特点如下。

1）提供方便易用的 WebUI 系统，可视化地编写和调式爬虫。

2）提供爬取进度监控、爬取结果查看、爬虫项目管理等功能。

3）支持多种后端数据库，如 MySQL、MongoDB、Reids、SQLite、Elasticsearch、PostgreSQL。

4）支持多种消息队列，如 RabbitMQ、Beanstalk、Redis、Kombu。

5）提供优先级控制、失败重试和定时抓取等功能。

6）依赖 PhantomJS，支持 JavaScript 渲染页面的抓取。

7）支持单机、分布式部署、Docker 部署。

（2）PySpider 系统架构

PySpider 的架构主要分为调度器（Scheduler）、抓取器（Fetcher）、处理器（Processer）3 个部分，如图 3-3 所示。整个爬取过程受到监控器（Monitor）的监控，抓取的结果被结果处理器（Result Worker）处理。

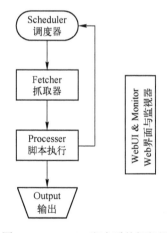

图 3-3　PySpider 爬虫系统框架图

PySpider 各子模块的功能介绍如表 3-2 所示。

69

**表 3-2　PySpider 各子模块及功能**

| 模　块 | 功　能 |
| --- | --- |
| Monitor | 负责监控抓取任务以及查看结果 |
| Scheduler | 负责从处理器接收新的任务队列。根据优先级对任务进行排序，并将其反馈至带有流量控制的取件器 |
| Fetcher | 负责抓取网页内容，将结果发送到处理器，支持数据 URI 和 JavaScript 的页面 |
| Processer | 负责解析和提取网页内容，将新生成的请求发给调度器进行调度 |

（3）PySpider 工作原理

PySpider 的数据爬取工作流程如下。

1）当按下 WebUI 上的"运行"按钮时，将产生一个新的任务 on_start 作为项目条目提交给 Scheduler。

2）Scheduler 将此任务与数据 URI 一起作为正常任务发送给 Fetcher。

3）Fetcher 会提出请求并对此做出响应，然后馈送至 Processer。

4）Processer 调用相关方法并生成一些新的 URL 进行爬行。Processer 向 Scheduler 发送消息，表示此任务已完成，并通过消息队列向 Scheduler 发送新任务。

5）Scheduler 接收新任务，查找数据库，确定任务是新任务还是需要重新爬取，根据判断结果，将它们按不同的策略放入任务队列中，进行任务调度。

6）不断重复以上工作，直到所有的任务都执行完毕，抓取结束。

（4）PySpider 安装

PySpider 可运行在 Windows、macOS、Ubuntu 等不同系统平台上。使用前需要预先安装 Python 3.6 版本。PySpider 支持 JavaScript 渲染，但是需要先安装 PhantomJS 库。

1）在 Windows 系统安装 PySpider。

在 Windows 系统上打开命令行，使用 pip 工具安装 PySpider，命令如下。

```
pip install pyspider
```

或通过 easy_install 安装 PySpider，命令如下。

```
easy_install pyspider
```

如果系统没有安装 easy_install 和 pip，也可以下载 PySpider 的源码，通过运行 setup.py 脚本文件进行安装，命令如下。

```
python setup.py install
```

2）在 macOS 系统安装 PySpider。

在 macOS 系统上打开终端，使用 pip 安装 PySpider，命令如下。

```
pip install pyspider
```

3）在 Ubuntu 系统安装 PySpider。

在 Ubuntu 系统上安装 PySpider，需要预先安装以下依赖项：

```
apt-get install python python-dev python-distribute python-pip libcurl4-
openssl-dev libxml2-dev libxslt1-dev python-lxml libssl-dev zlib1g-dev
```

完成上述依赖项安装后，使用 pip 安装 PySpider，命令如下：

```
pip install pyspider
```

（5）PySpider 基本用法

本节以爬取 PySpider 英文使用文档 http://docs.pyspider.org/en/latest/为例，介绍 PySpider 的基本用法。PySpider 爬取数据的过程可以分为 3 个主要步骤，分别如下。

1）启动 PySpider。

```
#命令行直接输入即可
Pyspider
```

启动完成之后，在浏览器输入 http://localhost:5000，即可出现如图 3-4 所示的页面。

图 3-4　PySpider 启动成功后的服务页面

2）创建一个新的 PySpider 项目工程。通过单击 "Create" 按钮，如图 3-5 所示，在弹出的对话框中输入项目的名称和爬取链接 http://docs.pyspider.org/en/latest/，再单击 "Create" 按钮，即可创建成功。

图 3-5　PySpider 创建新的项目工程

3）接下来会出现 PySpider 的项目编辑和调试页面，PySpider 会生成了一段代码。代码如下所示。

```
#!/usr/bin/env python
# -*- encoding: utf-8 -*-
# Project: Test
```

71

```python
from pyspider.libs.base_handler import *

class Handler(BaseHandler):
    crawl_config = {
    }

    @every(minutes=24 * 60)
    # 爬取入口
    def on_start(self):
        self.crawl('http://docs.pyspider.org/en/latest/', callback=self.index_page)

    @config(age=10 * 24 * 60 * 60)

    def index_page(self, response):
        for each in response.doc('a[href^="http"]').items():
            self.crawl(each.attr.href, callback=self.detail_page)
    @config(priority=2)
    '''
    解析函数, 如上面 URL 对应的页面爬取成功了, Response 将结果信息交给 index_page()
方法进行解析
    '''
    def detail_page(self, response):
        return {
            "url": response.url,
            "title": response.doc('title').text(),
        }
```

上述代码中, Handler 为 Pyspider 爬虫的主类, 可定义爬取、解析、存储的运行逻辑。整个爬虫的功能只需要一个 Handler 即可完成。

注意, crawl_config 中存储了本项目的所有爬取配置, 如定义 Headers、设置代理等, 配置之后全局生效。PySpider 使用文档在 WebUI 上抓取页面的运行结果如图 3-6 所示。

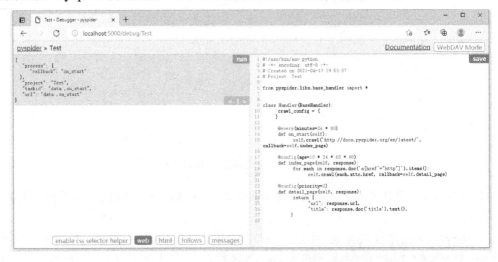

图 3-6　PySpider 使用文档在 WebUI 上抓取页面的结果

### 3．Beautiful Soup

（1）Beautiful Soup 简介

Beautiful Soup 是一个用于从 HTML、XML 和其他标记语言中获取数据的 Python 库。它提供了一个简单且方便的解析器实现常用的文档导航、查找与修改等功能，大幅减少系统开发的时间成本。Beautiful Soup 自动将输入文件转换为 Unicode 编码和将输出文件转换为 UTF-8 编码，避免编码转换问题。Beautiful Soup 与 lxml、html5lib 一样，为用户提供灵活、高效的解析策略。Beautiful Soup 还能将 HTML 的标签文件解析成树形结构，方便用户获取到任意指定标签的对应属性。

（2）Beautiful Soup 安装

Beautiful Soup 可运行在 Windows、macOS、Ubuntu 等不同系统平台上。使用前需要预先安装 Python 2.7 或者 Python 3.6 及以上版本。推荐使用 pip 安装 Beautiful Soup。

```
apt-get install python-bs4       # Python 2
apt-get install python3-bs4      # Python 3
```

（3）Beautiful Soup 解析器

Beautiful Soup 支持 Python 标准库中的 HTML 解析器，还支持 lxml 和 html6lib 等第三方库的解析器。

1）lxml 工具包是用于 C 语言库 libxml2 和 libxslt 的 Pythonic 绑定。lxml 的安装命令如下：

```
pip install lxml                 # Windows 系统或者 macOS 系统
easy_install lxml                # Windows 系统或者 macOS 系统
apt-get install Python-lxml      # Ubuntu 系统
```

2）html5ib 是一个纯 Python 实现的 HTML 解析器，其设计理念服从标准的 HTML 规范，兼容大部分 Web 浏览器。html5lib 的安装命令如下：

```
pip install html5lib             # Windows 系统或者 macOS 系统
easy_install html5lib            # Windows 系统或者 macOS 系统
apt-get install Python-html5lib  # Ubuntu 系统
```

主流的解析器及其优缺点如表 3-3 所示。

表 3-3　主流解析器及其优缺点

| 解析器 | 使用方法 | 优势 | 劣势 |
| --- | --- | --- | --- |
| Python HTML 解析器 | BeautifulSoup(markup, "html.parser") | 执行速度适中<br>容错能力强 | 比 lxml 慢<br>比 html5lib 容错能力强 |
| lxml HTML 解析器 | BeautifulSoup(markup, "lxml") | 速度快<br>容错能力强 | 需要安装 C 语言库 |
| lxml XML 解析器 | BeautifulSoup(markup, ["lxml", "xml"])<br>BeautifulSoup(markup, "xml") | 速度快<br>仅支持 XML 解析器 | 需要安装 C 语言库 |
| html5lib | BeautifulSoup(markup, "html5lib") | 最好的容错性<br>以浏览器方式解析网页<br>创建有效的 HTML5 | 速度慢<br>依赖外部 Python 库 |

推荐使用效率更高的 lxml 作为解析器。由于 Python 标准库中内置的 HTML 解析方法不够稳

定，Python2.7.3 或者 3.2.2 之前的版本，必须安装 lxml 或 html5lib。

（4）Beautiful Soup 工作原理

Beautiful Soup 处理文档时，需要将解析的对象通过字符串或打开文件的方式，传递给 Beautiful Soup 构造器，生成一个文档的处理对象。该对象从 HTML 中通过特定元素提取相应数据，相关实现代码如下。

```python
# 导入 BeautifulSoup 库
from bs4 import BeautifulSoup

# 打开本地的 HTML 文件，创建文档的对象
with open("index.html") as fp:
    soup = BeautifulSoup(fp)

# 传入一段字符串，创建文档的对象
soup = BeautifulSoup("<html>data</html>")
```

为了防止乱码，Beautiful Soup 将文档对象和 HTML 实例转换成 Unicode 编码。然后，Beautiful Soup 选择最合适的 HTML 解析器来解析该文档。

（5）Beautiful Soup 基本用法

给定下面一段网页内容所对应的 HTML 代码，将其保存文件名为 doc.html。

```html
<html>
<head>
  <title>Head's title</title>
</head>

<body>
  <p class="title"><b>Body's title</b></p>
  <p class="story">line begins
    <a href="http://example.com/element1" class="element" id="link1">1</a>
    <a href="http://example.com/element2" class="element" id="link2">2</a>
    <a href="http://example.com/avatar1" class="avatar" id="link3">3</a>
  <p> line ends</p>
</body>
</html>
```

Beautiful Soup 解析以上 HTML 网页文本的主要步骤如下。

1）导入 BeautifulSoup 库，并创建 beautifulsoup 对象。

```python
from bs4 import BeautifulSoup
# 创建 beautifulsoup 对象
with open("doc.html") as fp:
    soup = BeautifulSoup(fp, "html.parser")
```

2）获取指定标签的对应属性。

```python
# 输出第一个 title 标签
soup.head.title
```

```
# 输出网页第一个<a>标签的文本
soup.body.a.text
# 输出网页的所有文本内容
soup.get_text()
```

3）搜索指定标签的对应属性。

```
# 用 find_all() 方法抽取网页中含有<a>的 tag 中的 URL 链接
for link in soup.find_all('a'):
    print(link.get('href'))
# 用 find_all() 方法抽取网页中特定 class 类含有<a>的 tag 中的 URL 链接
soup.find_all("a", class_="element")
```

4）获得网页所有文本内容。

```
# 输出网页的所有文本内容
soup.get_text()
```

## 3.1.3　社交网站信息采集

本小节介绍使用 Python 调用微博 API 获取微博内容的实现案例。

### 1. 获取 App-Key 和 App-Secret

使用微博账号登录微博开放平台（http://open.weibo.com/），在微博开放中心的"创建应用"中创建一个应用，填写应用信息后，不需要提交审核，只需要注意 App-Key 和 App-Secret 两项。在"我的应用"中可以找到并打开刚才创建的应用，选择"应用信息"→"基本信息"选项，即可看到"App Key"和"App Secret"，如图 3-7 所示。注意：这两个字符串是要在后面的爬虫程序中使用的。

应用基本信息　　　　　　　　　　　　　　　　　　　　　　　　　☑ 编辑

　　　　　应用类型：　普通应用 - 客户端

　　　　　应用名称：　Python_Demo4

　　　　　应用平台：　桌面 - Windows / Mac / Linux / Other

　　　　　App Key：　94⋯⋯⋯⋯

　　　　App Secret：　c61c980b0426823⋯⋯⋯⋯

图 3-7　"App Key"和"App Secret"选项

### 2. 设置授权回调页

如果创建的是站外网页应用或移动客户端应用，出于安全性考虑，需要在平台网站填写 redirect_url（授权回调页），才能使用 OAuth2.0。选择"我的应用"→"应用信息"→"高级信息"选项，再单击"编辑"按钮，将"授权回调页"设置为 https://api.weibo.com/oauth2/default.

html，将"取消授权回调页"也设置为：https://api.weibo.com/oauth2/default.html，如图 3-8
所示。

图 3-8　授权回调设置

### 3．安装新浪微博的 Python SDK

通过新浪微博的 Python 版软件开发工具包（Software Development Kit，SDK）调用 API 采
集微博数据，需要首先从 https://github.com/michaelliao/sinaweibopy 网站上下载 Python 的 SDK。
可在终端命令行下进入 sinaweibopy 文件夹，并执行如下命令进行安装。

```
python setup.py install
```

**注意**：上述工具包是基于 Python2 的版本编写。如果使用 Python3 的版本，可从 https://github.
com/olwolf/sinaweibopy3 网站上下载改写后的 sinaweibopy3。

直接在命令行下输入以下命令，也可实现 Python 的简单安装。

```
pip install sinaweibopy
```

### 4．调用微博 API 获取数据

运行 UseSinaweibo.py 文件，弹出如图 3-9 所示的界面，输入微博账号和密码。

图 3-9　授权用户登录

单击"登录"按钮，浏览器会弹出一个页面，进行用户授权如图 3-10 所示。单击"授权"
按钮（这里进行的 OAuth 2 认证，是用户访问应用后将页面导向新浪服务器，然后用户输入信息到新浪服务器后授权给"我的应用"访问用户数据），授权后浏览器中的 URL 与 http://api.weibo.com/oauth2/default.html?code=dc947d2b48f38598b1c836fe8d11967 类似，如图 3-11 所示。将"code"值复制到控制端，程序需要读入"dc947d2b48f38598b1c836fe8d11967"。

图 3-10　授权用户确认

# 微博

**OAuth2.0**

图 3-11　用户授权码 code

在 Python 运行程序的控制台中输入用户授权码 code，实现微博授权，再通过 API 接口获取所需数据。调用微博 API 获取最新公共微博的主要代码如下。

```python
from weibo import APIClient
import webbrowser
# 在微博开放平台上创建一个应用
APP_KEY = 'xxxxxxxx'        # 应用信息栏中的 App key
APP_SECRET = 'xxxxxxxx'     # 应用信息栏中的 App Secret
REDIRECT_URL = 'https://api.weibo.com/oauth2/default.html'    # 网站回调地址
# 获取官方认证的 URL 和参数 code
client = APIClient(app_key=APP_KEY, app_secret=APP_SECRET, redirect_uri = REDIRECT_URL)
url = client.get_authorize_url()
webbrowser.open_new(url)
# 获取访问令牌，在浏览器中打开上述地址，输入要授权的账户和密码，新 url 参数 code
result = client.request_access_token(input("please input code : "))
print(result)
# 保存访问令牌和有效期。
```

```
# 如果需要在短时间内多次发送微博，可以反复使用它，而不必每次都得到它。
client.set_access_token(result.access_token, result.expires_in)
# 通过访问令牌使用 API
print(client.public_timeline())  # 获取最新的公共微博
```

结果如图 3-12 所示（截取部分数据）。

```
{'access_token': '2.00Amf95CqRgFCBe1e58d4c0dc2OIXB', 'remind_in'
: '157679999', 'expires_in': 1725776183, 'uid': '2193731492',
'isRealName': 'true'}
{'statuses': [{'created_at': 'Tue Sep 10 00:00:18 +0800 2019',
'id': 4414762303176048, 'idstr': '4414762303176048', 'mid':
'4414762303176048', 'can_edit': False,
'show_additional_indication': 0, 'text': '哦，已经明天了 \u200b'
, 'textLength': 14, 'source_allowclick': 1, 'source_type': 2,
'source': '<a href="http://weibo.com/"
rel="nofollow">都会好的Android</a>', 'favorited': False,
'truncated': False, 'in_reply_to_status_id': '',
'in_reply_to_user_id': '', 'in_reply_to_screen_name': '',
'pic_urls': [], 'geo': None, 'is_paid': False, 'mblog_vip_type':
0, 'user': {'id': 3320029977, 'idstr': '3320029977', 'class': 1
, 'screen_name': '小宫宫宫宫', 'name': '小宫宫宫宫', 'province':
'15', 'city': '1000', 'location': '内蒙古', 'description':
'都会过去的。', 'url': '', 'profile_image_url': '
```

图 3-12　公共微博内容爬取

# 3.2　Python 数据存储

数据存储是指在数据加工处理过程中将产生的临时文件或加工结果以某种格式保存。常用的数据存储格式包括 TXT、Excel、CSV、XML、JSON、二进制和数据库等。本节将重点介绍 Python 对文本文件和二进制文件的处理。

## 3.2.1　文本格式存储

文本文件是最简单的一种数据存储格式，文件扩展名为 .txt，几乎兼容任何系统平台。本节将介绍 Python 对文本文件进行打开、关闭、读取、写入等基本操作。

### 1. 打开文本文件

Python 定义了 open() 方法用于打开文本文件。open() 方法的语法格式如下：

```
file_handler = open('filename', mode)
```

其中，参数文件模式 mode 定义了文件的行为，其可选类型及基本定义如下：
- r，以只读方式打开一个文件，这是默认模式。
- rb，以二进制格式打开一个文件用于只读。
- w，打开一个文件只用于写入。如果该文件存在则将其覆盖；否则，创建新文件。
- wb，以二进制格式打开一个文件只用于写入。如果该文件已存在则将其覆盖；否则，创建新文件。
- w+，打开一个文件用于读写。如果该文件存在将其覆盖；否则，创建新文件。
- wb+，以二进制格式打开一个文件用于读写。如果该文件存在则将其覆盖；否则，创建新文件。

- a，打开一个文件用于追加。如果该文件已存在，新的内容将会被写入已有内容之后；否则，创建新文件进行写入。
- ab+，以二进制格式打开一个文件用于追加。如果该文件已存在，文件指针将会放在文件的结尾；否则，创建新文件用于读写。

这些模式可以用作单个实体或与其他实体组合使用。例如，以只读模式打开一个文件名为 explore.txt 的文件，Python 语句如下：

```
file = open('explore.txt', 'r')
```

### 2. 关闭文本文件

Python 定义了 close() 方法用于文件关闭操作。close () 方法的语法格式如下：

```
file_handler.close()
```

调用 close() 方法关闭上述打开的 explore.txt 文件句柄，命令如下：

```
file. close()
```

### 3. 读取文本文件

Python 定义了 read() 方法用于文件读取操作。read() 方法的语法格式如下：

```
file_handler.read()
```

从 explore.txt 的文件中读取数据，命令如下：

```
with open ('explore.txt', 'r') as file:
    data = file.read()
```

### 4. 写入文本文件

文件写入也使用 open() 方法。该方法第一个参数 filename，表示保存的文件名称，第二个参数为 w，表示写入模式。在写入模式下打开文本文件的 open() 方法的语法格式如下：

```
file_handler = open('filename', 'w')
```

创建文件写入句柄后，Python 中的文件对象提供了 write() 方法和 writelines() 方法，用于向文件中写入指定内容。write() 方法和 writelines() 方法的语法格式如下：

```
file_handler. write(string)         # 单行写入
file_handler. writelines (string)   # 多行写入
```

例如，以 explore.txt 文件为例，通过使用 write() 方法和 writelines() 方法，可以方便地将字符串 "I am learning new things in Python" 写入文件，代码如下：

```
file = open('explore.txt', "w")
file.write('I am learning new things in Python\n')
file.writelines('I am learning new things in Python\n')
file.close()
```

### 3.2.2 文本存储应用

给定本地存储的知乎网导航页 https://www.zhihu.com/explore 对应的 HTML 文件 zhihu.html。使用 Beautiful Soup 解析库进行解析，提取该网页文档中所有文本内容，并保存存到 explore.txt 文本文件，实现代码如下：

```python
from bs4 import BeautifulSoup

soup = BeautifulSoup(open('zhihu.html', mode='r', encoding='UTF-8'), 'html.parser')

# open() 方法打开一个文本文件
with open('explore.txt', 'a', encoding='utf-8') as file:
    file.write(soup.getText())
    file.close()
```

以上代码中，Python 提供的文件对象打开函数 open() 方法参数设置为只读模式和 UTF-8 编码，同时指定 HTML 解析库获取一个文件操作对象，赋值为 soup。然后利用 soup 对象中的 getText() 方法实现网页文本的内容提取。通过调用 write() 方法将提取的内容写入 explore.txt 文件，最后调用 close() 方法关闭文件操作句柄。explore.txt 文件中本地保存内容如图 3-13 所示。

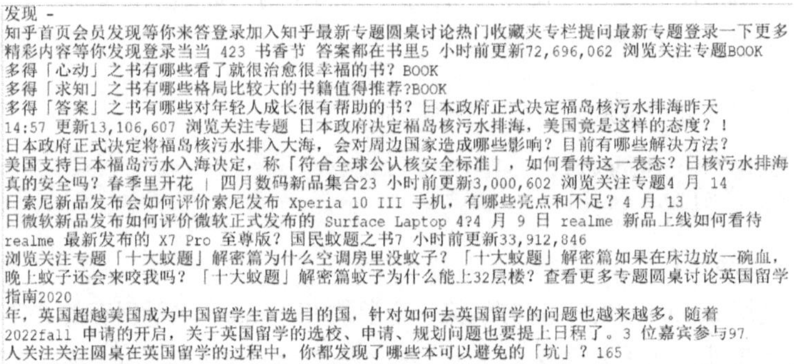

```
发现 -
知乎首页会员发现等你来答登录加入知乎最新专题圆桌讨论热门收藏夹专栏提问最新专题登录一下更多
精彩内容等你发现登录当当 423 书香节 答案都在书里5 小时前更新72,696,062 浏览关注专题BOOK
多得「心动」之书有哪些看了就很治愈很幸福的书？BOOK
多得「求知」之书有哪些格局比较大的书籍值得推荐?BOOK
多得「答案」之书有哪些对年轻人成长很有帮助的书？日本政府正式决定福岛核污水排海昨天
14:57 更新13,106,607 浏览关注专题 日本政府决定福岛核污水排海，美国竟是这样的态度？！
日本政府正式决定将福岛核污水排入大海，会对周边国家造成哪些影响？目前有哪些解决方法？
美国支持日本福岛污水入海决定，称「符合全球公认核安全标准」，如何看待这一表态？日核污水排海
真的安全吗？春季里开花 | 四月数码新品集合23 小时前更新3,000,602 浏览关注专题4 月 14
日索尼新品发布会如何评价索尼发布 Xperia 10 III 手机，有哪些亮点和不足？4 月 13
日微软新品发布如何评价微软正式发布的 Surface Laptop 4?4 月 9 日 realme 新品上线如何看待
realme 最新发布的 X7 Pro 至尊版？国民蚊题之书7 小时前更新33,912,846
浏览关注专题「十大蚊题」解密篇为什么空调房里没蚊子？「十大蚊题」解密篇如果在床边放一碗血，
晚上蚊子还会来咬我吗？「十大蚊题」解密篇蚊子为什么能上32层楼？查看更多专题圆桌讨论英国留学
指南2020
年，英国超越美国成为中国留学生首选目的国，针对如何去英国留学的问题也越来越多。随着
2022fall 申请的开启，关于英国留学的选校、申请、规划问题也要提上日程了。3 位嘉宾参与97.
人关注关注圆桌在英国留学的过程中，你都发现了哪些本可以避免的「坑」？165
```

图 3-13　本地生成的 explore.txt 文件

### 3.2.3 二进制格式存储

二进制文件是指以二进制模式存储在内存中的文件。这类文件无法使用文本编辑器复制二进制文件的内容。二进制文件通常具有处理速度快、占用空间少等优点。Python 同样支持二进制文件的打开、关闭、读取、写入等基本的操作函数。

**1. 打开二进制文件**

Python 使用 open() 方法打开一个二进制文件，只需要设置第二个参数文件模式 mode 为读取 'rb'。例如，以只读模式打开一个文件名为 document.bin 的二进制文件，Python 语句如下：

```python
file = open('document.bin', 'rb')
```

**2. 关闭文本文件**

Python 使用 close() 方法关闭一个二进制文件。因此，关闭已打开的 document.bin 文件句

柄，Python 语句如下：

```
file. close()
```

**3. 读取二进制文件**

Python 使用 read() 方法读取二进制文件，并设置为 'rb' 模式。以读取 document.bin 中的内容为例，命令如下。

```
with open(' document.bin ', 'rb') as file:
    data = file.read()
```

需要注意的是，在读取二进制数据时，返回的结果是字节字符串格式的。因此，一般情况下，需要对其进行编码，如 ASCII 编码。

**4. 写入二进制文件**

Python 使用 write() 方法写入二进制文件，设置为 'wb' 模式。以向 document.bin 写入内容为例，命令如下。

```
with open(' document.bin ', 'wb') as file:
    data = file.write(string)  # string 写入字符串
```

### 3.2.4　二进制存储应用

本节通过一个完整的示例介绍二进制文件的写入与读取。例如，首先使用 open() 方法的 'wb' 模式创建一个二进制文件 document.bin。然后通过 bytearray([source[, encoding[, errors]]]) 函数返回一个新字节数组，其中，source 表示待写入的内容，encoding 表示待写入的编码格式，代码如下：

```
file = open("document.bin","wb")
data = bytearray("This is a good book!".encode("ascii")) # 写入字符串"This is
a good book! "
file.write(data)
file.close()
```

完成 document.bin 文件写入后，通过 read() 方法读取 document.bin 文件的内容，并打印输出，代码如下：

```
file = open("document.bin","rb")
print(file.read(10)) # 打印输出文件前 10 个字符
file.close()
```

上述程序打印输出结果为'This is a '。

## 3.3　数据库存储

数据库存储是指使用数据库管理系统将数据以文件存储、块存储和对象存储等形式进行保存。随着数据规模越来越大，数据类型也越来越多样化，将数据存储到数据库管理系统中，可实现快速、可靠的数据访问和降低数据管理成本。本节主要介绍当前流行的数据库系统，并以社交网络数据为基础学习如何运用不同文件格式进行存储。

### 3.3.1 Python 常用数据库简介

从建筑公司到证券交易所，每个组织都依赖于大型数据库。各类应用平台对数据库的存储能力、检索效率及部署方便性等方面都有着强烈的需求。数据库系统通过结构化查询语言，满足数据的创建、访问和操作，还用于创建和利用存储数据之间的关系。Python 不仅支持多种关系型数据库，还支持数据定义语言（Data Definition Language，DDL）、数据操作语言（Data Manipulation Language，DML）和数据查询语句（Structured Query Language，SQL）。为了满足不同应用场景的需求，Python 也支持非关系型存储系统 MongoDB、键—值存储系统 Redis、嵌入式存储系统 SQLite 以及管理分层数据集包 PyTables 等数据库。这些数据库均支持数据库规范化规则，以避免数据冗余。

Python 编程语言具有强大的数据库编程功能。它提供了一个标准的数据库应用程序编程接口 Python DB-API，是一个被广泛使用的模块。Python 提供的数据库接口，可连接 MySQL、Oracle、PostgreSQL、Microsoft SQL Server 等关系型数据库，MetaKit、BerkeleyDB、KirbyBase、Neo4j 等非关系型数据库以及 asql、GadFly、SQLite、ThinkSQL 等嵌入式数据库。

### 3.3.2 MongoDB 及应用

**1. MongoDB 简介**

MongoDB 是一个跨平台的面向文档文件存储的开源数据库系统，同时也是一个 NoSQL 数据库，用于大容量数据存储。不同于传统关系数据库使用表格和行，MongoDB 使用集合和文档等结构来组织数据。文档由关键值对组成，这些关键值对是 MongoDB 数据的基本单位。集合包含一组文档和功能，相当于关系数据库表。

MongoDB 的主要特点如下：

1）高性能。MongoDB 具有高性能数据持久性，支持嵌入式数据模型的同时减少数据库上的 I/O 活动，可实现索引更快的查询。

2）丰富的查询语言。MongoDB 支持丰富的查询语言，以支持读写操作以及数据聚合、文本搜索和地理空间查询。

3）高可用性。MongoDB 的复制设施提供自动故障转移、数据冗余等功能，增加了数据可用性。

4）水平可伸缩性。MongoDB 具有水平可伸缩性，可将数据分片在一组机器上，同时支持基于分片密钥来创建数据区域。在平衡的集群中，MongoDB 仅将区域覆盖的读写定向到区域内的碎片。

5）支持多个存储引擎。MongoDB 支持 WiredTiger 存储引擎和In-Memory 存储引擎。同时支持可插入存储引擎 API，允许第三方为 MongoDB 开发存储引擎。

**2. MongoDB 安装**

（1）在 Windows 系统安装 MongoDB

MongoDB 提供了强大的分布式文档数据库的企业版和社区版。本节以 MongoDB 社区版为基础，介绍 MongoDB 在 Windows 系统中的安装过程。首先，从 MongoDB 官网下载预编译的二进制安装包，如图 3-14 所示。

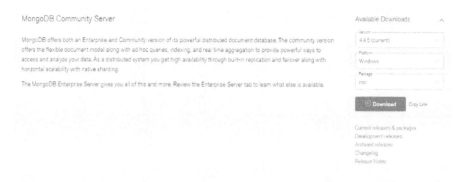

图 3-14　下载 Windows 平台的 MongoDB 安装包

根据系统平台类型下载 mongodb-windows-x86_64-4.4.5-signed.msi 文件，下载后双击该文件，按操作提示安装即可。MongoDB 的安装步骤如下。

1）双击打开 MongoDB 安装文件。在安装过程中，单击"Custom"按钮来选择传统安装，如图 3-15 所示，也可以单击"Complete"按钮，进行完全安装。接着单击"Next"按钮，如图 3-16 所示，单击"Browse"按钮选择相应的安装目录。

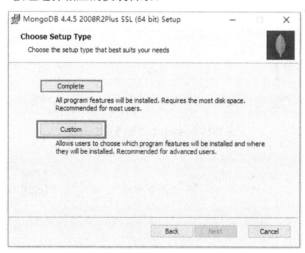

图 3-15　MongoDB 自定义安装

2）单击"Next"按钮，进入 MongoDB 服务基本配置界面，如图 3-17 所示。这里选择 MongoDB 为网络用户提供服务，也可以选择为本地用户提供服务。"Data Directory"选项表示 MongoDB 数据库的数据存放路径，"Log Directory"选项表示 MongoDB 数据库的日志存放路径。

3）单击"Next"按钮，取消选择"Install MongoDB Compass"复选框，如图 3-18 所示。否则可能要很长时间都一直在执行安装，MongoDB Compass 是一个图形界面管理工具，后续可以到官网下载安装。再单击"Next"按钮即可安装 MongoDB，如图 3-19 所示。

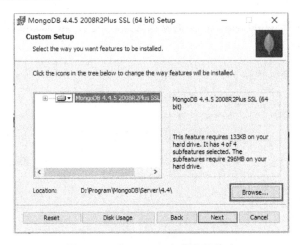

图 3-16　MongoDB 安装路径修改

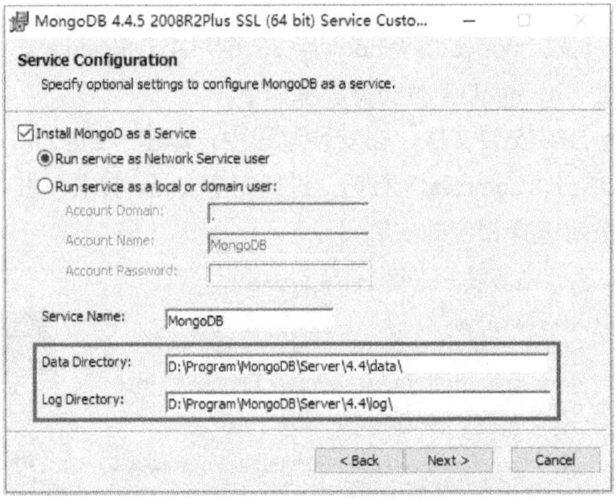

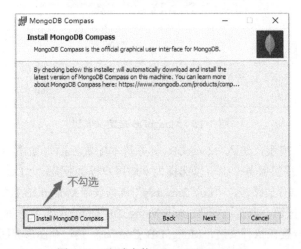

图 3-17　MongoDB 服务基本配置

图 3-18　取消安装 MongoDB Compass

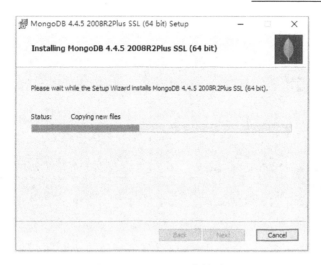

图 3-19　MongoDB 安装过程

在 Windows 命令行下打开 MongoDB 安装路径下的 bin 文件夹，如 D:\Program\MongoDB\
Server\4.4\bin，使用 mongod 启动 mongo 服务，如图 3-20 所示。

图 3-20　使用 mongod 命令启动 mongo 服务

打开一个新的 Windows 命令行，并进入 MongoDB 安装路径下的 bin 文件夹，输入 mongo
命令，启动客户端访问程序，如图 3-21 所示。如出现"Welcome to the MongoDB shell."，则输
入"show dbs"命令，即可成功打印输出当前 MongoDB 数据库中包含的数据库信息，至此
MongoDB 安装成功。

**注意**：如果设置 MongoDB 服务开机自启动，需将安装路径的 bin 目录添加到系统的环境变
量 Path 下保存。

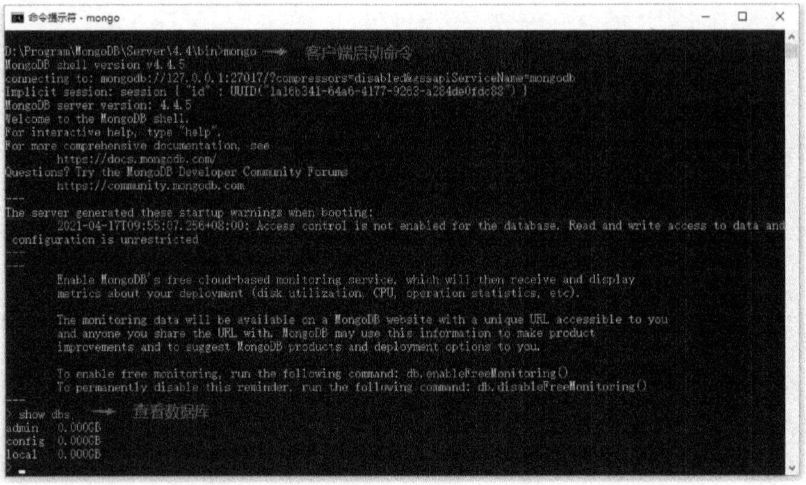

图 3-21　MongoDB 客户端启动

（2）在 Ubuntu 系统安装 MongoDB

MongoDB 官网提供了 Ubuntu、Debian、CentOS 等各种 Linux 发行版本的安装包，各类平台安装过程基本相同。本节以 Ubunt 20.04 系统为例，介绍如何使用终端命令安装 MongoDB。Ubuntu 20.04 系统已预先安装了低版本的 MongoDB。如升级到最新版本，需要在系统中添加 MongoDB 的官方存储库。

1）使用以下命令安装 gnupg 软件包及其所需的库：

```
sudo apt-get install gnupg
```

2）安装完成后，导入包管理系统使用的密钥，命令如下：

```
wget -qO - https://www.mongodb.org/static/pgp/server-4.4.asc | sudo apt-key add -
```

3）在本地 sources 文件中为 MongoDB 创建一个列表文件，命令如下：

```
echo "deb [ arch=amd64,arm64 ] https://repo.mongodb.org/apt/ubuntu bionic/
mongodb-org/4.4 multiverse" | sudo tee /etc/apt/sources.list.d/mongodb-org-4.4.list
```

4）重新加载本地软件包数据库，命令如下：

```
sudo apt-get update
```

5）安装最新稳定版本的 MongoDB，命令如下：

```
sudo apt-get install -y mongodb-org
```

MongoDB 存储库安装完毕后，使用以下命令启动 MongoDB 服务：

```
sudo systemctl start mongod.service
sudo systemctl enable mongod
```

检查 MongoDB 服务的运行状态的命令如下：

```
sudo systemctl status mongod
```

以上命令如输出如图 3-22 所示的内容，则表明安装成功，MongoDB 服务可用。

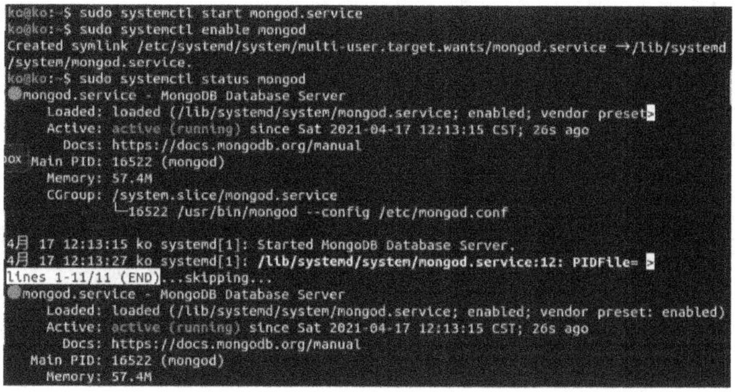

图 3-22　MongoDB 服务在 Ubuntu 系统成功启动

（3）在 MacOS 系统安装 MongoDB

MongoDB 也能够运行在 macOS 系统中。下面介绍在 macOS 系统中使用终端命令安装 MongoDB 4.4 社区版。首先确保 macOS 系统主机上已安装 Homebrew 软件包，安装 Homebrew 的命令如下：

```
/bin/bash -c "$(curl -fsSL https://raw.githubusercontent.com/Homebrew/install/
master/install.sh)"
```

Homebrew 安装成功后，继续在终端安装 MongoDB Homebrew，命令如下：

```
brew tap mongodb/brew
```

最后，在终端使用 Homebrew 包管理器安装 MongoDB，命令如下：

```
brew install mongodb-community@4.4
```

MongoDB 在 macOS 系统中的安装信息：配置文件为/usr/local/etc/mongod.conf，日志文件路径为/usr/local/var/log/mongodb，数据存放路径为/usr/local/var/mongodb。

MongoDB 既可以作为 macOS 服务使用 brew 来运行，也可以作为后台进程来手动运行，命令分别如下：

```
brew services start mongodb-community@4.4      # MongoDB 作为macOS 服务运行
mongod --config /usr/local/etc/mongod.conf --fork # MongoDB 作为后台进程手动运行
```

任选上述一种 MongoDB 运行方式，验证其是否正在运行的命令如下：

```
ps aux | grep -v grep | grep mongod
```

除此之外，还可以通过日志文件 /usr/local/var/log/mongodb/mongo.log 来查看 mongod 进程的当前状态。

**3. MongoDB 概念解析**

不同于传统关系型数据库，MongoDB 数据库包括数据库（Database）、集合（Collection）、

87

文档（Document）。其中，数据库包含集合，集合包含文档，文档包含数据，它们相互关联。这些重要组成部分构成了 MongoDB 服务器上数据存储的基础。

- 数据库是一个用于收集的物理容器。每个数据库在文件系统上都有自己的一组文件。单个 MongoDB 服务器通常具有多个数据库。
- 集合是一组 MongoDB 文档。它相当于一个关系数据库管理系统（Relational Database Management System，RDBMS）表。集合存在于单个数据库中，具有集合的文档可能具有不同的字段。通常，集合中的所有文档都具有类似或相关的目的。
- 文档是一组关键值对。文档具有动态模式，这意味着同一集合中的文档不需要具有相同的字段或结构集，集合文档中的常见字段可以保存不同类型的数据。

表 3-4 显示了关系型数据库管理系统（RDBMS）与非关系型数据库系统 MongoDB 之间的概念映射关系。

表 3-4　RDBMS 与 MongoDB 之间的概念映射关系

| 关系型数据库 | MongoDB 数据库 | 含义描述 |
| --- | --- | --- |
| database | database | 两者均表示数据库 |
| table | collection | 集合等价于关系数据库表 |
| row | document | 文档等价于数据记录行 |
| column | field | 域等价于数据字段 |
| index | index | 两者均表示字段索引 |
| table joins | N/A | MongoDB 不支持数据库表的连接 |
| primary key | primary key | 两者均表示数据库字段主键 |

MongoDB 文档类似于 JSON 对象，字段的值可能包括其他文档、阵列和文档阵列示例代码如下。

```
{
    _id: ObjectId(8ac76eh9531d)
    title: 'MongoDB Overview',
    description: 'MongoDB is NoSQL database',
    by: ' MongoDB, Inc.',
    url: 'https://www.mongodb.com/',
    tags: ['mongodb', 'database', 'NoSQL'],
    likes: 32,
    comments: [
        {
            user:'user1',
            message: 'I am a good boy!',
            dateCreated: new Date(2021,4,10,16,30),
            like: 3
        }
    ]
}
```

#### 4．MongoDB 基本操作

（1）查看数据库

MongoDB 查看数据库的语法格式如下：

```
show dbs
```

例如，查看当前 MongoDB 中已存在的数据库，代码如下：

```
> show dbs
admin   0.000GB
config  0.000GB
local   0.000GB
```

（2）创建数据库

MongoDB 创建数据库的语法格式如下：

```
use DATABASE_NAME
```

例如，在 MongoDB 中创建一个名为 mydb 数据库，代码如下：

```
> use mydb
switched to db mydb
> show dbs
admin   0.000GB
config  0.000GB
local   0.000GB
```

由上可知，MongoDB 数据库列表中并不存在刚才创建的 mydb 数据库。这是因为 mydb 是一个空表。当向 mydb 数据库插入一些数据时，查询才有结果：

```
> show collections
> db.user.insert({name:"Alice"})
WriteResult({ "nInserted" : 1 })
> show dbs
admin   0.000GB
config  0.000GB
local   0.000GB
mydb    0.000GB
```

（3）删除数据库

MongoDB 删除数据库的语法格式如下：

```
db.dropDatabase()
```

例如，在 MongoDB 中删除已创建的 mydb 数据库，代码如下：

```
> show dbs
admin   0.000GB
config  0.000GB
local   0.000GB
mydb    0.000GB
```

```
> use mydb
switched to db mydb
> db.dropDatabase()
{ "dropped" : "mydb", "ok" : 1 }
> show dbs
admin   0.000GB
config  0.000GB
local   0.000GB
```

通过执行 show dbs 的命令，显示当前数据库中已不存在 mydb，表明删除成功。

（4）创建集合

MongoDB 创建集合的语法格式如下：

```
db.createCollection(name, options)
```

其中，name 是被创建的集合名称；options 用于指定集合的配置，可选值包括布尔型 capped、数值型 size、数值型 max 等。

例如，在 MongoDB 中创建 mycollection 集合，代码如下：

```
> show collections
> db.mycollection.insert({name:"test"})
WriteResult({ "nInserted" : 1 })
> show collections
mycollection
>
```

**注意**：不需要手动创建集合，MongoDB 插入数据时会自动创建集合对象。

（5）删除集合

MongoDB 删除集合的语法格式如下：

```
db.collection_name.drop()
```

如果选定集合删除成功，则返回 true，否则返回 false。

例如，在 MongoDB 中删除已存在的 mycollection 集合，代码如下：

```
> show collections
mycol
mycollection
> db.mycollection.drop()
true
> show collections
mycol
>
```

从结果中可以看出 mycollection 集合已被删除。

（6）插入文档

MongoDB 插入文档的语法格式如下：

```
db.collection_name.insert(document)
```

MongoDB 集合中数据以 JSON 格式进行存储。例如，在 MongoDB 的 mycollection 集合中插入文档，代码如下：

```
> db.createCollection("mycollection")
{ "ok" : 1 }
> show collections
mycol
mycollection
> db.mycollection.insert({
    title:"MongoDB Overview",
    description:'MongoDB is NoSQL database',
    by:'MongoDB, Inc.',
    url:'https://www.mongodb.com/',
    tags:['mongodb','database','NoSQL'],
   likes:1000
  })
WriteResult({ "nInserted" : 1 })
>
```

（7）查询文档

MongoDB 查询数据的语法格式如下：

```
db.collection_name.find(query, projection)
```

其中，query 是可选的查询条件，projection 是可选的返回键值。find()方法返回无结构化的查询结果，通过使用 pretty() 方法获取易读的数据，语法格式如下：

```
db.collection_name.find().pretty()
```

例如，查询 MongoDB 中 mycollection 集合的数据，代码如下：

```
> show collections
mycol
mycollection
> db.mycollection.find().pretty()
{
        "_id" : ObjectId("607d0e26ba609b185f1ea1cf"),
        "title" : "MongoDB Overview",
        "description" : "MongoDB is NoSQL database",
        "by" : "MongoDB, Inc.",
        "url" : "https://www.mongodb.com/",
        "tags" : [
                "mongodb",
                "database",
                "NoSQL"
        ],
        "likes" : 1000
}
{
```

```
          "_id" : ObjectId("607d214aba609b185f1ea1d0"),
          "title" : "MongoDB Engineering Blog",
          "description" : "MongoDB's storage engine WiredTiger",
          "by" : "The MongoDB Engineering Journal",
          "url" : "https://engineering.mongodb.com/",
          "tags" : [
                  "mongodb",
                  "storage",
                  "engine"
          ],
          "likes" : 200
   }
   {
          "_id" : ObjectId("607d2232ba609b185f1ea1d1"),
          "title" : "Github for MongoDB",
          "description" : "MongoDB Documentation front end",
          "by" : "The MongoDB Database",
          "url" : "https://github.com/mongodb",
          "tags" : [
                  "mongodb",
                  "documentation",
                  "project"
          ],
          "likes" : 171
   }
   >
```

（8）条件查询

当需要从 MongoDB 集合中获取满足特定条件的数据时，可以使用大于$gt、小于$lt、大于等于$gte、小于等于$lte 等条件操作符。

例如，查询并返回 MongoDB 的 mycollection 集合中点赞个数'likes'大于 500 的数据，代码如下：

```
> db.mycollection.find({'likes':{$gt:500}}).pretty()
{
        "_id" : ObjectId("607d0e26ba609b185f1ea1cf"),
        "title" : "MongoDB Overview",
        "description" : "MongoDB is NoSQL database",
        "by" : "MongoDB, Inc.",
        "url" : "https://www.mongodb.com/",
        "tags" : [
                "mongodb",
                "database",
                "NoSQL"
        ],
        "likes" : 1000
}
>
```

（9）多条件查询

在 MongoDB 的 find()方法中以逗号 ','为间隔设置多个查询条件，将会返回同时满足多个查询条件的结果数据，等价于 AND 操作。基本语法格式如下：

```
db.mycol.find({keys:value, key2:value2}).pretty()
```

例如，查询并返回 MongoDB 的 mycollection 集合中点赞个数'likes'小于 500 且标题'title'为 MongoDB Engineering Blog 的数据，代码如下：

```
> db.mycollection.find({'likes':{$lt:500},"title":"MongoDB Engineering Blog"}).
pretty()
{
        "_id" : ObjectId("607d214aba609b185f1ea1d0"),
        "title" : "MongoDB Engineering Blog",
        "description" : "MongoDB's storage engine WiredTiger",
        "by" : "The MongoDB Engineering Journal",
        "url" : "https://engineering.mongodb.com/",
        "tags" : [
                "mongodb",
                "storage",
                "engine"
        ],
        "likes" : 200
}
>
```

MongoDB 除了以逗号 ',' 为间隔的 AND 操作，同时还有以 $or 为关键词的 OR 操作，基本语法格式如下：

```
db.mycol.find({$or: [{key1: value1}, {key2:value2}]}).pretty()
```

通常情况下，用户在 MongoDB 中设置多个 AND 操作和 OR 操作进行联合条件查询，返回更多精准的结果数据。

### 3.3.3　Redis 及应用

#### 1. Redis 简介

Redis是一个开源的、基于内存的数据库存储系统，用作分布式内存 key-value 数据库、缓存和消息中间件。Redis 支持不同类型的抽象数据结构，如字符串、散列值、列表、地图、集、排序集、超日志、位图、流和空间索引等类型。Redis 具有内置复制、Lua 脚本、LRU 驱逐、事务和不同级别的磁盘持久性等功能，并通过 Redis 哨兵和 Redis 集群自动分区机制提供高可用性。

Redis 的主要特点如下：

1）查询速度快。Redis 将整个数据集存储在主内存中，具有速度极快的检索能力。Redis 支持命令的管道化，支持多个值与客户机的实时通信。

2）良好的持久性。当所有数据都在内存中时，根据上次保存后经过的时间和/或更新次数，可使用灵活的策略将数据保存在磁盘上。

3）原子操作。Redis 对不同数据类型的操作都是原子操作，因此可以安全地设置或增加一个键（如增加一个计数器等），从一个集合中添加和删除元素。

4）支持多种语言。Redis 支持大部分的编程语言，如 C、C++、C#、Erlang、Go、Java、JavaScript、Lua、Objective-C、Perl、PHP、Python、R、Ruby、Rust、Scala 和 Tcl 等。

5）主/从复制机制。Redis 遵循非常简单和快速的主/从复制机制，只需配置文件中的一行即可完成初始同步。

6）支持分片。Redis 在多个实例之间分发数据集非常简单。

7）可移植性强。Redis 是用 C 语言编写的，适用于大多数 POSIX 系统，如 Linux、macOS、Solaris 等。如果用 Cygwin 编译，Redis 还支持 Windows 系统。

**2. Redis 安装**

（1）在 Windows 系统安装 Redis

Redis 目前支持在 32 位和 64 位 Windows 系统上安装。下面将介绍在 Windows 64 位系统上安装 Redis 的过程。从 Github 上下载 Redis-x64-5.0.10.msi 安装包，如图 3-23 所示。

图 3-23　下载 Windows 平台的 Redis 安装包

双击 Redis-x64-5.0.10.msi 安装包，进入图 3-24 所示的安装目录界面，单击"change"按钮更改安装路径至 D:\Program\Redis\，选中"Add the Redis installaion folder to the PATH environment variable."复选框，添加 Redis 至系统环境变量。

图 3-24　Redis 安装路径

单击"Next"按钮，进入如图 3-25 所示的安装界面，选择 Redis 默认端口号 6379，选中"Add an exception to the Windows Firewall."复选框。保持默认安装配置，继续单击"Next"按钮进行安装。

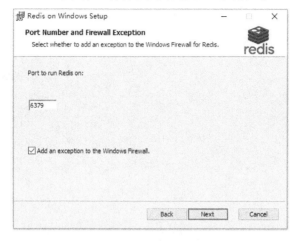

图 3-25　Redis 默认端口号

安装结束后，打开一个命令行窗口切换执行目录到 D:\Program\Redis\，输入如下命令：

```
redis-server.exe redis.windows.conf
```

出现如图 3-26 所示的界面，表示 Redis 成功启动。

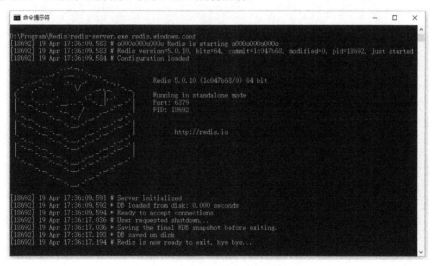

图 3-26　Windows 平台上运行 Redis

（2）在 Ubuntu 系统安装 Redis

本节以 Ubuntu 20.04 系统为例，介绍如何使用终端命令安装 Redis。在 Ubuntu 系统安装 Redis，首先使用 sudo 命令安装 Redis 依赖项，命令如下：

```
sudo apt update
```

```
sudo apt full-upgrade
sudo apt install build-essential tcl
```

再使用如下命令安装 Redis，如图 3-27 所示。

```
sudo apt-get install redis-server
```

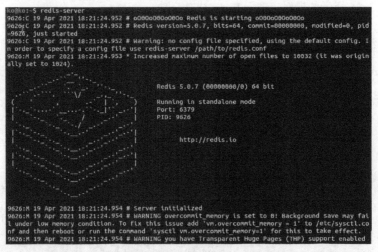

图 3-27　Ubuntu 平台上安装 Redis

安装完成后，使用如下命令启动 Redis 服务，如图 3-28 所示。

```
redis-server
```

图 3-28　Ubuntu 平台上运行 Redis

结果如图 3-28 所示则说明 Ubuntu 系统已经成功安装了 Redis。

**3．Redis 配置**

在 Redis 安装目录下有一个配置文件 redis.conf，通过此文件可实现对 Redis 运行参数的查看与修改。本节以 Windows 系统中的 redis.windows.conf 为例进行说明。

（1）Redis 参数查看

Redis CONFIG 的语法格式如下：

```
redis 127.0.0.1:6379> CONFIG GET CONFIG_SETTING_NAME
```

例如，通过如下命令查看 Redis 日志级别，如图 3-29 所示。

```
redis 127.0.0.1:6379> CONFIG GET loglevel
```

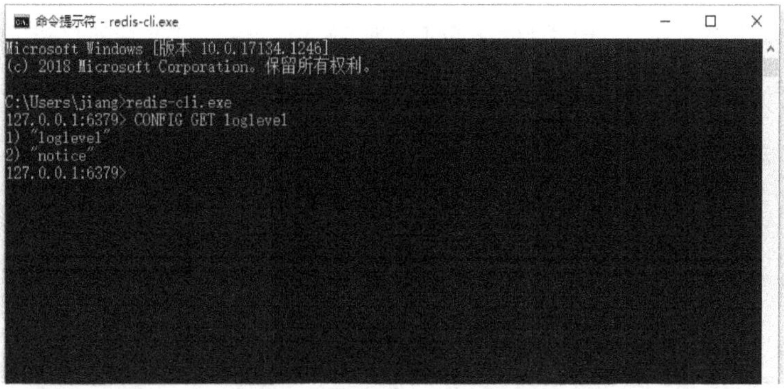

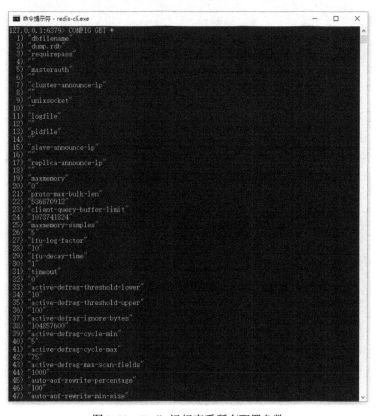

图 3-29　Redis 运行日志查看

想要获得所有的配置参数，可通过如下命令进行查看，如图 3-30 所示。

```
redis 127.0.0.1:6379> CONFIG GET *
```

图 3-30　Redis 运行查看所有配置参数

（2）Redis 参数设置

如果要更新 Redis 配置，可以直接编辑 redis.conf 文件，也可以通过 CONFIG SET 命令更新配置。

CONFIG SET 的语法格式如下：

```
redis 127.0.0.1:6379> CONFIG SET CONFIG_SETTING_NAME NEW_CONFIG_VALUE
```

例如，通过如下命令设置 Redis 最大内存为 4096，如图 3-31 所示。

```
redis 127.0.0.1:6379> CONFIG SET maxmemory 4096
OK
127.0.0.1:6379> CONFIG GET "maxmemory"
1) "maxmemory"
2) "4096"
```

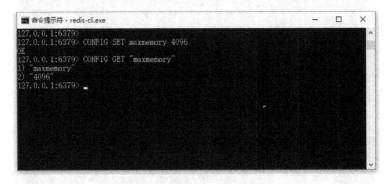

图 3-31　设置 Redis 最大内存

### 4. Redis 基本命令

（1）Redis 连接

Redis 命令用于在 Redis 服务器上执行一些操作，首先启动 Redis 服务器 redis-server 来运行 Redis 命令。然后，打开 Redis 客户端 redis-cli，运行界面如图 3-32 所示。

图 3-32　Redis 客户端运行界面

例如，在 Redis 本地模式下，检测 Redis 服务是否成功启动，可执行如图 3-33 所示的 PING 命令。

图 3-33　检测 Redis 本地服务是否启动

PING 命令的响应结果为 PONG，说明 Redis 系统已经启动成功。

Redis 也支持在远程服务上执行命令，语法格式如下：

```
redis-cli -h host -p port -a password
```

例如，打开命令行，输入"redis-cli -h 127.0.0.1 -p 6379 -a"命令，表示连接到主机为 127.0.0.1，端口为 6379，密码为空的 redis 服务上，运行结果如图 3-34 所示。

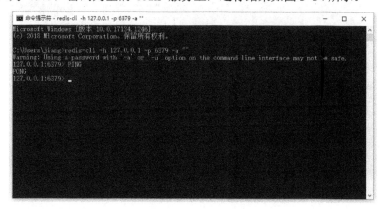

图 3-34　检测 Redis 远程服务是否启动

（2）Redis 键

Redis 管理键值的语法格式如下：

```
redis 127.0.0.1:6379> COMMAND KEY_NAME
```

例如，在命令行下设置 Redis 的一个键为 Python，然后通过 RENAME key newkey 命令将其重命名为 python_redis，运行结果如图 3-35 所示。

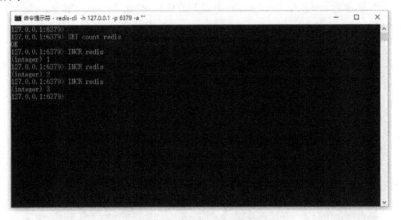

图 3-35　Redis 键重命名操作

（3）Redis 字符串

Redis 管理字符串值的语法格式如下：

```
redis 127.0.0.1:6379> COMMAND KEY_NAME
```

例如，在命令行下指定 count 的值为 redis，然后通过 INCR key 命令增加 redis 值，运行结果如图 3-36 所示。

图 3-36　Redis 键对应值自增

（4）Redis 散列

Redis 散列表示对象的数据类型，用于字符串域与字符串值的映射。Redis 中每个 hash 能够存储超过 40 亿个键值对。

Redis 使用 HMSET key field1 value1 [field2 value2] 命令将多个域—值对设置到散列表 key 中，然后通过 HGETALL key 命令获取在散列表中指定 key 的所有字段和值。例如，设置 employee 作为键，并赋予多个不同域—值，通过 HGETALL 命令获取 employee 所对应的所有字段和值，运行结果如图 3-37 所示。

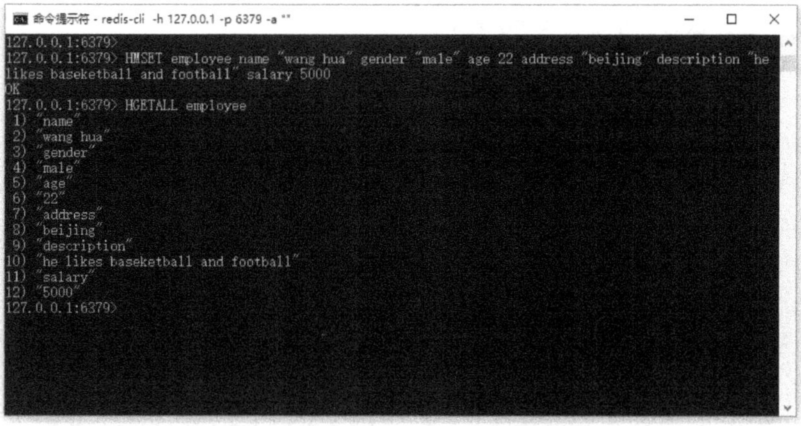

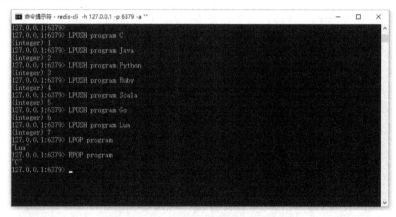

图 3-37 Redis 散列值的设置与获取

（5）Redis 列表

Redis 列表是按照插入顺序排序的字符串列表，可以向 Redis 列表的头部或尾部添加所需元素，每个列表可以包含超过 40 亿个元素。

Redis 使用 LPUSH key value1 [value2] 命令将一个或多个值插入列表头部，并可以通过 LPOP key 命令移除列表的第一个元素，返回值为移除的元素；或者通过 RPOP key 命令移除列表的最后一个元素，返回值为移除的元素。例如，通过 LPUSH 命令向 program 列表中添加 C、Java、Python、Ruby 等编程语言，并通过 LPOP 命令和 RPOP 命令删除第一个元素和最后一个元素，运行结果如图 3-38 所示。

图 3-38 Redis 列表元素的插入与删除

（6）Redis 集合

Redis 集合是一个无序的字符串集合，且集合中没有重复的字符串数据。Redis 对集合中元素进行添加、删除、查找操作的复杂度是 O(1)。每个集合存储超过 40 亿个元素。

Redis 使用 SADD key member1 [member2] 命令向集合中添加一个或多个元素，并通过 SMEMBERS key 命令返回集合中的所有元素。例如，通过 SADD 命令向 country 集合中添加 China、USA、USA、UK、Germany、France 等国家名称，并通过 SMEMBERS 命令返回 country

集合中的所有元素，运行结果如图 3-39 所示。

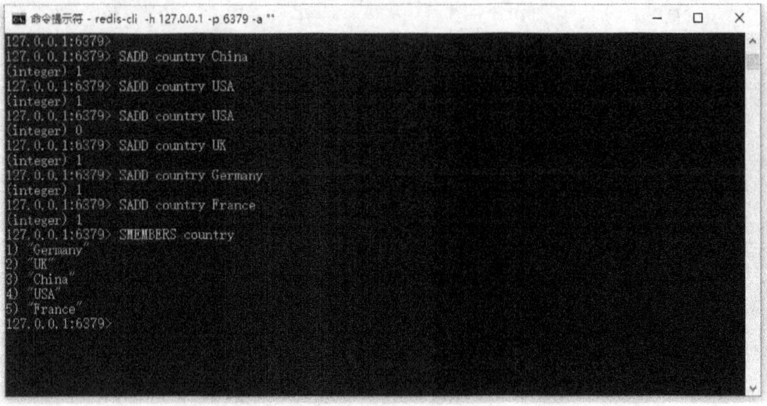

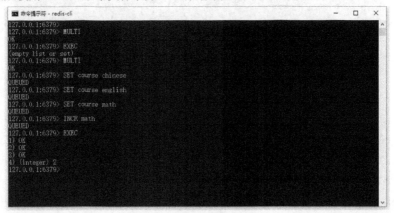

图 3-39　Redis 集合元素的插入与获取

**注意**：向 country 集合中第二次插入 USA 对象，返回结果为 0，表示当前集合中已存在此元素，因此不能够成功插入。

（7）Redis 事务

Redis 事务用于执行一组用户命令。其中，事务中所有命令都作为单个操作按顺序执行，且事务是原子性的。

Redis 通过 MULTI 命令开始执行事务，批量的单个操作按照顺序暂存在缓存队列中，然后整个事务由 EXEC 命令提交执行。例如，首先使用 MULTI 命令预置事务操作，通过 SET key value 命令设置多个不同的键，使用 GET key 命令获取不同键的值，再通过 INCR key 命令自动增加键的值，最后使用 EXEC 命令执行事务，运行结果如图 3-40 所示。

图 3-40　Redis 事务执行

### 3.3.4　SQLite 及应用

**1. SQLite 介绍**

SQLite 是一个基于 C 语言实现的嵌入式开源数据库。它实现了自成一体的、无服务器的、零配置的、事务性的 SQL 处理引擎。目前，SQLite 的代码全部开源，因此可免费用于任何目的的商业或私人用途。SQLite 是世界上被广泛部署的数据库之一，已应用于工业、运输、能源、交通等多个领域的系统软件中。

SQLite 的主要特点如下。

1）零配置。SQLite 无须任何设置或管理，开箱即用。

2）事务具有原子性、一致性、隔离性和持久性的特征。

3）实现 SQL 全部功能，同时具备表达式索引、JSON 和窗口函数等高级功能。

4）完整的数据库存储在单个磁盘文件中，非常适合作为应用程序文件格式使用。

5）支持 TB 大小的数据库和 GB 大小的字符串和片。

6）代码占用空间小。SQLite 完全配置仅 600KB，省略了可选特性的代码，占用空间更小。

7）简单易用的 API，可以与其他语言绑定使用。

8）提供单个 ANSI-C 源代码文件，易于编译，方便集成到更大的项目中。

9）自包含，没有任何外部依赖关系。

10）跨平台移植。SQLite 支持 Android、iOS、Linux、macOS 和 Windows 等系统。

**2．SQLite 部署**

（1）在 Windows 系统安装 SQLite

SQLite 目前提供 32 位和 64 位 Windows 系统上的预编译文件。下面介绍 SQLite 在 Windows 64 位系统上的安装过程。从 SQLite 官网下载 sqlite-tools-win32-x86-3350500.zip 安装包，如图 3-41 所示。

图 3-41　下载 Windows 平台的 SQLite 安装包

解压此文件至 D:\Program\sqlite 文件目录下，双击 sqlite3.exe 文件，完成 SQLite 的安装。打开 SQLite 命令行，如图 3-42 所示。

图 3-42　在 Windows 平台上运行 SQLite

（2）在 Ubuntu 系统安装 SQLite

下面以 Ubuntu 20.04 系统为例，介绍如何使用终端命令安装 SQLite。在 Ubuntu 系统安装 SQLite，首先使用 sudo 命令安装 SQLite 依赖项，命令如下，结果如图 3-43 所示。

```
sudo apt install sqlite
```

```
ko@ko:~$ sudo apt install sqlite
[sudo] password for ko:
正在读取软件包列表... 完成
正在分析软件包的依赖关系树
正在读取状态信息... 完成
下列软件包是自动安装的并且现在不需要了：
  libfprint-2-tod1 linux-headers-5.4.0-56 linux-headers-5.4.0-56-generic
  linux-image-5.4.0-56-generic linux-image-5.4.0-58-generic
  linux-modules-5.4.0-56-generic linux-modules-5.4.0-58-generic
  linux-modules-extra-5.4.0-56-generic linux-modules-extra-5.4.0-58-generic
使用'sudo apt autoremove'来卸载它(它们)。
将会同时安装下列软件：
  libsqlite0 sqlite3
建议安装：
  sqlite-doc sqlite3-doc
下列【新】软件包将被安装：
  libsqlite0 sqlite sqlite3
升级了 0 个软件包，新安装了 3 个软件包，要卸载 0 个软件包，有 240 个软件包未被升级。
需要下载 1,037 kB 的归档。
解压缩后会消耗 3,259 kB 的额外空间。
您希望继续执行吗？ [Y/n] y
获取:1 http://cn.archive.ubuntu.com/ubuntu focal/universe amd64 libsqlite0 amd64 2.8.17-15fa
kesync1build1 [160 kB]
获取:2 http://cn.archive.ubuntu.com/ubuntu focal/universe amd64 sqlite amd64 2.8.17-15fakesy
nc1build1 [16.3 kB]
获取:3 http://cn.archive.ubuntu.com/ubuntu focal-updates/main amd64 sqlite3 amd64 3.31.1-4ub
untu0.2 [860 kB]
```

图 3-43　在 Ubuntu 平台上安装 SQLite

安装完成后，使用如下命令启动 SQLite 服务，如图 3-44 所示。

```
sqlite
```

```
ko@ko:~$ sqlite
SQLite version 2.8.17
Enter ".help" for instructions
sqlite>
```

图 3-44　在 Ubuntu 平台上运行 SQLite

**3．SQLite 基本操作**

（1）SQLite 创建数据库

SQLite 创建数据库的基本语法如下：

```
sqlite3 DatabaseName.db
```

例如，在 SQLite 中创建一个新的数据库 python.db，首先打开命令行，切换至 sqlite3 存储目录下，代码如下：

```
C:\Users\test>cd D:\Program\sqlite
C:\Users\test>d:
D:\Program\sqlite>sqlite3 python.db
SQLite version 3.35.5 2021-04-19 18:32:05
Enter ".help" for usage hints.
```

还可执行 .databases 命令查看 python.db 数据库是否已在数据库列表中，代码如下：

```
sqlite> .databases
main: D:\Program\sqlite\python.db r/w
sqlite>
```

SQLite 使用 .quit 命令退出 sqlite 命令行，代码如下：

```
sqlite>.quit
```

（2）SQLite 创建表

SQLite 创建一个新表的基本语法如下：

```
CREATE TABLE database_name.table_name(
   column1 datatype  PRIMARY KEY or UNIQUE,
   column2 datatype,
   column3 datatype,
   ...
   columnN datatype,
);
```

例如，SQLite 通过 CREATE TABLE 语句创建一个 student 表，其中，学号 id 作为主键，not null 是指表中该字段内容不能为空，代码如下：

```
CREATE TABLE student (
   id int primary key     not null,
   name           text    not null,
   age            int     not null,
   address        CHAR(100),
   height         REAL,
   weight         REAL
);
```

通过 SQLite 的 .tables 命令可查看 student 表是否已成功创建，如图 3-45 所示。

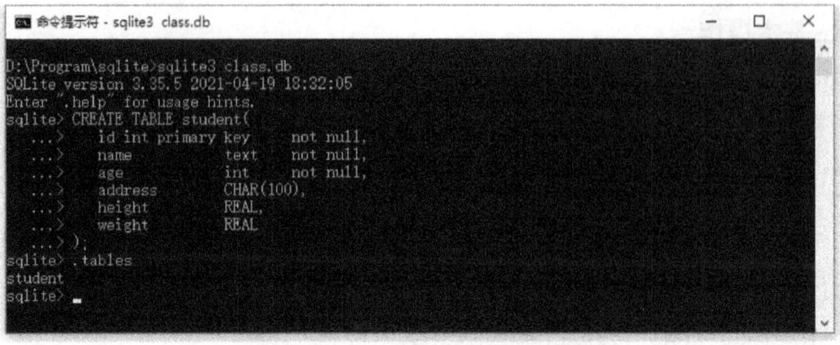

图 3-45　SQLite 表的创建和查看

（3）SQLite 删除表

SQLite 删除一个表的基本语法如下：

```
DROP TABLE database_name.table_name;
```

例如，SQLite 使用.tables 命令查看数据库中已存在的表，然后使用 DROP TABLE 语句删除上面创建的 student 表，代码如下：

```
sqlite> .tables
student
sqlite> DROP TABLE student;
sqlite>
```

再次输入 .tables 命令，如果无法找到 student 表，表明该表已成功从数据库中删除。

（4）SQLite 插入记录

SQLite 插入记录的基本语法如下：

```
INSERT INTO table_name [(column1, column2, column3,...columnN)]
VALUES (value1, value2, value3,...valueN);
```

例如，在 class.db 数据库中创建 student 表，并向该表中插入如下 5 条记录，代码如下：

```
INSERT INTO student (id, name, age, address, height, weight) VALUES (1, 'Li
Lei', 20, 'Beijing', 175.00, 65.00);
INSERT INTO student (id, name, age, address, height, weight) VALUES (2,
'Zhang Hai', 19, 'Anhui', 177.00, 66.00);
INSERT INTO student (id, name, age, address, height, weight) VALUES (3, 'Li
Xin', 18, 'Jiangsu', 166.00, 50.00);
INSERT INTO student (id, name, age, address, height, weight) VALUES (4,
'Zhao Han', 19, 'Sichuan', 164.00, 48.00);
INSERT INTO student (id, name, age, address, height, weight) VALUES (5, 'Sun
Feng', 21, 'Hebei', 180.00, 70.00);
```

（5）SQLite 查询记录

SQLite 查询记录的基本语法如下：

```
SELECT column1, column2, column3,...columnN FROM table_name;
```

例如，SQLite 使用 SELECT 语句查询 student 表中 id、name、age 这三个字段对应的数据，代码如下：

```
sqlite> .mode table
sqlite> SELECT id, name, age FROM student;
+----+-----------+-----+
| id |   name    | age |
+----+-----------+-----+
| 1  | Li Lei    | 20  |
| 2  | Zhang Hai | 19  |
| 3  | Li Xin    | 18  |
| 4  | Zhao Han  | 19  |
| 5  | Sun Feng  | 21  |
+----+-----------+-----+
```

如果需要打印输出 student 表中所有字段对应的数据，代码如下：

```
SELECT * FROM student;
```

（6）SQLite 更新记录

SQLite 更新记录的基本语法如下：

```
UPDATE table_name
SET column1 = value1, column2 = value2,....columnN = valueN
WHERE [condition];
```

例如，SQLite 使用 UPDATE 语句更新 student 表中主键 id 为 3 的学生身高为 168.00，代码如下。

```
sqlite> UPDATE student SET height = 168.00 WHERE id = 3;
```

执行更新操作后，student 表的记录如下：

```
sqlite> SELECT * FROM student;
+----+-----------+-----+----------+--------+--------+
| id |   name    | age | address  | height | weight |
+----+-----------+-----+----------+--------+--------+
| 1  | Li Lei    | 20  | Beijing  | 175.0  | 65.0   |
| 2  | Zhang Hai | 19  | Anhui    | 177.0  | 66.0   |
| 3  | Li Xin    | 18  | Jiangsu  | 168.0  | 50.0   |
| 4  | Zhao Han  | 19  | Sichuan  | 164.0  | 48.0   |
| 5  | Sun Feng  | 21  | Hebei    | 180.0  | 70.0   |
+----+-----------+-----+----------+--------+--------+
sqlite>
```

（7）SQLite 删除记录

SQLite 删除记录的基本语法如下：

```
DELETE FROM table_name WHERE [condition];
```

例如，SQLite 使用 DELETE 语句删除 student 表中主键 id 为 2 的学生记录，代码如下：

```
sqlite> DELETE FROM student WHERE id = 2;
```

执行删除操作后，student 表的记录如下：

```
sqlite> SELECT * FROM student;
+----+----------+-----+----------+--------+--------+
| id |  name    | age | address  | height | weight |
+----+----------+-----+----------+--------+--------+
| 1  | Li Lei   | 20  | Beijing  | 175.0  | 65.0   |
| 3  | Li Xin   | 18  | Jiangsu  | 168.0  | 50.0   |
| 4  | Zhao Han | 19  | Sichuan  | 164.0  | 48.0   |
| 5  | Sun Feng | 21  | Hebei    | 180.0  | 70.0   |
+----+----------+-----+----------+--------+--------+
```

如果需要删除 student 表中所有所有记录，代码如下：

```
sqlite> DELETE FROM student;
```

（8）SQLite 模糊查询

SQLite 模糊查询的基本语法如下：

```
SELECT column1, column2, ....columnN
FROM table_name
WHERE column LIKE 'XXXX%'
```

例如，SQLite 使用 LIKE 语句匹配查询 student 表中 name 列包括"Li"字符串的学生记录，代码如下：

```
sqlite> SELECT * FROM student WHERE name LIKE 'Li%';
```

执行模糊匹配查询后，返回如下记录。

```
sqlite> SELECT * FROM student WHERE name LIKE 'Li%';
+----+--------+-----+---------+--------+--------+
| id | name   | age | address | height | weight |
+----+--------+-----+---------+--------+--------+
| 1  | Li Lei | 20  | Beijing | 175.0  | 65.0   |
| 3  | Li Xin | 18  | Jiangsu | 168.0  | 50.0   |
+----+--------+-----+---------+--------+--------+
```

## 3.3.5 PyTables 及应用

### 1. PyTables 简介

PyTables 是一个用于管理分层数据集的软件包，旨在高效、轻松地处理大量数据。PyTables 构建在 HDF5 库的顶部，使用 Python 语言和 NumPy 包。PyTables 有一个面向对象的界面，用于交互浏览、处理和搜索大量数据，使用 C 语言生成 Cython 关键部分，提升 PyTables 的处理效率。它同时优化了内存和磁盘资源，使得数据占用的空间少得多。

### 2. PyTables 安装

（1）在 Windows 系统安装 PyTables

PyTables 在 Windows 系统上安装需要预先配置大量的依赖库。为了简单起见，下面介绍 PyTables 在 Windows 64 位系统上使用 Anaconda 进行安装的过程。在 Anaconda 中使用以下语句安装 PyTables。

```
conda install pytables
```

如需要安装 PyTables 最新版本，代码如下：

```
conda config --add channels conda-forge
conda install pytables
```

Python 非官方的扩展包提供 PyTables 的 Windows 版预编译二进制文件，下载与 Python 版本匹配的 32 或 64 位版本安装包，然后使用 pip 安装，代码如下：

```
# python 3.8 64-bit
python3 -m pip install tables-3.6.1-cp38-cp38-win_amd64.whl
```

（2）在 Ubuntu 系统安装 PyTables

下面以 Ubuntu 20.04 系统为例，介绍如何使用终端命令安装 PyTables。在 Ubuntu 系统安装 PyTables，首先使用 sudo 命令安装 PyTables 依赖库 HDF5，代码如下：

```
sudo apt-get install libhdf5-serial-dev
```

完成 HDF5 依赖库的安装后，可以使用 pip 工具安装 PyTables，代码如下：

```
python3 -m pip install tables
```

最后，执行如下语句测试 PyTables 的安装情况，如果不报错，则说明安装成功。

```
>>> import tables
>>> tables.print_versions()
-=-=-=-=-=-=-=-=-=-=-=-=-=-=-=-=-=-=-=-=-=-=-=-=-=-=-=-=-=-=-=-=-=
PyTables version:     3.6.1
HDF5 version:         1.10.4
NumPy version:        1.18.1
Numexpr version:      2.7.1 (using VML/MKL 2020.0.1)
Zlib version:         1.2.11 (in Python interpreter)
LZO version:          2.10 (Mar 01 2017)
BZIP2 version:        1.0.8 (13-Jul-2019)
Blosc version:        1.16.3 (2019-03-08)
Blosc compressors:    blosclz (1.1.0), lz4 (1.8.3), lz4hc (1.8.3), snappy
(unknown), zlib (1.2.11), zstd (1.3.7)
Blosc filters:        shuffle, bitshuffle
Cython version:       0.29.22
Python version:       3.7.7 (default, May  6 2020, 11:45:54) [MSC v.1916 64
bit (AMD64)]
Platform:             Windows-10-10.0.17134-SP0
Byte-ordering:        little
Detected cores:       4
Default encoding:     utf-8
Default FS encoding:  utf-8
Default locale:       (zh_CN, cp936)
-=-=-=-=-=-=-=-=-=-=-=-=-=-=-=-=-=-=-=-=-=-=-=-=-=-=-=-=-=-=-=-=-=
>>>
```

### 3．PyTables 基本操作

（1）导入表对象

在开始使用 PyTables 之前，需要导入 tables 包中的公共对象，代码如下：

```
>>> import tables
```

如果不想污染命名空间，建议使用此方法导入表。但是，PyTables 有一个容器包含了一级原语，因此也可以考虑使用另一种方法来导入 tables 包中的公共对象，代码如下：

```
>>> from tables import *
```

如果需要使用 NumPy 数组，那么还需要从 NumPy 包中导入函数。所以大多数 PyTables 程序都是从以下代码开始的。

```
>>> import tables
>>> import numpy
```

（2）PyTables 创建文件

假设要在当前工作目录中创建一个名为"tutorial1.h5"的新文件，该文件处于"w"写入模式，并带有描述性的标题字符串（"Test file"）。可通过调用 open_file() 方法尝试打开文件，如果成功，则返回文件对象实例 h5file，代码如下：

```
>>>from tables import *
>>> h5file = open_file("tutorial1.h5", mode="w", title="Test file")
```

（3）PyTables 创建新组

把数据放在表中是数据组织很好的方式。假定需要创建一个名为 detector 的组，该组从根节点分支。这里，通过调用 h5file 对象的 file.create_group()方法创建一个来自根节点 "/" 的新组 detector。这将创建一个新的组对象实例，该对象实例将分配给变量组。代码如下：

```
>>> group = h5file.create_group("/", 'detector', 'Detector information')
```

（4）PyTables 创建新表

假定需要从 group 分支中创建一个新的表对象。在这个表中，指定节点名为 readout，事先声明的粒子类 Particle 为该表的列的描述参数，表标题设置为"Readout example"。利用所有这些信息，通过调用 h5file 对象的 file.create_table()方法，将创建一个新的表实例并将其分配给变量表，代码如下：

```
>>> table = h5file.create_table(group, 'readout', Particle, "Readout example")
```

为了查看上述所创建对象树，只需打印文件实例变量 h5file，并检查输出，代码如下：

```
>>> print(h5file)
tutorial1.h5 (File) 'Test file'
Last modif.: 'Tue Apr 20 21:36:59 2021'
Object Tree:
/ (RootGroup) 'Test file'
/detector (Group) 'Detector information'
/detector/readout (Table(0,)) 'Readout example'
```

（5）PyTables 读取数据

当数据已存储在磁盘上，需要访问它并从特定的列中选择值时，PyTables 通过调用 iterator() 方法来获取表中所有的值，代码如下。

```
>>> table = h5file.root.detector.readout  #在对象树上创建一个快速访问的readout对象
>>> pressure = [x['pressure'] for x in table.iterrows() if x['TDCcount'] > 3
and 20 <= x['pressure'] < 50]
>>> pressure
[25.0, 36.0, 49.0]
```

（6）PyTables 创建数组对象

为了将所选数据与其他数据分离，可创建一个新的组列，分支到根组之外。在这个组下，再创建两个包含所选数据的数组，具体步骤如下。

1）创建组对象。

调用 create_group() 方法创建一个组对象，代码如下。

```
>>> gcolumns = h5file.create_group(h5file.root, "columns", "Pressure and Name")
```

注意，使用 h5file.root 而不是绝对路径字符串（"/"）指定第一个参数。

2）创建新数组对象。

为了存储所选数据，可调用 create_array() 方法来创建两个新的数组对象。其中，第一个数组对象创建的代码如下。

```
>>> h5file.create_array(gcolumns, 'pressure', array(pressure), "Pressure
column selection")
/columns/pressure (Array(3,)) 'Pressure column selection'
  atom := Float64Atom(shape=(), dflt=0.0)
  maindim := 0
  flavor := 'numpy'
  byteorder := 'little'
  chunkshape := None
```

其中，参数 gcolumns 是创建数组的父组；参数 pressure 是数组实例名；参数 array(pressure) 是要保存到磁盘的对象；此处它是一个 NumPy 数组，是根据之前创建的选择列表构建的；参数 "Pressure column selection" 是标题。

同样调用 create_array() 方法创建第二个数组对象，代码如下。

```
>>> h5file.create_array(gcolumns, 'name', names, "Name column selection")
/columns/name (Array(3,)) 'Name column selection'
  atom := StringAtom(itemsize=16, shape=(), dflt='')
  maindim := 0
  flavor := 'python'
  byteorder := 'irrelevant'
  chunkshape := None
```

**注意：**在上述代码中，create_array()方法将返回一个未分配给任何变量的数组实例。这仅仅是显示所创建的对象类型，实际上数组对象已连接到对象树并保存到磁盘。可通过如下代码打印

111

完整的对象树。

```
>>> print(h5file)
tutorial1.h5 (File) 'Test file'
Last modif.: 'Wed Mar  7 19:40:44 2007'
Object Tree:
/ (RootGroup) 'Test file'
/columns (Group) 'Pressure and Name'
/columns/name (Array(3,)) 'Name column selection'
/columns/pressure (Array(3,)) 'Pressure column selection'
/detector (Group) 'Detector information'
/detector/readout (Table(10,)) 'Readout example'
```

（7）PyTables 关闭文件

在退出 Python 之前，使用 close() 方法关闭 h5file 文件对象，代码如下。

```
>>> h5file.close()
>>> ^D
```

## 3.3.6　社交数据存储

本节以爬取新浪微博的公共微博为例，并分别使用 TXT、CSV 和 JSON 的文件形式进行存储。微博数据存储的主要代码如下。

```
#将微博数据保存到 TXT 文件中
def save_data_txt(data):
    with open('weibo.txt', mode='w', newline='', encoding='utf_8') as weibo_file:

        try:
            weibo_file.write('用户 ID\t 昵称\t 位置\n')
            length = len(data)
            for i in range(0, length):
                weibo_file.write("%s\t%s\t%s\n" % (data[i]['user']['idstr'],
                                data[i]['user']['screen_name'], data[i]['user']
['location']))
        except csv.Error as e:
            sys.exit('file {}: {}'.format(weibo_file, e))
        finally:
            weibo_file.close()

#将微博数据保存到 CSV 文件中
def save_data_csv(data):
    with open('weibo.csv', mode='w', newline='', encoding='utf_8') as weibo_file:
        weibo_writer = csv.writer(weibo_file, delimiter=',', quotechar='"',
quoting=csv.QUOTE_MINIMAL)
        try:
            fieldnames = ['用户 ID', '昵称', '位置']
            writer = csv.DictWriter(weibo_file, fieldnames=fieldnames)
            writer.writeheader()
            length = len(data)
            for i in range(0, length):
```

```
                    weibo_writer.writerow(
                            [data[i]['user']['idstr'], data[i]['user']['screen_name'],
data[i]['user']['location']])
            except csv.Error as e:
                sys.exit('file {}, line {}: {}'.format(weibo_file, weibo_writer.
line_num, e))
            finally:
                weibo_file.close()


#将微博数据保存到 JSON 文件中
def save_data_json(data):
    with open('weibo.json', mode='w', encoding='utf_8') as weibo_file:
        try:
            json.dump(data, weibo_file, indent=2)
        except csv.Error as e:
            sys.exit('file {}: {}'.format(weibo_file, e))
        finally:
            weibo_file.close()
```

TXT 文件结果，CSV 文件结果和 JSON 文件结果分别如图 3-46、图 3-47 和图 3-48 所示。

```
用户ID  昵称    位置
5835763188   浅笑1235835763188    其他
5898333805   I不知云深处I     其他
3039012074   不要祥瑞我  嘤TvT     其他
1850055045   6330 o  四川 绵阳
1743336174   三克油奈斯特     湖北 武汉
7279798767   用户7279798767    河南 郑州
3199505520   请问你谁呀  浙江
5301525105   美秋莎  辽宁 丹东
5580679784   我叫江正直   内蒙古
2353119713   红台上上签   海外 其他
5957778998   甘蔗的小杂碎     内蒙古
6441876307   川忄    其他
5475475559   漂洋过海的腿毛    四川 成都
2818048175   XunmDi  广东 深圳
6508039070   百年孤寂yz  海外 新加坡
```

图 3-46　TXT 文件数据

```
用户ID,昵称,位置
5835763188,浅笑1235835763188,其他
5898333805,I不知云深处I,其他
3039012074,不要祥瑞我 嘤TvT,其他
1850055045,6330 o,四川 绵阳
1743336174,三克油奈斯特,湖北 武汉
7279798767,用户7279798767,河南 郑州
3199505520,请问你谁呀,浙江
5301525105,美秋莎,辽宁 丹东
5580679784,我叫江正直,内蒙古
2353119713,红台上上签,海外 其他
5957778998,甘蔗的小杂碎,内蒙古
6441876307,川忄,其他
5475475559,漂洋过海的腿毛,四川 成都
2818048175,XunmDi,广东 深圳
6508039070,百年孤寂yz,海外 新加坡
```

图 3-47　CSV 文件数据

```
[
  {
    "visible": {
      "type": 0,
      "list_id": 0
    },
    "created_at": "Wed Sep 11 00:00:28 +0800 2019",
    "id": 4415124732954617,
    "idstr": "4415124732954617",
    "mid": "4415124732954617",
    "can_edit": false,
    "show_additional_indication": 0,
    "text":
```

图 3-48　JSON 文件数据

# 3.4　案例：租房数据采集与存储

豆瓣网上房源信息较多，但是这些信息多而杂，不利于用户快速获得满意的房源信息。本节

将实现一个豆瓣网租房信息采集系统，并利用 MongoDB 存储房源数据，支持使用关键字快速查询豆瓣网租房的帖子信息，具有很强的匹配性。

豆瓣网租房数据爬取主要步骤如下。

1）安装 MongoDB 后，再连接 MongoDB 数据库，代码如下。

```python
try:
    # MongoDB 对象定义，默认连接地址为 127.0.0.1，端口为 27017
    client = pymongo.MongoClient("mongodb://127.0.0.1:27017/")
    print("MongoDB connected success.")
except:
    print("MongoDB connected fail.")
```

2）配置爬取的网页起始点、爬取关键词等基本信息，主要代码如下。

```python
# 爬虫爬取的网页起始点列表
groups = [
    (26926, '北京租房豆瓣'),
    (279962, '北京租房'),
    (262626, '北京无中介租房'),
    (35417, '北京租房'),
    (56297, '北京个人租房'),
    (257523, '北京租房房东联盟'),
]

# 爬虫爬取的关键词列表
locations = ('转租', '次卧', '地铁', '无中介', '朝南', '阳台', '6 号线')
```

3）爬虫根据用户设定的关键词进行数据的爬取并保存，主要代码如下。

```python
# 获取豆瓣租房网页上的标题内容
def get_room_url_title_list(self, group_id, query):
    params = dict(group=group_id, q=query, **self.search_required_params)
    response = requests.get(
        url=self.search_url, params=params,
        headers=self.default_headers
    )
    if response.status_code != 200:
        logger.error(
            '查询房子接口失败 url: {} rsp: {}'.format(self.search_url, response)
        )

    root = etree.HTML(response.text)
    xpath = '//table[@class="olt"]//a[@title]'
    link_nodes = root.xpath(xpath)
    for node in link_nodes:
        yield node.get('href'), node.get('title')

# 获取豆瓣租房网页上的 URL 地址
def get_room_desc_div(self, url):
    response = requests.get(url=url)
    if response.status_code != 200:
```

```
        logger.error('获取房子接口失败, url: {} rsp: {}'.format(url, response))

    root = etree.HTML(response.content)
    xpath = '//div[@class="topic-content clearfix"]'
    try:
        div_element = root.xpath(xpath)[0]
        return etree.tostring(div_element).decode()
    except:
        logger.error('获取房子接口失败, url: {} rsp: {} {}'.format(url, response,
traceback.format_exc()))
```

豆瓣租房数据存储结果如图 3-49 所示。

图 3-49　豆瓣租房数据在 MongoDB 中存储结果

# 习题

**1. 简答题**

1）爬虫常见的框架有哪些？

2）常见的数据存储格式有哪些？

3）文本文件的打开方式有哪些？

4）MongoDB 常见的数据管理客户端有哪些？

5）SQLite 创建表的语句是什么？

**2. 操作题**

编写一个淘宝网的爬虫系统。要求系统实现如下功能：支持搜索关键字对应的页面爬取；获取商品的具体信息，如链接网址、价格信息、评论数量等；使用数据库存储爬取的数据。

# 第4章
# Python 数据预处理

本章主要讲解数据预处理的基础知识，主要包括数据预处理的概念、方法及所涉及的关键技术，并对基于 Python 的数据分析工具进行统一的梳理。同时给出实际的预处理案例，如垃圾短信分类预处理、社交网站数据预处理等，这些实际案例为读者开展数据挖掘、搭建实际业务所需的大数据分析平台提供指引和帮助。

本章学习目标如下：

◇ 了解数据挖掘中数据预处理的基本概念及主要流程。

◇ 掌握数据预处理的关键技术及应用阶段。

◇ 熟悉数据预处理技术的一些常用技巧。

◇ 熟练掌握 NumPy、pandas 等数据预处理工具包的使用。

◇ 实现对垃圾短信和新浪微博数据的预处理。

学习完本章，将更加深入地理解数据预处理的基本理论和关键技术，并将数据预处理应用在实际的数据分析中。

## 4.1 数据预处理及工具简介

原始数据经常含有大量噪声，无法直接用于数据分析。因此，需要经过数据预处理，对其进行去噪、转换和整合。本节主要介绍数据预处理的基本概念、基本方法和常见技术手段，并通过案例讲述如何对文本文件进行预处理。

### 4.1.1 预处理基础

数据是数据挖掘的基础。然而，原始形式的数据通常存在噪声量大、数据不一致、数据缺失等问题，直接影响数据挖掘的质量。数据预处理（Data Preprocessing）是将收集到的原始数据经过清理、转换、整合等过程转换为可用信息的方法，有助于计算机的运算，是数据挖掘中必不可少的重要一环。

通常，数据预处理周期包含以下 6 个主要步骤。

● 数据收集。原始数据的收集是数据处理周期的第一步，收集的原始数据类型对所生成的数据有着巨大的影响。因此，应从定义和准确的来源收集原始数据，以便后续的调查结果有效且可用。

- 数据准备。数据准备或数据清理是对原始数据进行排序和过滤，以删除不必要和不准确数据的过程。
- 数据输入。原始数据转换为机器可读形式并输入处理单元，可通过键盘、扫描仪或任何其他输入源以数据输入的形式出现。
- 数据处理。原始数据将采用各种数据处理方法，使用机器学习和人工智能算法生成理想的输出。数据处理因过程而异，具体取决于正在处理的数据源（数据湖、在线数据库、连接设备等）和输出的预期用途。
- 数据输出。数据最终以图形、表格、矢量文件、音频、视频、文档等可读形式传输并显示给用户。也可在下一个数据处理周期中存储和进一步处理。
- 结果存储。高质量的数据和元数据被存储，供进一步快速访问和检索使用，并允许直接将其用作下一个数据处理周期中的输入。

因此，数据预处理是一个极其复杂又费时费力的过程。但目前有大量优秀的数据预处理库，用户只需将数据按照格式传递给库，相应的库即自动完成相应的工作。目前，NumPy、pandas、SciPy 和 matplotlib 是 4 个最基础且被广泛使用的 Python 库。其中，NumPy 是满足所有数学运算所需要的库，其代码是基于数学公式运行的。pandas 是最好的导入并处理数据集的一个库。SciPy 是基于 NumPy 开发的高级模块，它提供了许多数学算法和函数的实现，用于解决科学计算中的一些标准问题。maplotlib 是满足绘图所需要的库。对于数据预处理而言，pandas 和 NumPy 是必需的库。

## 4.1.2　预处理方法

数据预处理是一种数据挖掘技术，用于将原始数据转换成有用的、高效的数据格式。不同阶段对应着不同的预处理方法，主要包括数据清洗、数据变换、数据归约等技术。

### 1. 数据清洗

原始数据通常存在无关数据、噪声数据、缺失数据、不一致数据等问题，数据质量高低直接影响数据挖掘任务的效果。作为数据预处理的第一步，数据清理（Data Cleaning）是从大量数据中提取所需信息，保留重要的特征，并剔除无关特征。数据清洗主要包括缺失数据处理和噪声数据处理。

（1）缺失数据处理

在数据采集和存储过程中，由于各种干扰因素可能导致数据丢失和空缺。这些低质量的数据直接影响数据挖掘的精度。针对缺失数据的处理主要有以下方法。

- 删除缺失值：当大量数据需要处理时，如果数据集中一个元组缺失大量或多个类别数据，此元组将不再适合后续的模型学习，可以直接将此元组删除。
- 填充缺失值：当处理的数据集规模不大时，应使用启发式填充、平均值、中位数等数据填充方法进行缺失数据的填补。

（2）噪声数据处理

噪声数据是机器无法直接解释的毫无意义的数据。由于数据收集错误、数据输入错误等原因，可能生成该类数据。针对噪声数据的处理主要有以下方法。

- 装箱：此方法适用于分拣数据以使其平滑。整个数据被分成大小相等的段，然后执行各种方法来完成任务。每个段是分开处理的，可以按其平均值或边界值替换段中的所有数据，也可以用于完成任务。
- 回归：此方法通过使用回归函数将噪声数据变得平滑。这里，回归函数可以选择单变量的线性函数，也可以是多个变量的非线性函数。
- 聚类：此方法将类似数据分组到集群中。离群的噪声值可能未被发现，或者会落在群集之外。

**2. 数据变换**

数据变换通过规范化、离散化、属性选择和概念层次生成等方式，将数据转换成统一形式，以更适合数据挖掘的过程，得到更有效的挖掘模式。数据变换主要有以下方法。

- 规范化：同一份数据的不同特征在数值上可能存在显著差异，通过比例缩放将数值扩展到指定范围内，如[-1,1]或者[0,1]，利于后续数据的高效处理。
- 离散化：按照等距、等频等方法将连续属性的数值变成一个个离散化的区间。例如，以天为单位，一年可分为 365 份；变量 0 和 1 可以离散表示有无。
- 属性选择：从给定的属性集合中构建出新的属性，更有助于数据分析过程。例如，通过商品价格和销售量计算出销售总额，更直观体现不同厂商的销售业绩。
- 概念层次生成：此处属性在层次结构中从级别转换为更高级别。例如，"城市"属性可以转换为"国家"。

**3. 数据归约**

数据挖掘通常需要处理大量的数据，此过程将耗费大量的存储和计算资源，使得分析变得十分困难。数据归约技术将原始数据集进行归约表示，数据分布仍保持其完整性，从而提高存储效率，降低数据存储和分析成本。数据归约主要有以下方法。

- 数据立方体聚合：通过多维数据模型构造出多维空间的立方体，所有的聚合数据操作均在此空间进行。
- 属性子集选择：数据挖掘应该使用高度相关的属性，丢弃不相关的特征值。当执行属性选择时，首先使用属性的置信水平和假定值 p-value 进行测量。如果假定值大于置信水平，则丢弃此属性。
- 数据减少：仅存储已训练的数据模型，如回归模型，而不是整个数据。
- 维度缩减：通过有损或无损编码机制缩小数据集的大小。如果将压缩数据进行重建，可以检索到原始数据，则称为无损压缩，否则称为有损压缩。常用降维方法包括主成分分析、奇异值分解、局部线性嵌入等。

## 4.1.3 预处理技术

数据预处理的不同过程涵盖大量处理技术。例如，数据归一化方法包括 Min-Max 标准化、

Z-Score 标准化等；数据降维方法包括主成分分析、奇异值分解等。

**1．Min-Max 标准化**

Min-Max 是一种数据标准化技术，通过对原始数据的线性变换，将数据缩放至 0～1 之间，有助于规范化数据。该方法的转换函数为

$$x' = \frac{(x - \min)}{(\max - \min)}$$

式中，max 表示样本数据的最大值；min 表示样本数据的最小值。Min-Max 能够确保所有特征都具有完全相同的比例，比较适用于数值分布集中的情况。然而，该方法对于异常值处理的效率不是很高。

**2．Z-Score 标准化**

Z-Score 是一个非常有用的统计学习方法。该方法假设预处理后的数据符合标准正态分布，允许比较不同正态分布数据出现分数的概率。该方法的转换函数为

$$Z = \frac{x - u}{\sigma}$$

式中，$u$ 表示所有样本数据的均值；$\sigma$ 表示所有样本数据的标准差。Z-Score 能够很好地处理离群数据，有助于数据的标准化，但无法将数据缩放到完全相同的比例。

**3．主成分分析**

主成分分析（Principal Component Analysis，PCA）是一种经典的多元统计降维方法。该方法通过正交变换将一个大的变量集合转换成一个较小的变量集合，并删除不相关的变量。主成分分析主要包括以下步骤。

- 标准化：由于初始变量的方差对后续特征变量选择非常敏感，因此标准化连续初始变量的范围是至关重要的一步。初始变量标准化可以通过 Z-Score 函数实现。
- 协方差矩阵计算：可了解输入数据集的特征变量彼此之间的相关性。由于某些变量之间的高度关联使得它们包含了冗余的信息，通过计算协方差矩阵可以识别这些相关性。通常，协方差矩阵是 $p \times p$ 对称矩阵（其中 $p$ 是维数）。矩阵中每一项是与所有可能的初始变量相关联的协方差值。例如，对于具有变量 $x$、$y$ 和 $z$ 的三维数据集，协方差矩阵是 $3 \times 3$ 的矩阵。

$$C = \begin{pmatrix} \mathrm{Cov}(x,x) & \mathrm{Cov}(x,y) & \mathrm{Cov}(x,z) \\ \mathrm{Cov}(y,x) & \mathrm{Cov}(y,y) & \mathrm{Cov}(y,z) \\ \mathrm{Cov}(z,x) & \mathrm{Cov}(z,y) & \mathrm{Cov}(z,z) \end{pmatrix}$$

式中，$\mathrm{Cov}(x, y)$ 表示变量 $x$ 和变量 $y$ 之间的协方差，计算公式如下：

$$\mathrm{Cov}(x, y) = \frac{\sum_{i=1}^{n} (x_i - \bar{x})(y_i - \bar{y})}{n = 1}$$

- 计算协方差矩阵的特征向量和特征值识别主成分：主成分是由初始变量的线性组合或混合构成的新变量。新变量（即主分量）是不相关的，并且初始变量中的大部分信息被压缩或压缩到第一分量中。从几何学上讲，主成分代表解释最大方差的数据方向，通过将特征向量按其特征值从高到低的顺序排列，可以得到按重要性顺序排列的主成分。这里需要注意

的是，主成分的可解释性较差，并且没有任何实际意义，仅用于捕获方差和信息之间的关系，一条线所代表的方差越大，沿着它的数据点的离散度越大，它所拥有的信息就越多。

**4. 奇异值分解**

奇异值分解（Singular Value Decomposition，SVD）是一种重要的数据特征降维的矩阵分解方法，在机器学习、推荐系统、自然语言处理等领域有着广泛应用。该方法通过矩阵分解将一个大的矩阵表示转换成一个较小的近似矩阵表示，然后选择最相关的特征变量。奇异值分解主要包括以下步骤。

- 矩阵表示：将任一数据集合表示为一个 $m$ 行 $n$ 列的矩阵 $A^{m \times n}$。例如，对于无结构化的文本数据集合，$A$ 可以是一个文档—词项的矩阵表示；对于医疗大数据，$A$ 可以是一个蛋白质—基因的矩阵表示等。

- 奇异值分解：将矩阵 $A$ 近似分解为 $A' = U\Sigma V^{\mathrm{T}}$，其中矩阵 $U$ 是一个 $m \times k$ 的正交矩阵，矩阵 $V$ 是一个 $n \times k$ 的正交矩阵，矩阵 $\Sigma$ 是一个 $k \times k$ 的对角线矩阵，$k \ll m, n$。矩阵 $\Sigma$ 中主对角线上的每个元素称为奇异值。

- 特征选择：在数据集合中，与每一个结构相关联的数据列被称为主要组件。第一次数据列的计算方法是将数据矩阵投影到数据方差—共振矩阵的第一个特征向量上，第二次串联投射到第二个特征向量上，依此类推。数据列值表示完成数据字段所需的给定结构的向量。因此，矩阵 $U$ 中某一行乘以矩阵 $\Sigma$ 中某一特征值再乘以矩阵 $V$ 中某一列的转置，可以产生原始数据在那个点上的近似值，即 $A \approx A'$。特别地，奇异值可以通过 $\dfrac{AV_i}{U_i}$ 来计算，也可以通过 $A^{\mathrm{T}}A$ 的特征值取平方根来获得。

## 4.1.4　垃圾短信分类预处理

随着智能手机的普及，垃圾短信泛滥成灾，如诈骗短信、营销短信、谣言短信等。这些垃圾短信已严重影响人们的正常生活、运营商形象乃至社会稳定。现有的手机管家软件可以有效拦截此类短信，其原理在于利用数据挖掘模型进行垃圾短信分类处理。

由于垃圾短信拥有的信息量有限，且往往包含大量的缩略词、标点符号和语法错误等噪声。因此，为了提高垃圾短信分类准确率，需对短信内容进行移除标点符号、英文字符、数字等预处理，具体步骤如下。

（1）垃圾短信数据集

假设垃圾短信数据以一行一条文本信息的方式进行存储。

> 106590099::天翼阅读送豪礼，您离大奖只差一步！满 5 送 3，满 10 送 5，阅点免费拿，好书轻松看。还有 NOTE2 等你抽 http://t.cn/zT6JjuL
> 1065800712::【天上掉下个 Iphone5！】通信助手的众亲们，回对应数字设置优先接收的回执精品资讯：2、健康；4 体育；6 娱乐。成功设置可参与次月 iPhone5 和 1000 元话费抽奖。您还可登录 http://v1x.cn/V2X 设置，访问产生的流量费按标准收费。中国移动
> 10658260::歌曲下载听什么？《致青春》带你体验人间悲喜。不想下不用愁，移动在线听歌同享青春盛宴-掌上精彩 http://zsjc.bj.monternet.com/kd3
> 10657021619645261::北航软件工程硕士，天津授课，北方人才管理，入学条件宽，6 月考试，通过率高，24021292、24022326【北方人才】

通过观察上述文本发现，垃圾短信中通常包含呼叫号码信息、URL 信息、电话号码信息、标点符号等。这些信息对于垃圾短信的分类任务是无关紧要的，甚至是噪声信息。为了避免分类的干扰，需要删除它们。

（2）使用正则表达式过滤噪声信息

对 URL 标签和电话号码等干扰信息进行过滤，最简单的方法就是使用正则表达式，主要代码如下。

```
import re
# 删除垃圾短信中所包含的用户名和 URL 地址
def regex_denoising(line):
    # 用户名过滤正则表达式
    reg_username = re.compile(r"^\d+::")
    # URL 过滤正则表达式
    reg_url = re.compile(r"""
        (https?://)?
        ([a-zA-Z0-9]+)
        (\.[a-zA-Z0-9]+)
        (\.[a-zA-Z0-9]+)*
        (/[a-zA-Z0-9]+)*
    """, re.VERBOSE|re.IGNORECASE)
    # 日期过滤正则表达式
    reg_data = re.compile(u"""          #utf-8 编码
        年 | 月 | 日 |
        (周一) | (周二) | (周三) | (周四) | (周五) | (周六)
    """, re.VERBOSE)
    # 字母过滤表达式
    reg_decimal = re.compile(r"[^a-zA-Z]\d+")
    # 空格过滤正则表达式
    reg_space = re.compile(r"\s+")

    line = reg_username.sub(r"", line)
    line = reg_url.sub(r"", line)
    line = reg_data.sub(r"", line)
    line = reg_decimal.sub(r"", line)
    line = reg_space.sub(r"", line)

    return line
```

（3）剔除停用词

垃圾短信中存在很多没有意义的词（即停用词），例如，"呢""吗""了"等。需要把这些停用词从分词结果中删除。具体方法是利用 jieba 分词工具对短信文本进行分词操作，并对每次分词的结果进行检查，判断它是否属于停用词，如果不是就添加到一个 list 中，否则就不进行操作。剔除停用词的主要代码如下。

```
# 按行读取文件，返回文件的行字符串列表
def delete_stopwords(lines):
    stopwords = read_file(stopword_file)
    all_words = []
```

```
for line in lines:
    all_words += [word for word in jieba.cut(line) if word not in stopwords]

dict_words = dict(Counter(all_words))

return dict_words
```

经过上述预处理后，垃圾短信文本如图 4-1 所示。

```
{'天翼': 1, '阅读': 1, '送豪礼': 1, '大奖': 1, '只差': 1, '一步': 1, '阅点': 1, '免费': 1,
'好书': 1, '轻松': 1, 'NOTE2': 1, '抽': 1, '天上掉': 1, '下个': 1, 'Iphone5': 2, '通信':
1, '助手': 1, '众': 1, '亲们': 1, '回': 1, '数字': 1, '设置': 3, '优先': 1, '接收': 1,
'回执': 1, '精品': 1, '资讯': 1, '健康': 1, '体育': 1, '娱乐': 1, '成功': 1, '参与': 1,
'次': 1, '元': 1, '话费': 1, '抽奖': 1, '登录': 1, '访问': 1, '流量': 1, '费': 1, '标准':
1, '收费': 1, '中国移动': 1, '歌曲': 1, '下载': 1, '听': 1, '青春': 2, '体验': 1, '人间':
1, '悲喜': 1, '不想': 1, '不用': 1, '愁': 1, '在线听': 1, '歌': 1, '同享': 1, '盛宴': 1,
'掌上': 1, '精彩': 1, '北航': 1, '软件工程': 1, '硕士': 1, '天津': 1, '授课': 1, '北方': 2,
'人才': 2, '管理': 1, '入学': 1, '条件': 1, '宽': 1, '考试': 1, '通过率': 1, '高': 1}
```

图 4-1　垃圾短信预处理结果

## 4.2　NumPy

NumPy 是科学计算中的一个基本 Python 库。它提供多维数组对象、各种派生对象（如掩码数组和矩阵）以及各种用于数组快速操作的程序，包括数学、逻辑、形状操作、排序、选择、I/O、离散傅里叶变换、基本的线性代数、基本的统计运算、随机模拟等。NumPy 包的核心是 ndarray 对象，它封装了同质数据类型的 N 维数组，并引入 C 和 Fortran 等语言的计算能力，在编译代码中执行许多优化操作以提高性能。NumPy 已被广泛应用于量子计算、统计学习、信号处理、医药分析、天文处理和地理科学等领域。

NumPy 的主要特点如下。

- 高性能 N 维阵列对象。NumPy 库最重要的功能是包含同质阵列对象，在阵列元素上高效执行所有操作。NumPy 中的阵列可以是一维的或多维的。
- 集成 C/C++和 Fortran 代码的工具。NumPy 使用了其他语言编写的代码，能够很方便地整合各种编程语言，有助于实现平台间的功能迁移。
- 具有一个通用数据的多维容器。NumPy 通用数据是指数组的参数化数据类型，可在通用数据类型上执行各种功能，这有助于增加阵列的多样性。
- 附加线性代数、傅里叶变换和随机数功能。NumPy 能够执行线性代数、傅里叶变换等元素的复杂操作，为每个复杂功能提供单独的模块。
- 具有广播功能。NumPy 能够处理形状不均匀的阵列，它根据较大的阵列广播较小阵列的形状。阵列的广播在实施中具有一些规则和局限性。
- 具有数据类型定义能力，能够处理不同的数据库。NumPy 可以处理不同数据类型的阵列。使用 dtype 功能来确定数据类型，清楚地了解可用的数据集。

122

## 4.2.1　NumPy 安装及配置

### 1. 在 Windows 系统安装 NumPy

在 Windows 系统上安装 NumPy 可以使用 pip 工具。打开命令行，输入如下命令：

```
pip install numpy
```

如果 Windows 系统上已安装 Anaconda 环境管理器，也可以输入如下命令进行安装。

```
conda install numpy
```

### 2. 在 Linux 系统安装 NumPy

NumPy 可以安装在 Ubuntu、Debian、CentOS 等各种 Linux 发行版本上。本节以 Ubuntu 20.04 系统为例，介绍如何使用终端命令安装 NumPy。打开 Ubuntu 系统终端，首先输入如下命令安装 pip 工具。

```
sudo apt install python-pip python-pip3
```

pip 工具安装完成后，继续安装 NumPy，命令如下：

```
sudo pip install numpy
```

### 3. 在 macOS 系统安装 NumPy

在 macOS 系统上安装 NumPy 与在 Windows 系统上安装类似，打开 macOS 系统终端，输入如下命令：

```
pip install numpy
```

根据系统完成 NumPy 安装后，可通过如下命令测试 NumPy 是否安装成功。

```
>>> from numpy import *  # 导入 numpy 库
>>> eye(3) # 生成对角矩阵
array([[1., 0., 0.],
       [0., 1., 0.],
       [0., 0., 1.]])
```

## 4.2.2　NumPy 的数据存取

NumPy 提供了丰富的读写操作函数，方便处理二进制文件、文本文件、字符串等数据类型。本节将介绍 NumPy 对二进制文件、文本文件的加载和保存等基本操作方法。

### 1. NumPy 存取二进制文件

NumPy 定义了 load() 方法，用于从 .npy、.npz 或者持久化文件的数据格式中加载数组和持久化对象。load() 的语法格式如下：

```
load(file[, mmap_mode, allow_pickle, …])
```

参数说明：

● file：待读取的文件，其值可以是文件对象、字符串、文件路径名等。

- mmap_mode：文件进行内存映射的模式，其值可以是{None, 'r+', 'r', 'w+', 'c'}，或者其他可选项等。内存映射适用于大型文件的小片段访问和切片。
- allow_pickle：加载存储在 npy 文件中的持久化对象数组，其值是布尔型。

如果 load() 方法成功加载存储在文件中的数据，返回值可以是数组、元组、字典等对象；否则返回 IOError 表示输入文件不存在或无法读取的错误信息，ValueError 表示文件包含一个对象数组，但是参数 allow_pickle 设置为假的错误信息。

例如，NumPy 使用 load() 方法来读取 foo.npz 文件中的数据，代码如下。

```
import numpy as np
# 读取 .npz 文件，返回一个类似字典的对象，包含{filename:array}键值对
with np.load('foo.npz') as data:
    var = data['a']
```

NumPy 定义了 save() 方法，将一个数组保存到 .npy 文件格式的二进制文件中。save() 方法的语法格式如下：

```
save(file, arr[, allow_pickle, fix_imports])
```

参数说明：

- file：保存数据的文件或文件名。如果文件是文件对象，则文件名不变。如果文件是一个字符串或路径，且文件不存在，则会在文件名后附加 .npy 扩展名。
- arr：待保存的数组对象。
- allow_pickle：允许使用 Python pickles 保存对象数组，默认值是 True。
- fix_imports：适用于 Python3 的对象数组中的对象与 Python2 兼容的方式。

例如，NumPy 使用 save() 方法保存数组对象到 foo.npy 文件中，代码如下。

```
import numpy as np
with open('foo.npy', 'wb') as f:
    np.save(f, np.array([1, 2]))
    np.save(f, np.array([2, 3]))
```

NumPy 也定义了 savez() 方法，可同时将多个数组以非压缩的 .npz 文件格式保存到同一个文件中。savez() 方法的语法格式如下：

```
savez(file, *args, **kwds)
```

参数说明：

- file：保存数据的文件名或者打开的文件对象。如果 file 是字符串或路径，且文件不存在的话，则会在文件名后附加 .npy 扩展名。
- args：待保存到文件的数组。数组将以 arr_0、arr_1 等名称保存，可选。
- kwds：待保存到文件的数组。数组将以关键字名称被保存在文件中，可选。

例如，NumPy 使用 savez() 方法保存两个数组对象到 outfile 文件中，代码如下。

```
import numpy as np
from tempfile import TemporaryFile
```

```
outfile = TemporaryFile()
x = np.arange(3)
y = np.sin(x)
np.savez(outfile, x, y)
```

**2. NumPy 存取文本文件**

NumPy 定义了 loadtxt() 方法，用于从文本文件中加载数据到内存。loadtxt() 方法的语法格式如下。

```
loadtxt(fname[, dtype, comments, delimiter, …])
```

参数说明：

- fname：待读取的文件、文件名或文件路径名。如果文件扩展名是 .gz 或 .bz2，则先解压缩该文件。
- dtype：结果数组的数据类型，默认值为 float。如果是一个结构化数据类型，则生成的数组是一维的，并且每一行都将被解释为数组的一个元素。
- comments：用于指示注释开头的字符或字符列表。为了向后兼容，字节字符串将被解码为"latin1"。默认值为"#"。
- delimiter：用于分隔值的字符串。为了向后兼容，字节字符串将被解码为"latin1"。默认值为空白。

例如，NumPy 使用 loadtxt() 方法读取文本文件对象并打印输出，代码如下。

```
import numpy as np
from io import StringIO    # StringIO 库使用文件对象处理字符串
c = StringIO("1 2\n2 3")
np.loadtxt(c)
# 打印输出结果
[[1. 2.]
 [2. 3.]]
```

NumPy 定义了 savetxt() 方法，将一个数组保存到文本文件中。savetxt() 方法的语法格式如下。

```
savetxt(fname, X[, fmt, delimiter, newline, …])
```

参数说明：

- fname：待保存数据的文件或文件名。如果文件名以.gz 结尾，文件将自动以压缩的 gzip 格式保存。
- X：待保存的一维或者二维数据对象。
- fmt：指定单一格式、格式序列或多格式字符串组合的保存形式。
- delimiter：指定分隔列的字符串或字符。
- newline：指定分隔线的字符串或字符。

例如，NumPy 使用 savetxt() 方法写入字符串对象到文本文件，代码如下。

```
import numpy as np
```

125

```
x = y = z = np.arange(0.0,10.0,2.0)
np.savetxt('foo.out', x, delimiter=',')      # x 是一个数组
np.savetxt('foo.out', (x,y,z))               # x,y,z 共同构成一个一维数组
np.savetxt('foo.out', x, fmt='%1.4e')        # 使用指数表示法
```

NumPy 也定义了 genfromtxt() 方法，从文本文件加载数据，并按指定处理缺少的值。genfromtxt() 方法的语法格式如下：

```
genfromtxt(fname[, dtype, comments, …])
```

参数说明：

- fname：待读取的文件、文件名、列表或文件路径名。如果文件扩展名是 .gz 或 .bz2，则首先解压缩该文件。
- dtype：结果数组的数据类型。如果没有，数据类型将由每列的内容确定。
- comments：用于指示注释开头的字符。注释后一行中出现的所有字符都将被丢弃。

例如，NumPy 使用 genfromtxt() 方法写入不同类型的字符串对象，并以逗号分隔，代码如下。

```
import numpy as np
from io import StringIO
s = StringIO(u"1,3.14,ABC")
data = np.genfromtxt(s, dtype=[('myint','i8'),('myfloat','f8'),('mystring',
'S5')], delimiter=",")
# 打印输出 data
(1, 3.14, b'ABC')
```

### 4.2.3　NumPy 的矩阵构建

NumPy 的矩阵库 numpy.matlib 包含了所有 NumPy 名称空间中的矩阵操作函数。这些函数的返回值是矩阵而不是 ndarray 对象。

**1. numpy.matlib.empty() 方法**

NumPy 定义了 empty() 方法，返回一个给定形状和类型的新矩阵，而没有初始化矩阵项。empty() 方法的语法格式如下：

```
empty(shape[, dtype, order])
```

参数说明：

- shape：空矩阵的形状。
- dtype：所需的输出数据类型，可选。
- order：在内存中存储多维数据的顺序是行主序还是列主序。

例如，NumPy 使用 empty() 方法创建一个随机矩阵，代码如下。

```
import numpy as np
import numpy.matlib
np.matlib.empty((2, 2))      # 填充随机值
```

## 2. numpy.matlib.zeros() 方法

NumPy 定义了 zeros() 方法，返回一个给定形状和类型的矩阵，矩阵填充为 0。zeros() 方法的语法格式如下：

```
zeros(shape[, dtype, order])
```

参数说明：

- shape：矩阵的形状。
- dtype：矩阵所需的数据类型，默认为 float，可选。
- order：存储多维数据的顺序是行主序还是列主序，默认值为列主序。

例如，NumPy 使用 zeros() 方法创建一个以 0 填充的矩阵，代码如下：

```
import numpy as np
import numpy.matlib
np.matlib.zeros((2, 3))      # 用 0 填充一个 2 行 3 列的矩阵
```

## 3. numpy.matlib.ones() 方法

NumPy 定义了 ones() 方法，返回一个给定形状和类型的矩阵，矩阵填充为 1。zeros() 方法的语法格式如下：

```
ones(shape[, dtype, order])
```

参数说明：

- shape：矩阵的形状。
- dtype：矩阵所需的数据类型，默认为 np.float64，可选。
- order：存储多维数据的顺序是行主序还是列主序，默认值为列主序。

例如，NumPy 使用 ones() 方法创建一个以 1 填充的矩阵，代码如下。

```
import numpy as np
import numpy.matlib
np.matlib.zeros((2, 3))      # 用 1 填充一个 2 行 3 列的矩阵
```

## 4. numpy.matlib.eye() 方法

NumPy 定义了 eye() 方法，返回一个主对角线上全是 1，其他都是 0 的矩阵。eye() 方法的语法格式如下：

```
eye(n[, M, k, dtype, order])
```

参数说明：

- n：输出中的行数。
- M：输出中的列数，默认为 n。
- k：对角线索引，其中 0 表示主对角线，正值表示上对角线，负值表示下对角线，可选。
- dtype：返回矩阵的数据类型，可选。
- order：存储多维数据的顺序是行主序还是列主序，可选。

例如，NumPy 使用 eye() 方法创建一个 4 维的对角线矩阵，代码如下。

```
import numpy as np
import numpy.matlib
np.matlib.eye(4, k=1, dtype=float)    # 用 1 填充一个 4 行 4 列的对角线矩阵
```

**5. numpy.matlib.identity() 方法**

NumPy 定义了 identity() 方法，返回一个给定大小的平方单位矩阵。identity() 方法的语法格式如下。

```
identity(n[, dtype])
```

参数说明：

● n：返回的单位矩阵的大小。

● dtype：输出的数据类型。默认为浮点型，可选。

例如，NumPy 使用 identity() 方法创建一个 3 维的单位矩阵，代码如下。

```
import numpy as np
import numpy.matlib
np.matlib.identity(3, dtype=int)      # 大小为 3，类型为整型的单位矩阵
```

## 4.2.4　NumPy 的矩阵运算

NumPy 的矩阵运算依赖于 BLAS 和 LAPACK 来提供标准线性代数算法的高效低层实现。这些库由 NumPy 的函数库 linalg 来提供，包含了线性代数所需的所有功能。

**1. numpy.dot() 方法**

NumPy 定义了 dot() 方法，用于计算两个数组对应下标元素的乘积和。dot() 方法的语法格式如下。

```
dot(a, b[, out])
```

参数说明：

● a：第一个参数。

● b：第二个参数。

● out：输出参数，必须有确切的类型。

在 dot() 方法中，如果 a 和 b 都是一维阵列，则计算向量的内积；如果 a 和 b 都是二维数组，则是矩阵乘法；如果 a 或 b 是标量，则相当于两个数乘法；如果 a 是 N-D 数组，b 是 1-D 数组，则是 a 和 b 的最后一个轴的和积；如果 a 是 N-D 数组，b 是 M-D 数组（其中 M≥2），则是 a 的最后一个轴与 b 的第二个到最后一个轴的和积。

例如，NumPy 使用 dot() 方法进行两个标量数据的乘积运算，代码如下。

```
import numpy as np
np.dot(3, 4)
np.dot([2j, 3j], [2j, 3j])
```

**2. numpy.vdot() 方法**

NumPy 定义了 vdot() 方法，计算两个向量的点积。vdot() 方法的语法格式如下。

```
vdot(a, b)
```

参数说明：

● a：点积的第一个参数。

● b：点积的第二个参数。

● out：输出参数，可以是 int、float 或复杂类型，主要取决于 a 和 b 的类型。

例如，NumPy 使用 vdot() 方法计算两个高维数组的点积，代码如下。

```
import numpy as np
a = np.array([[1, 4], [5, 6]])
b = np.array([[4, 1], [2, 2]])
np.vdot(a, b)    # 将两个数组展开计算点积
```

### 3. numpy.inner() 方法

NumPy 定义了 inner() 方法，计算两个数组的内积。inner() 方法的语法格式如下。

```
inner(a, b[, out])
```

参数说明：

● a：内积的第一个数组。

● b：内积的第二个数组。

● out：输出参数，可以是 int、float 或复杂类型，主要取决于 a 和 b 的类型。

例如，NumPy 使用 inner() 方法计算两个数组的内积，代码如下。

```
import numpy as np
a = np.array([1,2,3])
b = np.array([0,1,0])
np.inner(a, b)   # 将两个数组展开计算内积
```

### 4. numpy.out() 方法

NumPy 定义了 outer() 方法，计算两个向量的外积。outer() 方法的语法格式如下。

```
outer(a, b[, out])
```

参数说明：

● a：第一个输入向量。

● b：第二个输入向量。

● out：输出参数，可以是 int、float 或复杂类型，主要取决于 a 和 b 的类型。

例如，NumPy 使用 inner() 方法计算两个数组的内积，代码如下。

```
import numpy as np
x = np.array(['a', 'b', 'c'], dtype=object)
np.outer(x, [1, 2, 3])    # 将两个数组展开计算外积
```

### 5. numpy.matmul() 方法

NumPy 定义了 matmul() 方法，计算两个数组的矩阵积。matmul() 方法的语法格式如下。

```
matmul(x1, x2, /[, out, casting, order, …])
```

参数说明：

- x1 和 x2：输入数组，不允许使用标量。
- out：存储结果的位置。如果提供，它必须具有与签名（n，k）、（k，m）→（n，m）匹配的形状。如果未提供或没有，则返回新分配的数组。
- casting 默认为 same_kind，order 默认为 K。

例如，NumPy 使用 matmul() 方法计算两个二维数组的矩阵积，代码如下。

```
import numpy as np
a = np.array([[1, 0], [0, 1]])
b = np.array([[1, 3], [2, 2]])
np.matmul(a, b)     # 计算两个二维数组的矩阵积
```

### 6. numpy.linalg.det()方法

NumPy 定义了 det() 方法，计算数组的行列式。det() 方法的语法格式如下。

```
linalg.det(a)
```

参数说明：

a：待计算行列式的输入数组。

例如，NumPy 使用 det() 方法计算一个二维数组的行列式，代码如下。

```
import numpy as np
a = np.array([[1, 2], [3, 5]])
np.linalg.det(a)      # 计算一个二维数组的行列式
```

### 7. numpy.linalg.inv()方法

NumPy 定义了 inv() 方法，计算一个矩阵的逆。inv() 方法的语法格式如下。

```
linalg.inv(a)
```

参数说明：

a：待求逆的矩阵。

例如，NumPy 使用 inv() 方法计算一个矩阵的逆，代码如下。

```
import numpy as np
from numpy.linalg import inv
a = np.array([[1, 2], [3, 5]])
inv(a)        # 计算一个二维矩阵的逆
```

### 8. numpy.linalg.solve()方法

NumPy 定义了 solve() 方法，求解线性矩阵方程或线性标量方程组。solve() 方法的语法格式如下。

```
linalg.solve(a, b)
```

参数说明：

- a：系数矩阵。
- b：纵坐标或因变量的值。

例如，NumPy 使用 solve() 方法求解 x + 2y = 1 和 3x + 5y = 2 这两个线性方程，代码如下。

```
import numpy as np
a = np.array([[1, 2], [3, 5]])
b = np.array([1, 2])
x = np.linalg.solve(a, b)
```

## 4.2.5　NumPy 的数学统计

NumPy 提供了诸如最小元素查找、最大元素查找、中位数计算、平均数计算、期望方差、协方差等大量的统计函数，可以直接通过接口进行函数调用。

**1．numpy.amin() 方法和 numpy.amax() 方法**

NumPy 定义：amin() 方法用于返回数组中元素或沿指定轴的最小值，amax() 方法用于返回数组中元素或沿指定轴的最大值。amin() 方法和 amax() 方法的语法格式分别如下。

```
amin(a[, axis, out, keepdims, initial, where])
amax(a[, axis, out, keepdims, initial, where])
```

参数说明：
- a：一个数组对象。
- axis：一个或多个坐标轴。默认情况下，使用一维坐标。
- out：存储结果的数组，必须与预期输出具有相同的形状和缓冲区长度。
- keepdimsbool：如果设置为 True，则缩小的轴将大小为 1 的尺寸标注留在结果中。使用此选项，结果将针对输入数组正确广播，可选。
- initial：输出元素的最大值。必须存在以允许在空切片上进行计算，可选。
- where：要比较最大值的元素，可选。

例如，NumPy 使用 amin() 方法和 amax() 方法计算一个数组的最小值和最大值，代码如下。

```
import numpy as np
a = np.array([[1,3,5],[2,4,6],[10,16,9]])
print(np.amin(a))          # 输出结果为 1
print(np.amax(a))          # 输出结果为 16
```

**2．numpy.ptp() 方法**

NumPy 定义了 ptp() 方法，用于返回数组中元素最大值与最小值的差。ptp() 方法的语法格式如下。

```
ptp(a[, axis, out, keepdims])
```

参数说明：
- a：一个数组对象。
- axis：找到最大值的坐标轴。默认情况下，使用一维坐标。

- out：存储结果的数组。必须与预期输出具有相同的形状和缓冲区长度。
- keepdims：如果设为 True，则缩小的轴将大小为 1 的尺寸标注留在结果中。

例如，NumPy 使用 ptp() 方法计算一个数组最大值和最小值的差，代码如下。

```
import numpy as np
a = np.array([[1,3,5],[2,4,6],[10,16,9]])
print(np.ptp(a))  # 输出结果为 15
```

### 3. numpy.percentile() 方法

NumPy 定义了 percentile() 方法，返回沿指定轴计算数据的第 q 个百分位。percentile() 方法的语法格式如下。

```
percentile(a, q[, axis, out, …])
```

参数说明：

- a：输入数组或可以转换为数组的对象。
- q：要计算的百分位数或百分位数序列，必须介于 0～100 之间。
- axis：计算百分位数的一个或多个轴。默认沿阵列展开计算百分位数。
- out：结果存储的输出数组。必须与预期输出具有相同的形状和缓冲区长度。

例如，NumPy 使用 percentile() 方法计算一个数组 50% 位置的数值，代码如下。

```
import numpy as np
a = np.array([[10, 7, 4], [3, 2, 1]])
print(np.percentile(a, 50))# 输出结果为 3.5
```

### 4. numpy.median() 方法

NumPy 定义了 median() 方法，返回一个数组中元素的中位数。median() 方法的语法格式如下。

```
median(a[, axis, out, overwrite_input, keepdims])
```

参数说明：

- a：输入数组或可以转换为数组的对象。
- axis：计算百分位数的一个或多个轴。默认沿阵列展开计算百分位数。
- out：存储结果的数组。必须与预期输出具有相同的形状和缓冲区长度。
- overwrite_input：如果为真，允许使用输入数组 a 的内存进行计算，可选。
- keepdims：如果设为 True，则缩小的轴将大小为 1 的尺寸标注留在结果中。

例如，NumPy 使用 median() 方法计算一个数组 50% 位置的数值，代码如下。

```
import numpy as np
a = np.array([[10, 7, 4], [3, 2, 1]])
print(np.median(a))    # 输出结果为 3.5
```

### 5. numpy.mean() 方法

NumPy 定义了 mean() 方法，返回一个数组中元素的算术平均值。mean() 方法的语法格式如下。

```
mean(a[, axis, dtype, out, keepdims, where])
```

参数说明：

- a：输入数组或可以转换为数组的对象。
- axis：计算平均数的一个或多个轴。默认值是计算展开数组的平均值。
- dtype：用于计算平均值的类型。对于整数输入，默认值为 float64；对于浮点输入，它与输入数据类型相同。
- out：存储结果的数组。必须与预期输出具有相同的形状和缓冲区长度。
- keepdims：如果设为 True，则缩小的轴将大小为 1 的尺寸标注留在结果中。
- where：平均值中包含的元素，可选。

例如，NumPy 使用 mean() 方法计算一个数组的算术平均值，代码如下。

```
import numpy as np
a = np.array([[1, 2], [3, 4]])
print(np.mean(a))    # 输出结果为2.5
```

#### 6. numpy.average() 方法

NumPy 定义了 average() 方法，返回一个数组中元素的加权平均值。average() 方法的语法格式如下。

```
average(a[, axis, weights, returned])
```

参数说明：

- a：待进行平均运算的输入数组；如果不是数组，需转换为数组的对象。
- axis：计算平均数的一个或多个轴。默认值是计算展开数组的平均值。
- weights：与数组 a 中的值相关联的权重数组。a 中的每个值根据其相关的权重对平均值做出贡献。权重数组可以是一维的，也可是与 a 相同的形状。
- returned：默认值为 False。如果为 True，则返回元组（平均值，权重和），否则只返回平均值。如果权重为空，则权重和等于取平均值的元素数。

例如，NumPy 使用 average() 方法计算一个数组的算术平均值，代码如下。

```
import numpy as np
a = np.array([[2, 3], [1, 5]])
print(np.average(a))  # 输出结果为2.75
```

#### 7. numpy.std() 方法

NumPy 定义了 std()方法，度量一组数据的平均值分散程度。std() 方法的语法格式如下。

```
std(a[, axis, dtype, out, ddof, keepdims, where])
```

参数说明：

- a：计算这些值的标准偏差。
- axis：计算标准偏差的一个或多个轴。默认值是计算展平阵列的标准偏差。
- dtype：用于计算标准差的类型。对于整数类型的数组，默认值为 float64；对于 float 类型的数组，默认值与数组类型相同。

- out：存储结果的数组。必须与预期输出具有相同的形状和缓冲区长度。
- keepdims：如果设为 True，则缩小的轴将大小为 1 的尺寸标注留在结果中。
- where：标准偏差中包含的元素，可选。

例如，NumPy 使用 std() 方法计算一个数组中数据的离散程度，代码如下。

```
import numpy as np
a = np.array([[2, 3], [1, 5]])
print(np.std(a))  # 输出结果为 1.479019945774904
```

### 8. numpy.var() 方法

NumPy 定义了 var() 方法，度量每个样本值与全体样本值的平均数之差的平方值的平均数。var() 方法的语法格式如下。

```
var(a[, axis, dtype, out, ddof, keepdims, where])
```

参数说明：

- a：包含期望方差的数字的数组；如果不是数组，需转换为数组的对象。
- axis：计算方差的一个或多个轴。默认值是计算展平数组的方差。
- dtype：输入用于计算方差的类型。对于整数类型的数组，默认为 float64；对于浮点类型的数组，它与数组类型相同。
- out：存储结果的数组。必须与预期输出具有相同的形状和缓冲区长度。
- ddofint：计算中使用的除数是 N-ddof，其中 N 表示元素的数量。默认情况下，ddof 为零，可选。
- keepdims：如果设为 True，则缩小的轴将大小为 1 的尺寸标注留在结果中。
- where：标准方差中包含的元素，可选。

例如，NumPy 使用 var() 方法计算一个数组中数据的离散程度，代码如下。

```
import numpy as np
a = np.array([[2, 3], [1, 5]])
print(np.var(a))  # 输出结果为 2.1875
```

## 4.2.6 NumPy 的排序运算

NumPy 提供了大量对数组进行有序排列的方法。这些排序函数可以根据不同的排序条件实现不同的排序算法，能够高效灵活地满足不同任务场景的需求。

### 1. numpy.sort() 方法

NumPy 定义了 sort() 方法，返回一个被排序的数组。sort() 方法的语法格式如下。

```
sort(a[, axis, kind, order])
```

参数说明：

- a：待排序的数组。
- axis：待排序的轴。如果没有，则在排序之前将数组展开。默认值为 -1，即沿最后一个轴排序。

- kind：排序算法。默认值为"quicksort"。注意，"stable"和"mergesort"排序算法都使用时间排序或基数排序，实际实现将随数据类型而变化。
- order：如果数组 a 包含字段，则是要排序的字段。

例如，NumPy 使用 sort() 方法对一个无序的数组进行有序排列，代码如下。

```python
import numpy as np
a = np.array([[2, 3], [5, 1]])
print(np.sort(a))              # 沿最后一个轴排序，输出结果为 [[2 3] [1 5]]
print(np.sort(a, axis=None))   # 设置展平排序，输出结果为 [1 2 3 5]
```

### 2. numpy.argsort() 方法

NumPy 定义了 argsort() 方法，返回对一个数组进行排序的索引。argsort() 方法的语法格式如下。

```python
argsort(a[, axis, kind, order])
```

参数说明：

- a：待排序的数组。
- axis：待排序的轴。如果没有，则在排序之前将数组展开。默认值为-1，沿最后一个轴排序。
- kind：排序算法。默认值为"quicksort"。注意，"stable"和"mergesort"排序算法都使用时间排序或基数排序，实际实现将随数据类型而变化。
- order：如果数组 a 包含字段，则是要排序的字段。

例如，NumPy 使用 argsort() 方法可得到一个排序数组的索引值，代码如下。

```python
import numpy as np
x = np.array([3, 1, 2])
print(np.argsort(x))           # 一维数组排序结果为 [1 2 0]
a = np.array([[0, 3], [2, 2]])
print(np.argsort(a))           # 二维数组排序结果为 [[0 1] [0 1]]
```

### 3. numpy.lexsort() 方法

NumPy 定义了 lexsort() 方法，使用一系列键值执行间接稳定排序。lexsort() 方法的语法格式如下。

```python
lexsort(keys[, axis])
```

参数说明：

- keys：待排序的 k 个不同的列。最后一列是主排序键。
- axis：间接排序的轴。默认情况下，按最后一个轴排序。

例如，NumPy 使用 lexsort() 方法返回一个数组间接稳定排序的结果，代码如下。

```python
import numpy as np
country = ('USA', 'China', 'UK')
solar = ('Mercury', 'Venus', 'Mars')
print(np.lexsort((country, solar)))    # 输出数组排序结果为 [2 0 1]
```

### 4. numpy.argmax() 方法和 numpy.argmin() 方法

NumPy 定义了 argmin() 方法用于返回沿给定轴最小元素的索引，argmax() 方法用于返回沿给定轴最大元素的索引。argmin() 方法和 argmax() 方法的语法格式如下。

```
argmax(a[, axis, out])
argmin(a[, axis, out])
```

参数说明：

- a：一个数组对象。
- axis：默认情况下，索引按展平排序，否则沿指定轴排序。
- out：存储结果的数组，具有适当的形状和数据类型。

例如，NumPy 使用 argmin() 方法和 argmax() 方法返回一个数组的最大元素和最小元素的索引，代码如下。

```
import numpy as np
a = np.array([[2, 3], [5, 1]])
print(np.argmax(a))              # 设置展平排序，输出最大值索引为 2
print(np.argmax(a, axis=0))      # 沿第 0 个轴排序，输出最大值索引为 [1 0]
print(np.argmin(a))              # 设置展平排序，输出最大值索引为 3
print(np.argmin(a, axis=0))      # 沿第 0 个轴排序，输出最小值索引为 [0 1]
```

### 4.2.7 NumPy 处理缺失项

数据预处理过程中需要对缺失数据进行快速有效的定位与填充。NumPy 提供了数组缺失值判断、数组的缺失值查找、数组缺失值处理等功能。这些功能极大地提高了数据挖掘的效率。本节以鸢尾属植物数据集为例，借助 NumPy 工具包进行样本数据缺失特征的处理。

（1）数组缺失值判断

```
import numpy as np
# 导入数据，并使用 NumPy 包构造数组
url = 'https://archive.ics.uci.edu/ml/machine-learning-databases/iris/iris.data'
iris_2d = np.genfromtxt(url, delimiter=',', dtype='float', usecols=[0,1,2,3])
iris_2d[np.random.randint(150, size=20), np.random.randint(4, size=20)] = np.nan

# 使用 isnan() 方法判断数据集中是否存在缺失值
print(np.isnan(iris_2d).any())       # 输出为 True，说明数据集中存在缺失值
```

（2）数组缺失值定位

```
# 使用 where 函数输出数据集中缺失值所在位置
print("Number of missing values: \n", np.isnan(iris_2d[:, 0]).sum())
# 输出缺失值的个数
Number of missing values:
 7
print("Position of missing values: \n", np.where(np.isnan(iris_2d[:, 0])))
# 输出缺失值的具体位置
Position of missing values:
 (array([ 15, 25, 82, 98, 102, 103, 146], dtype=int64),)
```

（3）数组缺失值处理

```
# 对鸢尾属植物数据集中所有出现 nan 的元素替换为 0
```

```
iris_2d[np.isnan(iris_2d)] = 0
```

对鸢尾花 (iris) 数据集缺失项补全后的结果，如图 4-2 所示。

```
[[5.1 3.5 1.4 0.2] [4.9 3.  1.4 0.2] [0.  0.  1.3 0.2] [4.6 3.1 1.5 0.2] [5.  3.6 1.4 0.2]
 [5.4 3.9 1.7 0. ] [4.6 3.4 1.4 0.3] [5.  3.4 1.5 0.2] [4.4 2.9 1.4 0.2] [4.9 3.1 1.5 0.1]
 [5.4 3.7 1.5 0.2] [0.  3.4 1.6 0.2] [4.8 3.  1.4 0.1] [4.3 3.  1.1 0.1] [5.8 4.  1.2 0.2]
 [5.7 4.4 1.5 0.4] [5.4 3.9 1.3 0.4] [5.1 3.5 1.4 0.3] [5.7 3.8 1.7 0.3] [5.1 3.8 1.5 0.3]
 [5.4 3.4 1.7 0.2] [5.1 3.7 0.  0.4] [4.6 3.6 1.  0.2] [5.1 3.3 1.7 0.5] [4.8 3.4 1.9 0.2]
 [5.  3.  1.6 0.2] [5.  3.4 1.6 0.4] [5.2 3.5 1.5 0.2] [5.2 3.4 1.4 0.2] [4.7 3.2 1.6 0.2]
 [4.8 3.1 1.6 0.2] [5.4 3.4 1.5 0.4] [5.2 4.1 1.5 0.1] [5.5 4.2 1.4 0.2] [4.9 3.1 1.5 0.1]
 [5.  3.2 1.2 0.2] [5.5 3.5 1.3 0.2] [4.9 3.1 1.5 0.1] [4.4 3.  0.  0.2] [5.1 3.4 1.5 0.2]
 [5.  3.5 1.3 0.3] [4.5 2.3 1.3 0.3] [4.4 3.2 1.3 0. ] [5.  3.5 1.6 0.6] [5.1 3.8 1.9 0.4]
 [4.8 3.  1.4 0.3] [5.1 3.8 1.6 0.2] [4.6 3.2 1.4 0.2] [5.3 0.  1.5 0.2] [5.  3.3 1.4 0.2]
 [7.  3.2 4.7 1.4] [6.4 3.2 4.5 1.5] [6.9 3.1 4.9 1.5] [5.5 2.3 4.  1.3] [6.5 2.8 4.6 1.5]
 [5.7 2.8 0.  1.3] [6.3 3.3 4.7 1.6] [4.9 2.4 3.3 1. ] [6.6 0.  4.6 1.3] [5.2 2.7 3.9 1.4]
 [5.  2.  3.5 1. ] [5.9 3.  4.2 1.5] [6.  2.2 0.  1. ] [6.1 2.9 4.7 1.4] [5.6 2.9 3.6 1.3]
 [6.7 3.1 4.4 1.4] [5.6 3.  4.5 1.5] [5.8 2.7 4.1 1. ] [6.2 2.2 4.5 1.5] [5.6 2.5 3.9 0. ]
 [5.9 3.2 4.8 1.8] [6.1 2.8 4.  1.3] [6.3 2.5 4.9 1.5] [6.1 2.8 4.7 1.2] [6.4 2.9 4.3 1.3]
 [6.6 0.  4.4 1.4] [6.8 2.8 4.8 1.4] [6.7 3.  5.  1.7] [6.  2.9 4.5 1.5] [5.7 2.6 3.5 1. ]
 [5.5 2.4 3.8 1.1] [5.5 2.4 3.7 1. ] [5.8 2.7 3.9 1.2] [6.  2.7 5.1 1.6] [5.4 3.  4.5 1.5]
 [6.  3.4 4.5 1.6] [6.7 3.1 4.7 1.5] [6.3 2.3 0.  1.3] [5.6 3.  4.1 1.3] [5.5 2.5 4.  1.3]
 [5.5 2.6 4.4 1.2] [6.1 3.  4.6 1.4] [5.8 2.6 4.  1.2] [5.  2.3 3.3 1. ] [5.6 2.7 4.2 1.3]
 [5.7 3.  4.2 1.2] [5.7 2.9 4.2 1.3] [6.2 2.9 4.3 1.3] [5.1 2.5 3.  1.1] [5.7 2.8 4.1 1.3]
 [6.3 3.3 6.  2.5] [5.8 2.7 5.1 1.9] [7.1 3.  5.9 2.1] [6.3 2.9 5.6 1.8] [6.5 3.  5.8 2.2]
 [7.6 3.  6.6 2.1] [4.9 2.5 4.5 1.7] [7.3 2.9 6.3 1.8] [6.7 2.5 0.  1.8] [7.2 3.6 6.1 2.5]
 [6.5 3.2 5.1 2. ] [6.4 2.7 5.3 0. ] [6.8 3.  5.5 2.1] [5.7 2.5 5.  2. ] [5.8 2.8 5.1 2.4]
 [6.4 3.2 5.3 2.3] [6.5 3.  5.5 1.8] [7.7 3.8 6.7 0. ] [7.7 2.6 6.9 2.3] [6.  2.2 5.  1.5]
 [6.9 3.2 5.7 2.3] [5.6 2.8 4.9 2. ] [7.7 2.8 6.7 2. ] [6.3 2.7 4.9 1.8] [6.7 3.3 5.7 0. ]
 [7.2 3.2 6.  1.8] [6.2 2.8 4.8 1.8] [6.1 3.  4.9 1.8] [6.4 2.8 5.6 2.1] [7.2 3.  5.8 1.6]
 [7.4 2.8 6.1 1.9] [7.9 3.8 6.4 2. ] [6.4 2.8 5.6 2.2] [6.3 2.8 5.1 1.5] [6.1 2.6 5.6 1.4]
 [7.7 3.  6.1 2.3] [6.3 3.4 5.6 2.4] [6.4 3.1 5.5 0. ] [6.  3.  4.8 1.8] [6.9 3.1 5.4 2.1]
 [6.7 3.1 5.6 2.4] [6.9 3.1 5.1 2.3] [5.8 2.7 5.1 1.9] [6.8 3.2 5.9 2.3] [6.7 3.3 5.7 2.5]
 [6.7 3.  5.2 2.3] [6.3 2.5 5.  1.9] [6.5 3.  5.2 2. ] [6.2 3.4 5.4 2.3] [5.9 3.  5.1 1.8]]
```

图 4-2　鸢尾花数据补全结果

## 4.3　pandas

pandas 是一个开源的 Python 数据处理库，它集成了大量库和标准的数据模型，具有强大的数据结构以实现高性能的数据操作与分析。pandas 通常与 Python、NumPy、matplotlib 等结合使用，可以从 CSV、JSON、SQL、Microsoft Excel 等文件格式中导入数据，并对结构化数据进行归并、选择、清洗和特征加工等各种运算操作。pandas 已广泛应用于金融、经济、统计、分析等学术和商业领域。

pandas 的主要特点如下。

● 可快速高效地建立 DataFrame 对象，默认提供自定义的字段索引。

● 具有多种文件格式的内存数据结构的读取接口。

● 具有缺失数据的自动补全和综合处理能力。

● 支持数据集的重组和旋转。

● 可灵活地在数据结构中删除或插入列。

● 快速以指定数据分组模式进行聚合和转换。

● 数据合并和连接效率极高。

● 具有时间序列功能。

### 4.3.1 pandas 安装及配置

pandas 可在 Windows、Linux、macOS 等多种操作系统平台上安装和使用。在安装 pandas 之前，操作系统需要预先安装 Python 3.7 及以上版本。

**1. 在 Windows 系统安装 pandas**

因为 pandas 已被集成为数据分析和科学计算的跨平台软件 Anaconda 中的一部分工具包，因此在 Windows 系统上安装 pandas 最简单的方法是安装 Anaconda，这是官方推荐大多数用户的安装方法。本节以 Windows 64 位系统为例，介绍 Anaconda 的安装过程。首先，从 Anaconda 官网下载 Anaconda 安装包，选择文件大小为 653MB 的安装包，如图 4-3 所示。

图 4-3　Anaconda 安装包下载

1）双击 Anaconda 安装程序启动安装，如图 4-4 所示。

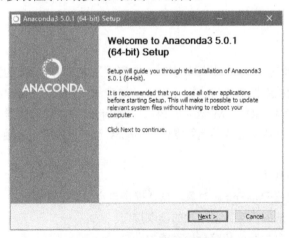

图 4-4　Anaconda 启动安装

2）阅读许可条款，然后单击"I Agree"按钮，如图 4-5 所示。

3）选择安装类型"Just Me"选项，如图 4-6 所示。

4）选择安装路径，如 D:\software\Anaconda3\，如图 4-7 所示。

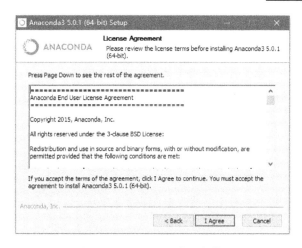

图 4-5　Anaconda 许可条款

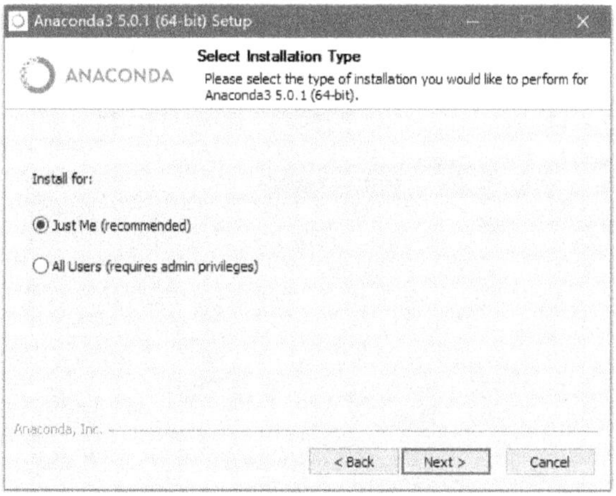

图 4-6　Anaconda 安装类型选择

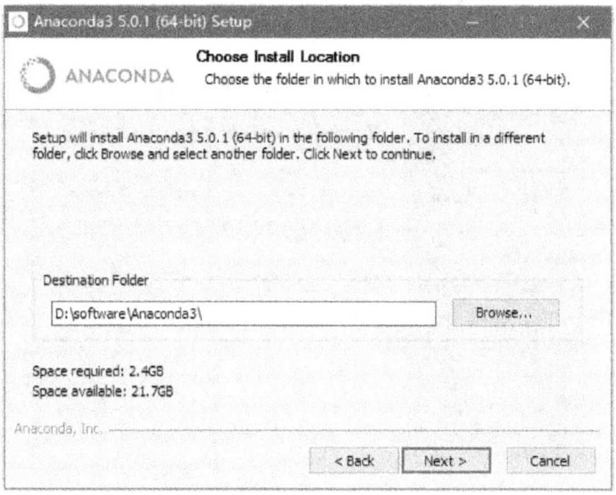

图 4-7　Anaconda 安装路径选择

5）高级安装选项，选择默认值即可，如图 4-8 所示。

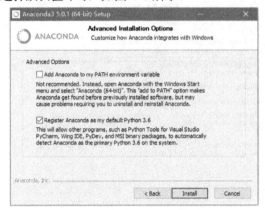

图 4-8　Anaconda 高级安装选项

6）单击"Install"按钮，即可开始安装，Anaconda 的安装过程，如图 4-9 所示。

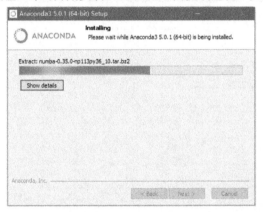

图 4-9　Anaconda 安装进度

7）Anaconda 安装完成，单击"Finish"按钮，如图 4-10 所示。打开 Anaconda 找到 pandas 工具包即可。

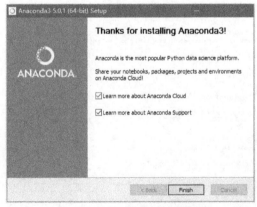

图 4-10　Anaconda 安装完成

**2．在 Linux 系统安装 pandas**

pandas 可以安装在 Ubuntu、Debian、CentOS 等各种 Linux 发行版本上，具体命令如表 4-1 所示。

表 4-1　pandas 在 Linux 不同平台上的安装方法

| 系统平台 | 安装方法 |
| --- | --- |
| Ubuntu | sudo apt-get install python3-pandas |
| OpenSuse | zypper in python3-pandas |
| Fedora | dnf install python3-pandas |
| CentOS/RHEL | yum install python3-pandas |

下面以 Ubuntu 20.04 系统为例，介绍如何使用终端命令安装 Pandas。打开 Ubuntu 系统终端，输入如下命令：

```
sudo apt-get install python3-pandas
```

**3．macOS 系统安装 pandas**

假设 macOS 系统已经安装了 Python 库和 pip 工具，打开 macOS 系统终端，输入如下命令：

```
pip install pandas
```

上述系统完成 pandas 的安装后，可通过如下命令测试 pandas 是否安装成功。

```
>>> import pandas as pd
>>> pd.test()
running: pytest --skip-slow --skip-network C:\Users\TP\Anaconda3\envs\py36\
lib\site-packages\pandas
==================== test session starts====================
platform win32 -- Python 3.6.2, pytest-3.6.0, py-1.4.34, pluggy-0.4.0
rootdir: C:\Users\Documents\Python\pandasdev\pandas, inifile: setup.cfg
collected 12145 items / 3 skipped

..............................S.............S..........................
================12130 passed, 12 skipped in 368.339 seconds================
```

## 4.3.2　pandas 数据结构

pandas 提供了两个主要的数据结构：系列（Series）和数据帧（Dataframe），这两种数据结构能够满足经济、工程、天文、医学等领域里的大多数典型应用。

**1．Series**

Series 是一个一维的数据结构，可以包括整数、字符串、浮点数、Python 对象等任何数据类型。它由一组数据以及与该组相关的数据索引所组成。Series 语法格式如下。

```
pandas.Series(data, index, dtype, copy)
```

参数说明：

- data：包含各种类型的数据，如 ndarray、list、constants。
- index：索引值必须是唯一的和散列的，与数据的长度相同。
- dtype：数据类型。如果没有，将推断数据类型。
- copy：复制数据，默认为 False。

例如，pandas 使用 Series 数据结构创建一个一维的数组，代码如下。

```
import pandas as pd
data = ['a', 2, 'hello']
print(pd.Series(data))
# 结果输出
0        a
1        2
2    hello
```

### 2. Dataframe

Dataframe 是一个表格型的数据结构，它含有一组有序的列，每列可以是数值、字符串、布尔型值等不同的值类型。DataFrame 不仅有行索引也有列索引，可被看作由共用一个索引的 Series 字典组成。DataFrame 语法格式如下。

```
pandas.DataFrame( data, index, columns, dtype, copy)
```

参数说明：

- data：包含各种类型的数据，如 ndarray，series，map，lists，dict，constant 和 DataFrame。
- index：行索引的标签。
- columns：列索引的标签。
- dtype：每列的数据类型。
- copy：如果默认值为 False，则此命令用于复制数据。

例如，pandas 使用 DataFrame 数据结构创建一个表格型的数组，代码如下。

```
import pandas as pd
data = {
  "capital": pd.Series(["Beijing", "Washington", "London", "Paris"], index=
["a", "b", "c", "d"]),
  "country": pd.Series(["China", "USA", "UK", "France"], index=["a", "b", "c", "d"]),
}
print(pd.DataFrame(data))
# 结果输出
      capital country
a     Beijing   China
b  Washington     USA
c      London      UK
d       Paris  France
```

## 4.3.3  pandas 数据加载和存储

pandas 提供了一整套的输入和输出调用接口函数，针对不同的文件格式解析，其读取函数和存储函数如表 4-2 所示。

表 4-2　pandas 在不同文件类型下的读取函数和存储函数

| 文件格式 | 数据描述 | 读取函数 | 写入函数 |
|---|---|---|---|
| text | CSV | read_csv | to_csv |
| text | Fixed-Width Text File | read_fwf | to_fwf |
| text | JSON | read_json | to_json |
| text | HTML | read_html | to_html |
| text | Local Clipboard | read_clipboard | to_clipboard |
| binary | MS Excel | read_excel | to_excel |
| binary | OpenDocument | read_excel | to_excel |
| binary | HDF5 Format | read_hdf | to_hdf |
| binary | Feather Format | read_feather | to_feather |
| binary | Parquet Format | read_parquet | to_parquet |
| binary | ORC Format | read_orc | to_orc |
| binary | Msgpack | read_msgpack | to_msgpack |
| binary | Stata | read_stata | to_stata |
| binary | SAS | read_sas | to_sas |
| binary | SPSS | read_spss | to_spss |
| binary | Python Pickle Format | read_pickle | to_pickle |
| SQL | SQL | read_sql | to_sql |
| SQL | Google BigQuery | read_gbq | to_gbq |

由表 4-2 可知，pandas 设计了大量相对应的 API 代码来智能地将表格数据转换为 DataFrame 对象。本节重点讲解 pandas 对 CSV 文件的 I/O 操作，其语法结构如下：

```
# pandas 读取 CSV 文件
pandas.read_csv(filepath_or_buffer, sep=',', delimiter=None, header='infer',
names=None, index_col=None, usecols=None, …)
# pandas 存储 CSV 文件
DataFrame.to_csv(path_or_buf=None, sep=',', na_rep='', float_format=None,
columns=None, header=True, index=True, index_label=None, mode='w', encoding=None, …)
```

参数说明：

- filepath_or_buffer：文件名、文件路径名、文件字符串等对象或类文件对象。
- sep：要使用的分隔符，默认为 ','。
- delimiter：分隔符的别名，默认为无。
- float_format：输出浮点数的格式字符串。
- index：是否写入行索引名称，默认为 True。
- mode：写入模式，默认为 "w"。
- encoding：编码格式。如果内容是非 ASCII 的，需指定使用编码的字符串。

例如，假设给定数据文件 foo.csv 的内容如下：

```
No,Name,Age,City,Salary
1,Tom,30,Toronto,10000
2,Lily,23,HongKong,2500
3,Sam,36,Paris,7800
4,John,25,London,4000
```

pandas 使用 read.csv() 方法从 CSV 文件中读取数据并创建一个 DataFrame 对象，代码如下。

```
import pandas as pd
df = pd.read_csv("foo.csv")
print (df)
```

pandas 调用 to_csv() 方法将 foo.csv 写入到本地 D 盘 temp.csv 文件中，代码如下。

```
df.to_csv('D:\temp.csv', encoding = 'utf-8', index = False)
```

### 4.3.4　pandas 数值计算与排序

pandas 提供了和函数 sum()、均值函数 mean()、方差函数 std()、汇总函数 describe() 等方法来计算 DataFrame 的描述性统计信息和其他相关操作。

**1. sum()函数**

pandas 定义了 sum() 函数，返回请求轴上值的总和。sum() 函数的语法格式如下。

```
DataFrame.sum(axis=None, skipna=None, level=None, numeric_only=None, …)
```

参数说明：

- axis：函数的轴。
- skipna：计算结果时排除 NA/null 值，默认为 True。
- level：如果轴是多索引，则沿特定级别计数，并折叠为一个系列。
- numeric_only：仅包括 float、int 和 boolean 列。如无，将尝试使用所有内容。

例如，pandas 使用 sum()函数计算一个 DataFrame 对象中不同 Series 的总和，代码如下。

```
import pandas as pd
import numpy as np
# 创建一个 Series 的词典
data = {'Name':pd.Series(['Alex','Vin','Steve','Minsu','Jack','James','Lee',
'David','Gasper','Tom']),
    'Age':pd.Series([25,26,25,23,30,29,23,34,40,30]),
    'Rating':pd.Series([4,3,3,2,3,4,3,3,2,4])}
# 创建一个 DataFrame 对象
df = pd.DataFrame(data)
print(df.sum())
# 结果输出
Name       AlexVinSteveMinsuJackJamesLeeDavidGasperTom
Age                                                 285
Rating                                              31
```

## 2. mean() 函数

pandas 定义了 mean() 函数，返回请求轴上值的平均值。mean() 函数的语法格式如下。

```
DataFrame.mean(axis=None, skipna=None, level=None, numeric_only=None, …)
```

参数说明见 sum() 函数。

例如，pandas 使用 mean()函数计算一个 DataFrame 对象中不同 Series 的平均值，代码如下。

```
import pandas as pd
import numpy as np
# 创建一个 Series 的词典
data = {'Name':pd.Series(['Alex','Vin','Steve','Minsu','Jack','James','Lee',
'David','Gasper','Tom']),
        'Age':pd.Series([25,26,25,23,30,29,23,34,40,30]),
        'Rating':pd.Series([4,3,3,2,3,4,3,3,2,4])}
# 创建一个 DataFrame 对象
df = pd.DataFrame(data)
print(df.mean())
# 结果输出
Age       28.5
Rating     3.1
```

## 3. std() 函数

pandas 定义了 std() 函数，返回请求轴上的样本标准偏差。std() 函数的语法格式如下。

```
DataFrame.std(axis=None, skipna=None, level=None, ddof=1, numeric_only=None, …)
```

参数说明见 sum() 函数。

例如，pandas 使用 std()函数计算一个 DataFrame 对象中数据样本的标准差，代码如下。

```
import pandas as pd
import numpy as np
# 创建一个 Series 的词典
data = {'Name':pd.Series(['Alex','Vin','Steve','Minsu','Jack','James','Lee',
'David','Gasper','Tom']),
        'Age':pd.Series([25,26,25,23,30,29,23,34,40,30]),
        'Rating':pd.Series([4,3,3,2,3,4,3,3,2,4])}
# 创建一个 DataFrame 对象
df = pd.DataFrame(data)
print(df.std())
# 结果输出
Age       5.359312
Rating    0.737865
```

## 4. describe() 函数

pandas 定义了 describe() 函数，用于生成数据集分布的中心趋势、分散性和形状等描述性统计信息，不包括 NaN 值。describe() 函数的语法格式如下。

```
DataFrame.describe(percentiles=None, include=None, exclude=None, …)
```

参数说明：

- percentiles：要包含在输出中的百分位数。所有值都应介于 0~1 之间，默认值为 [.25、.5、.75]，返回第 25、50 和 75 百分位。
- include：要包含在结果中的数据类型的白名单。
- exclude：要从结果中省略的数据类型的黑名单。

例如，pandas 使用 describe ()函数统计一个 DataFrame 对象中的描述性信息，代码如下。

```
import pandas as pd
import numpy as np
# 创建一个 Series 的词典
data = {'Name':pd.Series(['Alex','Vin','Steve','Minsu','Jack','James','Lee',
'David','Gasper','Tom']),
       'Age':pd.Series([25,26,25,23,30,29,23,34,40,30]),
       'Rating':pd.Series([4,3,3,2,3,4,3,3,2,4])}
# 创建一个 DataFrame 对象
df = pd.DataFrame(data)
print(df.describe())
# 结果输出
            Age       Rating
count  10.000000   10.000000
mean   28.500000    3.100000
std     5.359312    0.737865
min    23.000000    2.000000
25%    25.000000    3.000000
50%    27.500000    3.000000
75%    30.000000    3.750000
max    40.000000    4.000000
```

### 5. sort_index() 函数

Pandas 定义了 sort_index() 函数，返回按标签排序的新 DataFrame 对象。sort_index() 函数的语法格式如下。

```
DataFrame.sort_index(axis=0, level=None, ascending=True, inplace=False, kind=
'quicksort', na_position='last', sort_remaining=True, …)
```

参数说明：

- axis：待排序的轴。值 0 表示行，值 1 表示列。默认为 0。
- level：如果不是"无"，则按指定索引级别中的值排序。
- ascending：升序与降序排序。当索引为多索引时，可以单独控制每个级别的排序方向。
- inplace：如果为 True，则就地执行操作。默认为 False。
- kind：包括'quicksort', 'mergesort', 'heapsort'等排序算法的选择。
- na_position：NaN 值放在开头还是最后，默认为最后（'last'）。
- sort_remaining：如果为 True，则按级别和索引排序是多级的。

例如，pandas 使用 sort_index()函数对一个 DataFrame 对象按标签进行升序排列，代码如下。

```
import pandas as pd
df = pd.DataFrame([1, 2, 3, 4, 5], index=[10, 19, 34, 16, 8], columns=['A'])
print(df.sort_index())
# 结果输出
    A
8   5
10  1
16  4
19  2
34  3
```

**6. sort_values() 函数**

pandas 定义了 sort_values() 函数，返回按实际值排序的新 DataFrame 对象。sort_values() 函数的语法格式如下。

```
DataFrame.sort_values(by, axis=0, ascending=True, inplace=False, kind='quicksort',
na_position='last', ignore_index=False, key=None)
```

参数说明：

- by：待排序的名称或名称列表。如果 axis 为 0 或 "index"，则 by 可能包含索引级别和/或列标签；如果 axis 为 1 或 "columns"，则 by 可能包含列级别和/或索引标签。
- axis：待排序的轴。值 0 表示行，值 1 表示列。默认为 0。
- ascending：升序与降序排序。当索引为多索引时，可以单独控制每个级别的排序方向。
- inplace：如果为 True，则就地执行操作。默认为 False。
- kind：包括'quicksort', 'mergesort', 'heapsort'等排序算法的选择。
- na_position：NaN 值放在开头还是最后，默认为最后（'last'）。
- ignore_index：如果为真，结果轴将标记为 0，1，…，n-1。
- key：排序前对值应用键函数，可选。

例如，pandas 使用 sort_values()函数对一个 DataFrame 对象按实际值进行升序排列，代码如下。

```
import pandas as pd
df = pd.DataFrame({'col1':[2,1,1,1],'col2':[1,3,2,4]})
print(df.sort_values(by='col1'))
# 结果输出
   col1  col2
1  1     3
2  1     2
3  1     4
0  2     1
```

## 4.3.5　pandas 数据索引构建

尽管 Python 和 NumPy 提供了索引运算符"[]"和属性运算符"."。然而，在实际的应用中由于要访问的数据类型是预先不知道的，所以直接使用标准运算符具有一些限制。pandas 支持两种类型的多轴索引，如表 4-3 所示，实现快速轻松地访问 pandas 数据结构。

表 4-3  pandas 支持多轴索引函数

| 索引 | 描述 |
| --- | --- |
| loc() | 基于标签 |
| iloc() | 基于整数 |

### 1. loc() 函数

pandas 提供了基于标签的索引函数 loc()，可以与布尔数组一起使用。此外，loc()函数需要两个单列表和范围运算符，用","分隔。第一个表示行，第二个表示列。

例如，pandas 使用 loc()函数对一个 DataFrame 对象的指定标签列进行输出，代码如下。

```
import pandas as pd
import numpy as np
df = pd.DataFrame(np.random.randn(8, 4),
index = ['a','b','c','d','e','f','g','h'], columns = ['A', 'B', 'C', 'D'])
# 根据指定列选择所有行
print (df.loc[:, 'A'])
# 结果输出
a   -1.700057
b    0.972858
c   -0.601863
d    0.971383
e   -0.466652
f   -2.172842
g   -1.125323
h    0.308247
```

### 2. iloc() 函数

类似的，pandas 提供了基于整数的索引函数 iloc()。iloc()函数同样具有多种访问方式，如单个标量、标签列表、切片对象、一个布尔数组等。

例如，pandas 使用 iloc()函数对一个 DataFrame 对象的指定整数列进行输出，代码如下。

```
import pandas as pd
import numpy as np
df = pd.DataFrame(np.random.randn(8, 4), columns = ['A', 'B', 'C', 'D'])
# 根据指定列选择所有行
print (df.iloc[:4])
# 结果输出
          A         B         C         D
0 -3.274773 -0.318313  0.240051 -0.689429
1  1.539367 -0.900605 -0.848248  0.369118
2 -0.552706 -0.839636  2.516337 -0.351420
3 -0.670784 -0.944579  1.509865 -0.102376
```

## 4.3.6  pandas 复杂数据结构

pandas 不仅定义了处理一维数据结构的 Series 对象和二维数据结构的 DataFrame 对象，同时还定义了处理三维数据结构的 Panel 对象。Panel 对象中第一维是 items - axis 0，表示每个项目对应于内部包含的数据帧（DataFrame）；第二维是 major_axis - axis 1，表示每个数据帧的索引；第三维是 minor_axis - axis 2，表示每个数据帧的列。创建面板的 Panel() 函数的语法格式如下。

```
pandas.Panel(data, items, major_axis, minor_axis, dtype, copy)
```

参数说明：

- data：操作数据，如 ndarray、series、map、lists、dict 和 DataFrame 等。
- items：axis=0 的索引。
- major_axis：dataframe 对象的索引。
- minor_axis：dataframe 对象的列。
- dtype：每列的数据类型。
- copy：复制数据，默认为 False。

例如，pandas 使用 Panel() 函数创建一个三维数据结构的 DataFrame 对象，代码如下。

```
import pandas as pd
import numpy as np
pdw = pd.Panel(np.random.randn(2, 5, 4), items=['Item1', 'Item2'],
               major_axis=pd.date_range('1/1/2021', periods=10),
               minor_axis=['A', 'B', 'C', 'D'])
print(pdw)

# 结果输出
Dimensions: 2 (items) x 5 (major_axis) x 4 (minor_axis)
Items axis: Item1 to Item2
Major_axis axis: 2021-01-01 00:00:00 to 2021-01-10 00:00:00
Minor_axis axis: A to D
```

## 4.3.7　书目信息索引

当当网是知名的综合性网上购物商城，从早期的网上卖书拓展到网上卖各品类百货，包括图书音像、美妆、家居、母婴、服装和 3C 数码等几十个大类，有数百万种商品。其中，图书品类占据了 50% 以上的线上市场份额。本节以当当网书籍数据为例，采用字典方式进行数据存储，利用 pandas 中的 Series 和 DataFrame 数据结构建立当当书目信息索引，主要代码如下。

```
import pandas as pd

data = {
    '商品 ID':['1000', '1001', '1002', '1003'],
    '书名':['白夜行', '山海经', '狼大叔的红焖鸡', '最基础的插花课'],
    '出版社':['南海出版公司 ', '现代出版社', '贵州人民出版社', '中原农民出版社'],
    '定价':['59.00', '26.52', '63.40', '32.70']
}

df = pd.DataFrame(data)
```

```
# DataFrame 的行索引是 index，列索引是 columns，也可以指定索引的值
print(df.index)
print(df.columns)
print(df.values)

# 使用 columns 中的值进行索引，得到的是一列或者是多列的值
print(df['书名'])
print(df[['书名','定价']])

# 使用切片进行索引
print(df[0:6])

# 使用 loc 和 iloc 进行索引
print(df.loc[2])
print(df.loc[:,'书名'])
print(df.iloc[:,2])
```

当当网书目信息建立索引后，查询结果如图 4-11 所示。

```
0        白夜行
1        山海经
2     狼大叔的红焖鸡
3     最基础的插花课
Name: 书名, dtype: object
```

图 4-11　书目信息查询结果

# 4.4　SciPy

SciPy 是一个免费和开源的Python库，主要用于科学计算和技术计算。SciPy包含用于优化、线性代数、集成、插值、特殊功能、FFT、信号和图像处理、ODE解算器及其他科学和工程常见任务的模块。此外，SciPy 库依赖于 NumPy，它与 NumPy 阵列配合使用，提供方便快捷的 N 维阵列操作和许多友好、高效的功能模块。SciPy 库和 NumPy 库共同运行在所有流行的操作系统上，安装速度快，功能强大。SciPy 已广泛应用于数学计算、图像处理、信号处理、金融建模、天气预测等领域。

SciPy 的主要特点如下。

- SciPy 是 NumPy 的顶部工具包。
- 实现并行计算的理想工具。
- 具备大量的优化函数，如 Simplex、BFGS、Newton-CG 等。
- 提供了概率分布、假设检验、频率统计、相关函数等基本的概率统计算法。
- 支持多类型的矩阵数据结构，实现快速的主轴索引与矩阵—向量乘法。
- 实现了线性代数的全部功能，而 NumPy 仅包含个别功能。
- SciPy 比 Numpy 支持更多的新的数据分析功能。

● 支持模拟离散时间线性系统。

## 4.4.1　SciPy 安装及配置

SciPy 可在 Windows、Linux、macOS 等多种操作系统平台上安装和使用。SciPy 可通过 pip 工具、包管理器、源代码以及二进制文件等方式进行安装。

### 1. 在 Windows 系统安装 SciPy

与 pandas 安装过程相同，Anaconda 同样集成了最新的 SciPy 库。因此，在 Windows 系统上，仅需要下载 Anaconda，并进行安装即可。此外，如果 Windows 系统上已安装了 pip 工具，可使用以下命令同时安装 NumPy 和 SciPy。

```
pip install --user numpy scipy
```

### 2. 在 Linux 系统安装 SciPy

SciPy 可以安装在 Ubuntu、Debian、Fedora、CentOS 等各种 Linux 发行版本上。以 Ubuntu & Debian 系统为例，打开系统终端，输入如下命令：

```
sudo apt-get install python-numpy python-scipy python-matplotlib ipython
ipython-notebook python-pandas python-sympy python-nose
```

以 Fedora 系统为例，打开系统终端，输入如下命令：

```
sudo dnf install numpy scipy python-matplotlib ipython python-pandas sympy
python-nose atlas-devel
```

### 3. 在 macOS 系统安装 SciPy

假设 macOS 系统已经安装了 Python 库和 pip 工具，打开 macOS 系统终端，输入如下命令：

```
sudo port install py37-numpy py37-scipy py37-matplotlib py37-ipython +notebook
py37-pandas py37-sympy py37-nose
```

根据系统完成安装后，可通过如下命令测试 SciPy 是否安装成功，代码如下。

```
>>> import scipy as sp
>>> sp.test()
========================== test session starts ==========================
platform win32 -- Python 3.7.7, pytest-5.4.1, py-1.8.1, pluggy-0.13.1
rootdir: C:\Users\
plugins: hypothesis-5.11.0, arraydiff-0.3, astropy-header-0.1.2, doctestplus-
0.5.0, openfiles-0.5.0, remotedata-0.3.2
collected 44011 items / 10992 deselected / 33019 selected

_build_utils\tests\test_circular_imports.py .                    [  0%]
_build_utils\tests\test_scipy_version.py .                       [  0%]
_lib\tests\test__gcutils.py ......                               [  0%]
_lib\tests\test__pep440.py .........                             [  0%]
_lib\tests\test__testutils.py ..                                 [  0%]
_lib\tests\test__threadsafety.py ..                              [  0%]
_lib\tests\test__util.py ....
```

## 4.4.2　SciPy 的文件输入与输出

Scipy 提供了很多数据输入与输出的函数包 Scipy.io，用于解决 MATLAB、Arff、Wave、Matrix Market、IDL、NetCDF、TXT、CSV 和二进制等不同格式的文件读取与存储操作。

例如，Scipy 使用 savemat() 函数载入和保存 MATLAB 文件到本地磁盘文件 foo.mat，代码如下。

```
from scipy import io as spio
import numpy as np

data = np.ones((3, 3))
spio.savemat('foo.mat', {'id': data})
data = spio.loadmat('foo.mat', struct_as_record=True)
print(data['id'])

# 结果输出
[[1. 1. 1.]
 [1. 1. 1.]
 [1. 1. 1.]]
```

例如，SciPy 使用 imread() 函数读取本地磁盘上的一个图片，代码如下。

```
from scipy import misc
misc.imread('fname.png')
```

## 4.4.3　SciPy 的特殊函数应用

SciPy 提供了许多数学和物理的特殊功能的函数库 scipy.special，如椭圆、贝塞尔、伽马、贝塔、超量度、抛物线、马蒂厄、球形波、支柱和开尔文等函数，还有一些低级别的统计函数。上述这些模块函数都具有简单的调用接口。

例如，SciPy 使用 gamma()函数快速求解积分结果，代码如下。

```
from scipy.special import gamma, factorial
print(gamma([0, 0.5, 1, 5]))
z = 2.5 + 1j
print(gamma(z))
# 结果输出
[       inf 1.77245385 1.         24.        ]
(0.7747621045510842+0.7076312043795936j)
```

例如，SciPy 使用 ncfdtridfd()函数计算非中央 F 分布的自由度，代码如下。

```
from scipy.special import ncfdtr, ncfdtridfd
dfd = [3, 6, 9]
p = ncfdtr(2, dfd, 0.3, 20)
print(ncfdtridfd(2, p, 0.25, 15))

# 结果输出
[ 3.54744187  7.67141079 12.40890558]
```

## 4.4.4　SciPy 的线性代数运算

SciPy 提供了标准的线性代数操作包 scipy.linalg，用于实现线性方程求解、计算行列式、矩阵求逆、计算特征值和特征向量、奇异值分解等运算，这些操作函数依赖于 BLAS、LAPACK 等数据库的底层高效实现。

### 1. scipy.linalg.det() 函数

scipy.linalg 定义了 det() 函数，用于计算一个矩阵的行列式。det() 函数的语法格式如下：

```
det(a, overwrite_a=False, check_finite=True)
```

参数说明：

- a：待计算行列式的矩阵。
- overwrite_a：允许在可能增强性能中覆盖数据，可选。
- check_finite：是否检查输入矩阵只包含有限的数字，可选。

例如，scipy.linalg 使用 det() 函数计算一个矩阵的行列式，代码如下。

```
from scipy import linalg
import numpy as np
a = np.array([[0,2,3], [4,5,6], [7,8,9]])
print(linalg.det(a))  # 输出结果为 3.0
```

### 2. scipy.linalg.inv() 函数

scipy.linalg 定义了 inv() 函数，用于计算一个矩阵的逆方阵。inv() 函数的语法格式如下。

```
inv(a, overwrite_a=False, check_finite=True)
```

参数说明：

- a：待求逆的方阵。
- overwrite_a：允许在可能增强性能中覆盖数据，可选。
- check_finite：是否检查输入矩阵只包含有限的数字，可选。

例如，scipy.linalg 使用 inv()函数计算一个方阵的逆矩阵，代码如下。

```
from scipy import linalg
import numpy as np
a = np.array([[0,2,3], [4,5,6], [7,8,9]])
print(linalg.det(a))
# 结果输出
[[-1.          2.         -1.         ]
 [ 2.         -7.          4.         ]
 [-1.          4.66666667 -2.66666667]]
```

### 3. scipy.linalg.svd() 函数

scipy.linalg 定义了 svd() 函数，用于计算一个矩阵的奇异值。svd() 函数的语法格式如下。

```
svd(a, full_matrices=True, compute_uv=True, overwrite_a=False, check_finite=
True, …)
```

参数说明：

- a：待分解的矩阵。
- full_matrices：值为 True，U 和 V 矩阵分别为（M,M）和（N,N）；否则为（M,K）和（K,N）。
- compute_uv：是否计算 U 和 V，默认计算。
- overwrite_a：允许在可能增强性能中覆盖数据，可选。
- check_finite：是否检查输入矩阵只包含有限的数字，可选。

例如，scipy.linalg 使用 svd() 函数实现一个矩阵的奇异值分解，代码如下。

```
from scipy import linalg
import numpy as np
a = np.array([[0,2,3], [4,5,6], [7,8,9]])
print(linalg.svd(a))
# 结果输出
(array([[-0.18827625,  0.953823  ,  0.23403789],
        [-0.52366264,  0.10410261, -0.84554129],
        [-0.83086069, -0.28175224,  0.47988143]]), array([16.75220374,
1.83142249,  0.09778242]), array([[-0.472217  , -0.57555122, -0.66764654],
        [-0.84953377,  0.09508517,  0.51889419],
        [-0.2351669 ,  0.81221894, -0.53385103]]))
```

### 4.4.5　SciPy 的快速傅里叶变换

SciPy 提供了用来计算快速傅里叶变换的操作包 scipy.fft，用于在时间和信号处理上的傅里叶变换，以检查其在频域中的行为。傅里叶变换已在信号与噪声处理、图像处理、音频信号处理等领域具有广泛应用性。

#### 1．scipy.fft.fft() 函数

scipy.fft 定义了 fft() 函数，用于计算一维离散傅里叶变换。fft() 函数的语法格式如下。

```
fft(x[, n, axis, norm, overwrite_x, …])
```

参数说明：

- x：一个复杂的数组。
- n：输出的转换轴的长度。如果n小于输入的长度，则会裁剪输入。如果输入较大，则填充零。如果没有给出n，则使用指定轴的输入长度，可选。
- axis：计算傅里叶变换的轴。如果没有给出，则使用最后一个轴，可选。
- norm：规范化模式。取值范围为{"backward", "ortho", "forward"}。默认值是" backward "，意味着在傅里叶变换上不会对正向变换和缩放进行规范化；相反，" forward "则将因子应用于正向变换；"ortho"则表示两个方向都按比例缩放可选。
- overwrite_x：如果是真的，x的内容可以销毁；默认值为错误。

例如，scipy.fft 使用 fft() 函数进行快速傅里叶变换，代码如下。

```
import scipy.fft
import numpy as np
```

```
print(scipy.fft.fft(np.exp(2j * np.pi * np.arange(8) / 8)))
# 输出结果
[-3.44509285e-16+1.22464680e-16j  8.00000000e+00-9.95431023e-16j
   3.44509285e-16+1.22464680e-16j  0.00000000e+00+1.22464680e-16j
   9.95799250e-17+1.22464680e-16j -8.88178420e-16+2.60642944e-16j
  -9.95799250e-17+1.22464680e-16j  0.00000000e+00+1.22464680e-16j]
```

### 2. scipy.fft.dct() 函数

scipy.fft 定义了 dct() 函数，返回一个离散余弦变换。dct() 函数的语法格式如下。

```
dct(x[, type, n, axis, norm, overwrite_x, …])
```

参数说明：

- x：一个输入的数组。
- type：离散余弦变换的数据类型，取值范围为{1, 2, 3, 4}，可选。
- n：输出的转换轴的长度。如果n小于输入的长度，则会裁剪输入。如果输入较大，则填充零，可选。
- axis：计算傅里叶变换的轴。如果没有给出，则使用最后一个轴，可选。
- norm：规范化模式。取值范围为{"backward", "ortho", "forward"}。默认值是" backward "，可选。
- overwrite_x：如果为真，x的内容可以销毁，默认值为假。

例如，scipy.fft 使用 dct() 函数进行离散余弦变换，代码如下。

```
import scipy.fft
import numpy as np
print(scipy.fft.dct(np.exp(2j * np.pi * np.arange(8) / 8)))
# 输出结果
[-4.44089210e-16+0.00000000e+00j  2.65038254e+00+6.39858948e+00j
   7.39103626e+00-3.06146746e+00j -1.50132111e+00-3.62450979e+00j
   3.14018492e-16+0.00000000e+00j -2.98631336e-01-7.20959822e-01j
   4.44089210e-16-2.22044605e-16j -7.00688067e-02-1.69161063e-01j]
```

## 4.4.6　SciPy 的优化和拟合

SciPy 提供了很多用来求解优化数值解问题的操作包 scipy.optimize，优化函数包括支持局部和全局的非线性问题的解算器、线性编程、约束和非线性最小平方、根查找和曲线拟合等算法。

### 1. scipy.optimize.minimize_scalar() 函数

scipy.optimize 定义了 minimize_scalar() 函数，将一个变量的标量函数最小化。minimize_scalar() 函数的语法格式如下。

```
minimize_scalar(fun[, bracket, bounds, …])
```

参数说明：

- fun：目标函数，必须返回标量函数的标量值。
- bracket：定义目标函数的比较规则，可选。

● bounds：边界是强制性的，并且必须有两个与优化边界相对应的项目，可选。

例如，scipy.optimize 使用 minimize_scalar() 函数求解给定函数的局部最小值，代码如下。

```
from scipy.optimize import minimize_scalar
import numpy as np
def f(x):
    return (x - 2) * x * (x + 2)**2
print(minimize_scalar(f)    # 输出 x 局部最小值为 1.28
```

### 2. scipy.optimize.root() 函数

scipy.optimize 定义了 root() 函数，返回一个向量函数的根。root() 函数的语法格式如下。

```
root(fun, x0[, args, method, jac, tol, …])
```

参数说明：

● fun：待求解根的向量函数。

● x0：一个 N 维数组。

● args：一个额外的参数元组，可选。

● method：解的类型，包括{"hybr", "lm", "broyden1", "anderson" }等。

● jac：如果是真，jac被认为返回 Jacobian 值。否则，Jacobian 被评估计算。

● tol：终止的容忍度，可选。

例如，scipy.optimize 使用 root() 函数计算一个向量函数的根，代码如下。

```
from scipy import optimize
import numpy as np
def fun(x):
    return [x[0]  + 0.5 * (x[0] - x[1])**3 - 1.0,
            0.5 * (x[1] - x[0])**3 + x[1]]
def jac(x):
    return np.array([[1 + 1.5 * (x[0] - x[1])**2,
                     -1.5 * (x[0] - x[1])**2],
                    [-1.5 * (x[1] - x[0])**2,
                     1 + 1.5 * (x[1] - x[0])**2]])

print(optimize.root(fun, [0, 0], jac=jac, method='hybr')) # 结果输出为
[0.8411639, 0.1588361]
```

### 3. scipy.optimize.curve_fit() 函数

scipy.optimize 定义了 curve_fit() 函数，使用非线性最小均方误差来实现曲线的拟合。curve_fit() 函数的语法格式如下。

```
curve_fit(f, xdata, ydata[, p0, sigma, …])
```

参数说明：

● f：模型函数 f（x，…）必须将独立变量作为第一个参数，其余变量拟合剩余的参数。

● xdata：测量数据的独立变量。通常应该是一个 M 长度序列或一个（k，M）形状的阵列，具有 k 预测器的功能。

- ydata：辅助数据，是 M 长度阵列 f(xdata, ...)。
- p0：参数的初始猜测（长度 N）。如果没有，则初始值将全部为 1，可选。
- sigma：确定 ydata 的不确定性，可选。

例如，scipy.optimize 使用 curve_fit() 函数拟合一个带噪声的指数函数，代码如下。

```
import matplotlib.pyplot as plt
from scipy.optimize import curve_fit
import numpy as np
def func(x, a, b, c):
    return a * np.exp(-b * x) + c
xdata = np.linspace(0, 10, 50)
y = func(xdata, 2.0, 1.0, 0.5)
np.random.seed(2000)
y_noise = 0.3 * np.random.normal(size=xdata.size)
ydata = y + y_noise
plt.plot(xdata, ydata, 'b-', label='data')
popt, pcov = curve_fit(func, xdata, ydata)
plt.plot(xdata, func(xdata, *popt), 'r-', label='fit: a=%5.3f, b=%5.3f, c=%5.3f' % tuple(popt))
```

curve_fit()函数对噪声数据的拟合曲线如图 4-12 所示。

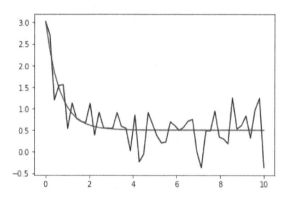

图 4-12　curve_fit() 函数拟合噪声数据的曲线函数

# 4.5　案例：社交网站数据预处理

微博是国内主流的社交网络平台之一，其内容具有很强的实时性。分析微博数据，有助于了解信息的传播和扩散规律，预测用户行为，有利于舆论管控、市场营销、商品推荐等应用的需求。然而，不同于正规的长文本文档（如新闻、百科），微博内容包含大量网络流行语、缩略词、拼写错误和语法错误、特殊符号及表情包等内容。因此，在进行数据建模之前，需要对微博文本进行数据的预处理。

本节假设给定一个微博语料库，其中一条微博内容为"#因变道受惊男司机痛殴女司机#今日下午 2:13 左右，成都娇子立交附近一女司机被一男司机拖出车外，遭暴打至骨折脑震荡。[怒]视频戳→"，对该微博语料库进行数据预处理。

### 1. 使用 pandas 读取和写入微博文本内容

首先，使用 pandas 库的 read_csv() 方法读取微博语料库中的微博数据，并调用 df.columns 打印"发布内容"列中的微博文本内容，最后调用 DataFrame 自带的 to_csv() 方法实现将微博文本内容转为 CSV 格式的文件并存储，代码如下。

```
# 读取 weibo.csv 文件的数据
df = pd.read_csv('data/weibo.csv')
df['content'] = df[u'发布内容'].apply( lambda s: s.partition("//")[0])

# 以 utf-8 编码方式将微博内容写入 weibo_content.csv 文件中
df['content'].to_csv('data/weibo_content.csv', index = False, encoding = 'utf-8')
```

对微博文本内容抽取并写入 CSV 文件后，微博文本内容如图 4-13 所示。

```
content
#成都女司机变道遭殴打##美丽替颜招代xiaomi320##奔跑吧兄弟##电影左耳##复仇者联盟#
#男司机暴打女司机#满满的正能量。
回复@反对街头暴力:其实男司机已涉及故意杀人。女司机找好律师的话能判他死刑。
嘻嘻果然。。[doge]
转发微博
转发微博
转发微博
这件事等到见的男的身份曝光基本就结束了，黎明前的暴风雨。看着传得快还是删得快！不是不报时候未到，五毛妈鸡！
@阳光武侯@東森新聞@BlueberryViolet@敫歌@找叫何小东
就一个茶余饭后的话题，删与不删无所谓。真真假假，谁对谁错都没有绝对，凡事都有两面，看你所看到的是哪面而已，没必要上纲上线，较嘻劲呀~~[挖鼻]
回复@找叫何小东:跟有些人谈子欲养而亲不待，他们会泪流满面，跟有些人谈久早逢甘霖，他们会喜极而泣。人的经历不同而已。
转发微博
转发微博
#成都被打女司机# 之后，让我们看看男司机们是如何解决矛盾的！！慎入…
```

图 4-13 微博文本内容写入结果

### 2. 中文繁体转简体

通过观察微博文本内容可知，微博内容中包括"轉發微博""東森新聞"等繁体中文字。为便于分析，需要对微博内容进行繁体到简体的转换，代码如下。

```
from weibo_preprocess_toolkit import WeiboPreprocess

# 中文繁体转化为简体
print(preprocess.traditional2simplified(test_weibo))
```

### 3. 微博文本进行分词

本节调用 jieba 分词工具对微博文本内容进行分词，代码如下。

```
def cut(self, weibo, keep_stop_word=True):
    seged_words = [word for word in jieba.lcut(weibo) if word != " "]
    # fix negative prefix
    end_index = len(seged_words) - 1
    index = 0
    reconstructed_seged_words = []
    while (index <= end_index):
        word = seged_words[index]
        if word not in ["不", "没"]:
```

```
                    index += 1
                else:
                    next_word_index = index + 1
                    if next_word_index <= end_index:
                        word += seged_words[next_word_index]
                        index = next_word_index + 1
                    else:
                        index += 1
            reconstructed_seged_words.append(word)
        if not keep_stop_word:
            reconstructed_seged_words = [word for word in reconstructed_seged_
words if word not in self.stop_words]
        return reconstructed_seged_words
```

**4. 去除微博特殊符号**

观察图 4-13 所示的微博文本内容可知，原始微博内容包含大量的话题名称#、人名@、emoji 表情、标点符号、特殊符号及无意义的词句等信息。因此，需要通过预先定义的特殊符号表对微博内容进行特殊符号过滤，代码如下。

```
def __load_special_chars(self):
    path = "dictionary/special_chars.csv"
    utf8_reader = codecs.getreader("utf-8")
    with pkg_resources.resource_stream(__name__, os.path.join(path)) as fr:
        result = csv.reader(utf8_reader(fr))
        special_chars = [record[0] for record in result]
    return special_chars
```

**5. 去除微博停用词**

通过预先定义的停用词表对分词后的微博文本内容进行去停用词，代码如下。

```
def __load_stop_words(self):
    path = "dictionary/stop_words.txt"
    with pkg_resources.resource_stream(__name__, os.path.join(path)) as fr:
        stop_words = [word.decode("utf-8").strip() for word in fr if word.strip()]
    stop_words = set(stop_words)
    return stop_words
```

经过上述预处理后，某一条微博内容如图 4-14 所示。

因变 道 受惊 男 司机 痛殴 女司机 今日 下午 左右 成都 娇子 立交 附近 女司机 男 司机 拖
出车 外 遭 暴打 骨折 脑震荡 怒 视频 戳

图 4-14　某一条微博内容预处理结果

**6. 微博词频和词性统计分析**

通过调用 DataFrame 中的 value_counts() 方法对分词后的微博进行词频和词性统计分析，可以快速了解微博用户大致讨论的话题内容，代码如下。

```
# 创建词汇与频数字典
pd_word_num = pd.DataFrame(pd_root['词汇'].value_counts())
```

```
pd_word_num.rename(columns={'词汇': '频数'})
pd_word_num.rename(columns={'词汇':'频数'},inplace=True)
pd_word_num['百分比'] = pd_word_num['频数'] / pd_word_num['频数'].sum()
print(pd_word_num.head(10))

# 创建词性与频数字典
pd_qua_num = pd.DataFrame(pd_root['词性'].value_counts())
# 更改列名
pd_qua_num.rename(columns={'词性':'频数'},inplace=True)
# 添加词汇-频数-百分比的新列
pd_qua_num['百分比'] = pd_qua_num['频数'] / pd_qua_num['频数'].sum()
print(pd_qua_num.head(10))
```

对微博词频和词性进行统计的结果分别如图 4-15 和图 4-16 所示。

| | 频数 | 百分比 |
|---|---|---|
| 女司机 | 4628 | 0.039517 |
| 男 | 2365 | 0.020194 |
| 司机 | 2031 | 0.017342 |
| 暴打 | 1638 | 0.013986 |
| 成都 | 1454 | 0.012415 |
| 都 | 1423 | 0.012150 |
| 被打 | 1376 | 0.011749 |
| 变道 | 1288 | 0.010998 |
| 人 | 1180 | 0.010076 |
| 遭 | 1113 | 0.009503 |

| | 频数 | 百分比 |
|---|---|---|
| n | 36672 | 0.313128 |
| v | 35631 | 0.304239 |
| d | 8706 | 0.074337 |
| x | 4085 | 0.034880 |
| a | 3857 | 0.032933 |
| m | 3113 | 0.026581 |
| r | 2999 | 0.025607 |
| ns | 2422 | 0.020681 |
| nr | 2202 | 0.018802 |
| f | 2041 | 0.017427 |

图 4-15　微博词频统计结果　　　　　图 4-16　微博词性统计结果

### 7. 绘制微博词频和词性统计图

使用 matplotlib 库函数绘制微博词频和词性统计直方图，能够展示特定事件下的微博话题关键词及对应词性的分布，代码如下。

```
def paint(df,x,y,title):
    plt.subplots(figsize=(7,5))
    font = 'SimHei'
    plt.yticks(fontproperties=font,size=10)
    plt.xlabel(x,fontproperties=font,size=10)
    plt.ylabel(y,fontproperties=font,size=10)
    plt.title(title,fontproperties=font)
    df.iloc[:10]['频数'].plot(kind='barh')
    # 支持中文
    mpl.rcParams['font.sans-serif'] = ['SimHei']
    plt.show()

paint(pd_word_num,"频数","词汇","词汇分布")
paint(pd_qua_num,"频数","词性","词性分布")
```

对微博词频和词性绘制统计直方图的结果分别如图 4-17 和图 4-18 所示。

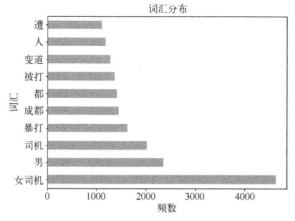

图 4-17  微博词频统计直方图

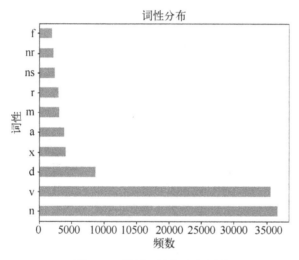

图 4-18  微博词性统计直方图

**8. 绘制微博词云图**

使用 wordcloud 库函数生成微博关键词词云图，能够更加直观地展示特定微博语料中所讨论的主要事件，代码如下。

```
# 生成词云
font_wc= r'C:\Windows\Fonts\msyhbd.ttc'
word_list = []
word_list.extend(pd_Top6.形容词[:10])
word_list.extend(pd_Top6.名词[:20])
word_list.extend(pd_Top6.动词[:20])

word_list.extend(pd_Top6.代词[:10])
word_list.extend(pd_Top6.时间词[:10])

myText=' '.join(df['词汇'])
```

```
# 设置词云属性，包括设置字体、背景颜色、最大词数、字体最大值、图片默认大小等
wc = WordCloud(font_path=font_wc, max_words=200,max_font_size=150,
                background_color='white',colormap= 'autumn',scale=1.5,random_state=30,
width=800,height=600)
    wc.generate(myText)
    plt.imshow(wc)
    plt.axis('off')
    plt.show()
```

最后，生成微博关键词词云图，如图 4-19 所示。

图 4-19　微博词云图

## 习题

**1. 简答题**

1）数据预处理包括哪些步骤？

2）缺失值处理的方法包括哪些？

3）Python 常见的数据预处理工具有哪些？

4）NumPy 计算中位数的函数是哪个？

5）pandas 建立索引的方法有哪些？

6）SciPy 进行目标优化的方法有哪些？

**2. 操作题**

编写一个百度贴吧的数据预处理系统。要求系统实现如下功能：删除帖子中的标点符号、缩略词、特殊符号、表情包和超链接等干扰信息；对帖子内容进行分词，并统计帖子中出现最多的前 10 个关键词；将处理后的内容保存到文本文件。

# 第 5 章
# Python 数据分析

本章将介绍数据分析的发展、主流技术及其应用领域，并详细介绍 Python 数据分析库、常用的统计分析和数据挖掘的算法、原理及主要的应用场景，如分类、回归、聚类等。同时介绍机器学习算法、主流框架及在数据分析方面的应用案例。本章学习目标如下：

◇ 了解 Python 数据分析的基本概念及主要流程。

◇ 理解分类基本原理及常用经典算法。

◇ 理解回归基本原理及常用经典算法。

◇ 理解聚类基本原理及常用经典算法。

◇ 熟练掌握 scikit-learn、Statsmodels、Gensim、Keras 等工具包的使用。

◇ 了解 Caffe、CNTK、TensorFlow 和 Pytorch 等当前流行的开源人工智能项目。

◇ 编程实现房屋价格的预测、用户社区划分、购物网站用户态度及情感分析等案例。

学习完本章，将更加深入地理解数据分析的基本理论和关键技术，并能够使用数据分析算法解决实际的问题。

## 5.1 数据分析简介

在统计学领域，数据分析可划分为描述性统计分析、探索性数据分析及验证性数据分析，其目标都是从一堆看似杂乱无章的数据中对信息进行萃取和提炼，以找出所研究对象的内在规律。本节主要介绍数据分析发展的由来及主流的数据分析技术，并给出数据分析已成功应用的领域。

### 5.1.1 数据分析发展

数据分析是指使用适当的统计分析方法对收集的大量数据进行分析，提取有用信息和形成结论而对数据加以详细研究和概括总结的过程。这一过程也是质量管理体系的支持过程。在实用中，数据分析可帮助人们做出判断，以便采取适当行动。

数据分析的数学基础在 20 世纪初期就已确立，但直到计算机的出现才使得实际操作成为可能，并使得数据分析得以推广。数据分析是数学与计算机科学相结合的产物。直到 20 世纪下半叶，随着数据库技术的发展应用，数据的积累不断膨胀，导致简单的查询和统计已经无法满足企业的商业需求，急需一些革命性的技术挖掘数据背后的信息。同时，这期间计算机领域的人工智能（Artificial Intelligence）也取得了巨大进展，进入了机器学习阶段。因此，人们将两者结合起来，使用数据库管理系统存储数据，使用计算机分析数据，且尝试挖掘数据背后的信息。这两者的结合促生了一门新的学科，即数据库中的知识发现（Knowledge Discovery in Databases，KDD）。1989 年 8 月召开的第 11 届国际人工智能联合会议的专题讨论会上首次出现了知识发现（KDD）这个术语，到目前为止，KDD 的重点已经从发现方法转向了实践应用。数据挖掘（Data Mining）则是知识发现（KDD）的核心部分，它指的是从数据集合中自动抽取隐藏在数据中的那些有用信息的非平凡过程，这些信息的表现形式包含规则、概念、规律及模式等。数据挖掘融合了数据库、人工智能、机器学习、统计学、高性能计算、模式识别、神经网络、数据可视化、信息检索和空间数据分析等多个领域的理论和技术。

随着大数据时代的到来，传统的软件已经无法处理和挖掘大量数据中的信息。谷歌在 2004 年左右相继发布谷歌分布式文件系统 GFS、大数据分布式计算框架 Mapreduce、大数据 NoSQL 数据库 BigTable，这奠定了大数据技术的基石。专为存储和分析大型数据集而开发的开源框架 Hadoop 问世，NoSQL 也在同一时期开始慢慢普及开来。2013 年大数据技术开始向商业、科技、医疗、政府、教育、经济、交通、物流及社会的各个领域渗透。总体来说，数据挖掘技术伴随着信息技术的发展和各行各业的需求正在日益成熟起来。

## 5.1.2 数据分析主流技术

### 1. 统计分析

统计分析是通过图表或数学的形式揭示数据过去发生的情况，包括数据的收集、分析、解释、呈现和建模。统计分析使用描述性分析和推断分析来分析一组数据或数据样本。描述性分析侧重于分析完整的数据或者汇总数据样本，显示连续数据的平均值和偏差、分类数据的百分比和频率。推断分析侧重于选择不同的样本从相同的数据中找到不同的结论。

### 2. 回归分析

回归分析使用历史数据来了解当一个（线性回归）或多个独立变量（多重回归）更改或保持不变时，因变量将如何受到影响。通过了解每个变量的关系以及它们在过去的变化方式，可以预测将来可能的结果，并在未来做出更好的业务决策。常见的回归分析方法包括一元线性分析、多元线性回归分析、Logistic 回归分析、非线性回归、有序回归、多项式回归、加权回归等。这些预测性的建模技术已经被广泛应用于房屋预测、股票预测、天气预测等数据分析任务中。

### 3. 聚类分析

聚类分析是将一组数据元素按照某种形式进行分组，同一组内的元素彼此间比其他组中更相似。由于聚类时没有目标变量，因此通常使用该方法在数据中查找隐藏的模式。常见的聚类分析方法包括基于划分的聚类方法、基于层次的聚类方法、基于密度的聚类方法、基于网格的聚类方法和基于模型的聚类方法等。由于算法选择和评价标准不同，这些方法对于同一组数据进行聚类分析，所得到的聚类数未必一致。

**4．因子分析**

因子分析又称降维分析，是一种用于描述观察到的相关变量之间变化的数据分析，其中一个潜在的、数量较低的、未被观察的变量称为因子。例如，6 个观测变量的变化可能主要反映两个未观测到的基础变量的变化。这里的目的是发现独立的潜在变量，这是简化特定数据段的理想分析方法。常见的因子分析方法包括重心法、最大似然法、最小平方法、主成分分析法等。这些方法本质上大都属近似方法，以相关系数矩阵为基础。

**5．模拟分析**

模拟分析是一种计算机化技术，用于生成可能的结果及其概率分布的模型。它基本上考虑了一系列可能的结果，然后计算每个特定结果实现的可能性，被数据分析人员用于进行高级风险分析，以便能够更好地预测未来可能发生的情况并做出相应的决策。常见的模拟分析方法包括蒙特卡洛方法、随机游走方法等。这些方法大多应用于复杂的商业、工程、天文等风险分析的领域。

**6．时间序列分析**

时间序列分析是一种统计技术，用于识别一段时间内的特定对象的变化趋势和行为周期。时间序列数据是一系列数据点，在不同的时间点测量相同的变量。例如，每周销售总量、每月电子邮件注册数等。通过观察与时间相关的趋势，分析人员能够预测未来所关注变量会如何波动。常见的时间序列分析方法包括移动平均滤波与指数平滑法、ARIMA 模型、向量自回归模型、ARCH 族模型等。这些方法基于随机过程理论和数理统计学方法，用于总结实际问题中的数据序列所遵从的统计规律。

**7．判别分析**

判别分析是一种统计判别和分组技术，对于一定数量样本的一个分组变量和相应的其他多元变量的已知信息，与其他多元变量信息所属的样本进行判别分组。判别分析预先知道分类类型，根据历史数据去构建判别函数，并对样本进行分类。常见的判别分析方法包括最大似然、距离判别、Fisher 判别、Bayes 判别等。这些方法已在气候分类、农业划分、商品类型划分中有着广泛的应用。

**8．方差分析**

方差分析又称变异数分析，用于两个及两个以上样本均数差别的显著性检验。方差分析通过分析研究不同来源的变异对总变异的贡献大小，从而确定可控因素对研究结果影响力的大小。常见的方差分析方法包括单因素方差分析、多因素有交互方差分析、多因素无交互方差分析、协方差分析等。这些方法已在农作物产量、产品合格率、区域降水量中有着广泛的应用。

**9．假设检验**

假设检验又称统计假设检验，是用来判断样本与样本、样本与总体的差异是由抽样误差引起还是由本质差别造成的统计推断方法。常见的假设检验方法包括 t 检验，Z 检验，卡方检验，F 检验等。这些方法已在通信系统、雷达系统、集成电路等小概率事件检测中有着广泛的应用。

**10．文本分析**

文本分析又称文本挖掘，是从文本中抽取出特征词进行量化表示信息的过程。它通过文本分析模型自动从不同的大规模文本语料中提取信息来发现新的、以前未知的知识。例如，文本分析技术自动对某个品牌的使用评价进行正面的、负面的或中性的分类。常见的文本分析方法包括关键词提取、文本摘要、文本生成、文本分类等。这些分析技术已经被广泛应用于信息检索、产品推广、事件处理等领域。

### 5.1.3 数据分析应用领域

大数据时代的出现改变了人们的工作方式、生产模式和生活习惯，为个人、企业、社会和国家带来了深远的影响。通过大数据在现实世界中的应用能够真实感受到大数据的魅力及价值所在。

**1．定位和提升服务质量**

企业通过收集社交媒体数据、浏览器日志、文本分析和传感器数据能够更好地了解客户及他们的行为和喜好。例如，美国零售商 Target 利用大数据分析可以非常准确地预测他们的客户什么时候想要小孩，电信公司使用大数据可以更好地预测客户流失，沃尔玛可以更好地预测哪些产品将会热卖，汽车保险公司能够了解其客户的驾驶水平等。

**2．提高医疗救助能力**

大数据分析的计算能力能够在几分钟内解码整个 DNA，并辅助医生找到新的治疗方法，同时更好地理解和预测疾病模式。大数据技术也被用来监视早产婴儿及患病婴儿。通过记录和分析每次心跳及呼吸模式，医生可以在任何身体不适症状出现之前预测 24 小时的情况，从而更早地救助患病婴儿。

**3．提高体育竞技水平**

现在很多运动都已经采用大数据分析技术。例如，国际比赛中使用视频分析工具来追踪比赛中每个球员的表现，而运动器材中的传感器技术可以获得比赛的数据，以便进行相应的改进。大数据智能技术可用来追踪运动员的营养状况及睡眠质量。

**4．优化机器和设备性能**

大数据分析还可以让机器和设备变得更加智能和自主化。例如，谷歌的自驾车通过相机、GPS 及强大的计算机和传感器等大数据工具可以在道路上安全驾驶，不需要人类的干预。大数据工具还可以用来优化智能电网，提升数据仓库的性能。

**5．改善安全和执法**

大数据被广泛应用于提高安全和执法过程。例如，美国国家安全局使用大数据分析对抗恐怖主义活动。网络安全部门使用大数据技术检测和阻止网络攻击。警察使用大数据工具捉住罪犯，甚至预测犯罪活动。

**6．改进和优化城市的管理**

大数据还被用来改善城市的管理和服务。例如，城市可以基于实时交通信息、社交媒体和天气数据来优化交通情况。利用大数据分析技术来构建智能城市，将交通基础设施和公共设施程序都加入进来。

**7．改善和提升金融服务**

大数据在金融行业的应用主要是在金融交易。例如，银行使用大量数据做相关性分析，判断客户的信贷风险等级。银行利用客户行为数据集为客户提供理财产品、信用额度提升、优惠信息推送等特色服务。

上述案例是当前大数据应用最多的领域。除此之外，随着大数据工具的普及和智能化，未来将会有更多新的应用出现在大数据领域。

## 5.2　Python 数据分析库

随着数据挖掘技术的发展，当前涌现出大量优秀的机器学习库供人们使用，大大提升了数据分析任务的处理效率。本节主要介绍了 scikit-learn、statsmodels、Gensim 和 Keras 这 4 个流行 Python 机器学习库的安装方法与使用步骤。同时给出了利用 scikit-learn 库进行微博热点话题舆情聚类分析的过程。

### 5.2.1　scikit-learn

#### 1．scikit-learn 简介

scikit-learn（简称 sklearn）是目前较受欢迎，而且功能强大的一个 Python 机器学习库。它建立在 SciPy、NumPy 和 matplolib 库的基础上，为机器学习和统计建模提供了一系列高效工具，包括分类、聚类、回归和降维等模型，同时拥有完善的文档和丰富的 API，上手容易，也内置了大量数据集，节省了获取和整理数据集的时间。当然，scikit-learn 也有不足之处，例如，不支持深度学习和强化学习，不支持图模型和序列预测，不支持 Python 之外的语言，也不支持 PyPy 和 GPU 加速等。总体来说，scikit-learn 由于其强大的功能、优异的拓展性及易用性，目前已受到了很多数据科学从业者的欢迎，也是业界著名的开源项目之一。

scikit-learn 的主要特点如下。

- 完全开源，可免费用于商业、个人项目中。
- 用于预测数据分析的简单高效工具。
- 模型访问接口简单，可在各种数据分析上下文中重复使用。
- 建立在 SciPy、NumPy 和 matplolib 库的基础上，提供简便高效的运行库。
- 集成了大量的有监督、无监督、降维、特征抽取、特征选择等算法。

#### 2．scikit-learn 安装

scikit-learn 可在 Windows、Linux、macOS 等多种操作系统平台上安装和使用。在安装 scikit-learn 之前，需要准备相关依赖项，包括：Python（3.6 及以上版本）、NumPy（1.8.2 及以上版本）、SciPy（0.13.3 及以上版本）。

（1）在 Windows 系统上安装

在 Windows 系统上，先从 Python 官网下载安装 Python 3.6 及更高版本。使用 pip 安装时，若使用 pip 虚拟环境，可使用以下命令安装 scikit-learn。

```
python -m venv sklearn-venv
sklearn-venv\Scripts\activate
pip install -U scikit-learn
```

使用 pip 安装时，若不使用 pip 虚拟环境，可使用以下命令安装 scikit-learn。

```
pip install -U scikit-learn
```

使用 conda 安装时，若使用 conda 环境，可使用以下命令安装 scikit-learn。

```
conda create -n sklearn-env
conda activate sklearn-env
conda install scikit-learn
```

使用 conda 安装时，若不使用 conda 环境，可使用以下命令安装 scikit-learn。

```
conda install scikit-learn
```

（2）在 Linux 系统上安装

在 Linux 系统上，先使用软件包管理器来安装 Python3 和 Python3-pi。使用 pip 安装时，若使用 pip 虚拟环境，使用以下 3 行命令安装 scikit-learn。

```
python3 -m venv sklearn-venv
source sklearn-venv/bin/activate
pip install -U scikit-learn
```

使用 pip 安装时，若不使用 pip 虚拟环境，可使用以下命令安装 scikit-learn。

```
pip3 install -U scikit-learn:
```

使用 conda 安装时，若使用 conda 环境，可使用以下 3 行命令安装 scikit-learn。

```
conda create -n sklearn-env
conda activate sklearn-env
conda install scikit-learn
```

使用 conda 安装时，若不使用 conda 环境，可使用以下命令安装 scikit-learn。

```
conda install scikit-learn
```

（3）在 macOS 系统上安装

在 macOS 系统上，先使用 homebrew（brew install python）安装 Python 3 或从 Python 官网下载 Python 3 软件包并手动安装。使用 pip 安装时，若使用 pip 虚拟环境，可使用以下 3 行命令安装 scikit-learn。

```
python -m venv sklearn-venv
source sklearn-venv/bin/activate
pip install -U scikit-learn
```

使用 pip 安装时，若不使用 pip 虚拟环境，可使用以下命令安装 scikit-learn。

```
pip install -U scikit-learn
```

使用 conda 安装时，若使用 conda 环境，可使用以下 3 行命令安装 scikit-learn。

```
conda create -n sklearn-env
conda activate sklearn-env
conda install scikit-learn
```

使用 conda 安装时，若不使用 conda 环境，可使用以下命令安装 scikit-learn。

```
conda install scikit-learn
```

为了检查 scikit-learn 是否安装成功，可使用以下命令进行验证。

1）使用 pip 安装时，若使用 pip 虚拟环境，在 Windows/Linux/macOS 系统中，使用以下 3 行命令进行检查。

```
python -m pip show scikit-learn    # 查看 scikit-learn 的安装路径和版本
python -m pip freeze         # 在激活的环境(virtualenv)中查看 Python 安装的所有包
python -c "import sklearn; sklearn.show_versions()"
```

2）使用 pip 安装时，若不使用 pip 虚拟环境，在 Windows/macOS 系统中，使用以下 3 行命令进行检查。

```
python -m pip show scikit-learn    # 查看 scikit-learn 的安装路径和版本
python -m pip freeze               # 在激活的环境(virtualenv)中查看 python 安装
的所有包
python -c "import sklearn; sklearn.show_versions()"
```

3）使用 pip 安装时，若不使用 pip 虚拟环境，在 Linux 系统中，使用以下 3 行命令进行检查。

```
python3 -m pip show scikit-learn   # 查看 scikit-learn 的安装路径和版本
python3 -m pip freeze        # 在激活的环境(virtualenv)中查看 python 安装的所有包
python3 -c "import sklearn; sklearn.show_versions()"
```

4）使用 conda 安装时，不管是否使用 conda 环境，使用以下 3 行命令进行检查。

```
conda list scikit-learn    # 查看 scikit-learn 的安装版本
conda list                 # 在激活的环境(conda)中查看 python 安装的所有包
python -c "import sklearn; sklearn.show_versions()"
```

### 3. scikit-learn 简单应用

为了方便学习和测试机器学习中的各类算法，scikit-learn 内置了各种有用的数据集，例如，文本处理、图像识别等具有代表性的数据集。本节以鸢尾花卉 Iris 数据集为分析对象，该数据集包含 150 个数据样本，分为 3 类，每类 50 个数据，每个数据包含 4 个属性。目标是根据花萼长度（sepal length）、花萼宽度（sepal width）、花瓣长度（petal length）、花瓣宽度（petal width）这 4 个属性来预测鸢尾花属于山鸢尾（iris-setosa）、变色鸢尾（iris-versicolor）、弗吉尼亚鸢尾（iris-virginica）3 个种类中的哪一类。鸢尾花分类预测的主要代码如下。

```
from sklearn import datasets
from sklearn.model_selection import train_test_split
from sklearn.neighbors import KNeighborsClassifier

#导入鸢尾花数据
iris = datasets.load_iris()
# 鸢尾花数据集所包含的特征变量
iris_X = iris.data
print('特征变量的长度', len(iris_X))
```

```
# 鸢尾花分类标签
iris_y = iris.target
print('鸢尾花的目标值', iris_y)
# 划分鸢尾花数据集的训练集和测试集
X_train, X_test, y_train, y_test = train_test_split(iris_X, iris_y, test_
size = 0.3)

# 引入 K 近邻算法进行模型训练
knn = KNeighborsClassifier()
# 对训练集和测试集进行训练拟合
knn.fit(X_train, y_train)

params = knn.get_params()
print(params)

score = knn.score(X_test, y_test)
print("预测得分为: %s" %score)

# 对测试数据进行特征值预测
print(knn.predict(X_test))
```

### 5.2.2　statsmodels

#### 1. statsmodels 简介

statsmodels 是一个 Python 软件包,是 SciPy 统计数据计算的补充,包括描述性统计数据及统计模型的估计和推断。与 scikit-learn 相比,statsmodels 主要提供了线性回归模型、线性混合效应模型、离散模型、方差分析方法、时间序列过程、状态空间模型和沙箱等功能。

#### 2. statsmodels 安装

statsmodels 可在 Windows、Linux 和 macOS 等操作系统中安装和使用。statsmodels 安装需要准备相关依赖项,包括 Python (版本高于或等于 3.5)、NumPy (版本高于或等于 1.14)、SciPy (版本高于或等于 1.0)、pandas (版本高于或等于 0.21)、Patsy (版本高于或等于 0.5.1)、Cython (版本高于或等于 0.29)。完成上述依赖项的安装后,statsmodels 有以下 4 种安装方法。

1) 使用 pip 安装 statsmodels,命令如下。

```
pip install -U statsmodels
```

2) 使用 conda 安装 statsmodels,命令如下。

```
conda install -c conda-forge statsmodels
```

3) 使用源代码安装 statsmodels,命令如下。

```
pip install git+https://github.com/statsmodels/statsmodels
```

4) 直接运行安装文件,命令如下。

```
python setup.py install
```

比较上述 4 种安装方式可知，由于 statsmodels 已集成到 Anaconda，所以第 2 种安装方式最简单便捷。

**3．statsmodels 简单应用**

statsmodels 提供了多种线性回归模型。本节使用 statsmodels 库做一元回归分析和多元回归分析。

1）statsmodels 加载远程 CSV 文件，并查看特定列的底部 5 行，代码如下。

```
import statsmodels.api as sm
import pandas
from patsy import dmatrices
# 自动下载远程文件，并进行加载
df = sm.datasets.get_rdataset("Guerry", "HistData").data
# 选择兴趣变量，并查看底部 5 行
vars = ['Department', 'Lottery', 'Literacy', 'Wealth', 'Region']
df = df[vars]
print(df[-5:])
# 结果输出
      Department  Lottery  Literacy  Wealth Region
81        Vienne       40        25      68      W
82  Haute-Vienne       55        13      67      C
83        Vosges       14        62      82      E
84         Yonne       51        47      30      C
85         Corse       83        49      37    NaN
```

2）statsmodels 库做线性回归分析，代码如下。

```
import numpy as np
import statsmodels.api as sm
# 加载内置数据集
spector_data = sm.datasets.spector.load(as_pandas=False)
spector_data.exog = sm.add_constant(spector_data.exog, prepend=False)
# 拟合和概述 OLS (Ordinary Least Squares) 模型
mod = sm.OLS(spector_data.endog, spector_data.exog)
res = mod.fit()
print(res.summary())
# 结果输出
                          OLS Regression Results
==============================================================================
Dep. Variable:                      y   R-squared:                       0.416
Model:                            OLS   Adj. R-squared:                  0.353
Method:                 Least Squares   F-statistic:                     6.646
Date:                Sun, 09 May 2021   Prob (F-statistic):            0.00157
Time:                        19:51:32   Log-Likelihood:                -12.978
No. Observations:                  32   AIC:                             33.96
Df Residuals:                      28   BIC:                             39.82
Df Model:                           3
Covariance Type:            nonrobust
==============================================================================
                 coef    std err          t      P>|t|      [0.025      0.975]
```

```
----------------------------------------------------------------------------
x1              0.4639      0.162      2.864      0.008       0.132       0.796
x2              0.0105      0.019      0.539      0.594      -0.029       0.050
x3              0.3786      0.139      2.720      0.011       0.093       0.664
const          -1.4980      0.524     -2.859      0.008      -2.571      -0.425
============================================================================
Omnibus:                              0.176    Durbin-Watson:                2.346
Prob(Omnibus):                        0.916    Jarque-Bera (JB):             0.167
Skew:                                 0.141    Prob(JB):                     0.920
Kurtosis:                             2.786    Cond. No.                     176.
============================================================================
```

### 5.2.3   Gensim

**1. Gensim 简介**

Gensim（Generate Similarity）是一个开源的自然语言处理 Python 库，利用现代统计机器学习，进行无监督的主题建模和自然语言处理，具备训练大规模语义模型、文本语义表示、快速查找相似文档等功能。Gensim旨在使用数据流和增量在线算法处理大型文本数据集，由于内置 Word2Vec、Doc2Vec、FastText，LDA、TextRank 等主流的无监督文本主题挖掘模型，已被广泛应用于自然语言处理、信息检索领域。

Gensim 的主要特点如下。

- 支持大规模数据的流式计算。所有算法都是与内存无关的语料库。
- 直观的接口。简单的流式 API 易于输入语料库和数据流，简单转换 API 易于扩展其他向量空间算法。
- 多种向量空间算法的高效实现。包括在线潜在语义分析（LSA/LSI/SVD）、潜在 Dirichlet 分配（LDA）、随机投影（RP）、层次 Dirichlet 过程（HDP）或 Word2Vec 深度学习等。
- 分布式计算。可在计算机集群上运行 LSA 和 LDA 模型。
- 丰富的文档和 Jupyter 笔记本教程。

**2. Gensim 安装**

Gensim 能够安装在 Windows、Linux 和 macOS 及其他的平台，需要事先安装依赖库，包括 Python (版本高于或等于 3.5)、NumPy (版本高于或等于 1.11.3)、SciPy (版本高于或等于 0.18.1)、Six (版本高于或等于 1.5.0)、smart_open (版本高于或等于 1.2.1)。完成上述依赖项的安装后，Gensim 有以下两种安装方法。

1）使用 pip 安装 Gensim，命令如下。

```
pip install --upgrade gensim
```

2）使用 conda 安装 Gensim，命令如下。

```
conda install -c conda-forge gensim
```

**3. Gensim 简单应用**

本节将通过 Gensim 库中词典 dictionary、词重要度 TF-IDF 模型和词向量 Word2Vec 模型进行词相似度计算。

（1）训练语料的预处理

训练语料的预处理是指将文档中原始的字符文本转换成 Gensim 模型所能理解的稀疏向量的过程。假设给定一个文档的集合，每一篇文档由一些原生字符组成。在 Gensim 的模型训练之前，需要将这些文本进行分词、去除停用词等操作，得到每一篇文档的特征列表，解析成 Gensim 能处理的稀疏向量的格式。

```python
from gensim import corpora
from collections import defaultdict

raw_corpus = ["Human machine interface for lab abc computer applications",
              "A survey of user opinion of computer system response time",
              "The EPS user interface management system",
              "System and human system engineering testing of EPS",
              "Relation of user perceived response time to error measurement",
              "The generation of random binary unordered trees",
              "The intersection graph of paths in trees",
              "Graph minors IV Widths of trees and well quasi ordering",
              "Graph minors A survey"]

# 移除停用词
stoplist = set('for a of the and to in'.split(' '))
texts = [[word for word in document.lower().split() if word not in stoplist]
         for document in raw_corpus]

# 移除只出现一次的单词
frequency = defaultdict(int)
for text in texts:
    for token in text:
        frequency[token] += 1

precessed_corpus = [[token for token in text if frequency[token] > 1] for
text in texts]

# 生成词典
dictionary = corpora.Dictionary(precessed_corpus)

# 指定单词的向量及数量
new_doc = "human computer interaction"
new_vec = dictionary.doc2bow(new_doc.lower().split())
print(new_vec)

# 统计每一个单词
bow_corpus = [dictionary.doc2bow(text) for text in precessed_corpus]
print(bow_corpus)
```

（2）主题向量的变换

Gensim 的核心是对文本向量的变换。通过挖掘语料中隐藏的语义结构特征，可以变换出一个简洁高效的文本向量。这里以 TF-IDF 模型为例，介绍文档主题的向量变换。

```
from gensim import models

tfidf = models.TfidfModel(bow_corpus)
string = "system minors"
string_bow = dictionary.doc2bow(string.lower().split())
string_tfidf = tfidf[string_bow]
```

（3）词相似度计算

直接调用 Gensim 中 Word2Vec 模型进行词与词的相似度计算。为了简便，本节省去了调参的步骤，实际使用的时候，可根据需要对 Word2Vec 的一些参数进行调参。

```
from gensim.models import Word2Vec

vec = Word2Vec(precessed_corpus, min_count = 1)
sim = vec.most_similar("human")
print(sim)
print("ok")
```

从输出结果可知：在已有文档语料集合中，"human" 最相近的 3 个字的词如下：('interface', 0.10587335377931595), ('user', 0.075718492269515199), ('response', 0.044421274214982986)。

### 5.2.4　Keras

**1. Keras 简介**

Keras 是一个由 Python 编写的开源神经网络库，为 Tensorflow、Microsoft-CNTK 和 Theano 提供了高阶应用程序接口封装，方便进行深度学习模型的构建、调试、评估、应用和可视化。Keras 在代码结构上由面向对象方法编写，完全模块化并具有可扩展性，有着良好的运行机制和说明文档，并试图简化复杂算法的实现难度。Keras 支持现代人工智能领域的主流算法，包括卷积神经网络（CNN）、递归神经网络（RNN）、长短期记忆网络（LSTM）、生成式对抗网络（GAN）等，也可以通过封装参与构建统计学习模型。在硬件和开发环境方面，Keras 支持多操作系统下的多 GPU 并行计算，可以根据后台设置转化为 Tensorflow、Microsoft-CNTK 等系统下的组件。

Keras 的主要特点如下。

- 简洁友好的 API 和文档。Keras 提供一致且简单的 API，最大限度地减少常见使用案例所需的用户操作次数，并提供了清晰且可操作的错误消息。
- 极快的执行效率。Keras 是 Kaggle 竞赛中前 5 名使用最多的深度学习框架。Keras 运行新实验更加容易，能够更快地尝试更多的想法。
- 大规模机器学习。Keras 构建在 TensorFlow2.0 之上，是一个具有行业实力的框架，可以扩展到大型 GPU 集群或整个 TPU。
- 部署方便。充分利用 TensorFlow 平台的全面部署能力，Keras 模型导出为 JavaScript 类型文件，可直接在浏览器中运行；导出为 TF-Lite 类型文件，则可以在 iOS、Android 和嵌入式设备上运行。通过 Web API 供 Keras 模型使用也很容易。

- 巨大的生态系统。Keras 是 TensorFlow2.0 生态系统的核心部分，从数据管理到超参数训练再到部署解决方案，涵盖机器学习工作流的每一步。
- 先进的模型。Keras 被 CERN、NASA 等科学组织使用，具有低层次的灵活性，可实现任意的模型；还提供可选的高层次便利特性，加快实验周期。

**2. Keras 安装**

Keras 支持 Python 2.7 及以后的版本，且安装前要求预装 TensorFlow、Theano、Microsoft-CNTK 中的至少一个。本节推荐安装 TensorFlow 后端。其它可选的预装模块包括：h5py，用于将 Keras 模型保存为 HDF 文件；cuDNN，用于 GPU 计算；PyDot，用于模型绘图。Keras 可以通过 PIPy、Anaconda 安装，也可从 GitHub 下载源代码安装。

1）推荐使用 pip 安装 Keras，命令如下。

```
sudo pip install keras
```

在 Windows 系统上或使用 virtualenv 虚拟环境，请删除 sudo。

2）使用 conda 安装 Keras，命令如下。

```
conda install keras
```

3）使用源代码安装 Keras。首先，使用 git 来克隆 Keras，代码如下。

```
git clone https://github.com/keras-team/keras.git
```

然后，进入 Keras 目录，并运行安装命令。

```
cd keras
sudo python setup.py install
```

安装 Keras 后，使用以下命令来查看 Keras 版本。

```
>>> import keras
Using TensorFlow backend.
>>> keras.__version__
'2.0.9'
```

**3. Keras 简单应用**

本节介绍使用 Keras 在 IMDB 电影评论情感分类数据集上训练一个 2 层双向 LSTM，主要实现代码如下。

```
import numpy as np
from tensorflow import keras
from tensorflow.keras import layers
max_features = 20      # 只考虑前 20 个关键词
maxlen = 200           # 只考虑每个电影评论的前 200 个词
# 输入可变长度的整数序列
inputs = keras.Input(shape=(None,), dtype="int32")
# 将每个整数嵌入 128 维向量中
```

```
x = layers.Embedding(max_features, 128)(inputs)
# 增加 2 个双向的 LSTMs
x = layers.Bidirectional(layers.LSTM(64, return_sequences=True))(x)
x = layers.Bidirectional(layers.LSTM(64))(x)
# 设置 sigmoid 激活函数
outputs = layers.Dense(1, activation="sigmoid")(x)
model = keras.Model(inputs, outputs)
model.summary()

# 加载 IMDB 电影评论情感数据集
(x_train, y_train), (x_val, y_val) = keras.datasets.imdb.load_data(
    num_words=max_features
)
print(len(x_train), "Training sequences")
print(len(x_val), "Validation sequences")
# 使用 pad_sequence 序列来标准化序列长度
# 这将截断超过 200 个字的序列和小于 200 个字的零填充序列。
x_train = keras.preprocessing.sequence.pad_sequences(x_train, maxlen=maxlen)
x_val = keras.preprocessing.sequence.pad_sequences(x_val, maxlen=maxlen)

## 训练和评估模型
model.compile(optimizer="adam",loss="binary_crossentropy", metrics=["accuracy"])
model.fit(x_train, y_train, batch_size=32, epochs=2, validation_data=(x_val,
y_val))

# 结果输出
Model: "model"
```

| Layer (type) | Output Shape | Param # |
|---|---|---|
| input_1 (InputLayer) | [(None, None)] | 0 |
| embedding (Embedding) | (None, None, 128) | 2560000 |
| bidirectional (Bidirectional | (None, None, 128) | 98816 |
| bidirectional_1 (Bidirection | (None, 128) | 98816 |
| dense (Dense) | (None, 1) | 129 |

```
Total params: 2,757,761
Trainable params: 2,757,761
Non-trainable params: 0
```

```
Downloading data from https://storage.googleapis.com/tensorflow/tf-keras-
datasets/imdb.npz
17465344/17464789 [==============================] - 3s 0us/step
25000 Training sequences
25000 Validation sequences
Epoch 1/2
```

```
        782/782 [==============================] - 363s 452ms/step - loss: 0.5277 -
accuracy: 0.7214 - val_loss: 0.3547 - val_accuracy: 0.8499
        Epoch 2/2
         66/782 [=>............................] - ETA: 4:39 - loss: 0.2994 -
accuracy: 0.8808
```

## 5.2.5　社交网站数据分析

微博作为国内流行的在线社交网站之一，每时每刻都在产生大量的话题信息。为了更好地将有价值、流行度较高的话题推荐给用户，需要对热点话题进行聚类，并对话题的流行度进行预测，为网络舆情分析与预警提供重要的应用价值。本节将通过机器学习工具包 scikit-learn 为读者讲解针对微博热点话题的舆情聚类分析过程。

### 1. 微博数据文本预处理

本节采用 jieba 分词模块对微博正文进行处理，首先将微博中的数字、字母、特殊符号等使用正则表达式去掉，然后使用 jieba 分词模块对微博正文进行分词，主要代码如下。

```
# 清洗文本
def clearText(line:str):
    if(line != ''):
        line = line.strip()
        # 删除文本中的英文和数字
        line = re.sub("[a-zA-Z0-9]", "", line)
        # 删除文本中的中文符号和英文符号
        line = re.sub("[\s+\.\!\/_,$%^*(+\"\'; ：“”.]+|[+——！，。？?、~@#￥%……
&* （）]+", "", line)
        return line
    return None


#文本切割
def sent2word(line):
    segList = jieba.cut(line,cut_all=False)
    segSentence = ''
    for word in segList:
        if word != '\t':
            segSentence += word + " "
    return segSentence.strip()
```

### 2. 微博文本特征向量化

数据挖掘模型需要把每条由词语组成的句子转换成数值型向量，本节使用 TF-IDF 算法对文档进行向量化，将所有数据转换为词频矩阵。TF-IDF 算法最大特征值选择为 10000，主要代码如下。

```
# 转换文本中的词语为词频矩阵，矩阵元素 A[i][j] 表示 j 词在 i 类文本中的词频
vectorizer = CountVectorizer(max_features=10000)
#统计每个词语的 tf-idf 权值
tf_idf_transformer = TfidfTransformer()
# 将文本转为词频矩阵并计算 tf-idf
```

```
tfidf = tf_idf_transformer.fit_transform(vectorizer.fit_transform(corpus))
# 返回词袋模型中的所有词语
tfidf_matrix = tfidf.toarray()
# 返回词袋模型中的所有词语
word = vectorizer.get_feature_names()
```

### 3. 微博文本话题聚类

K-means 是一种经典的无监督聚类算法。它将数据集中的样本划分为若干个不相交的子集，每个子集称为一个"簇"（Cluster），通过这样的划分，每个簇可能对应一些潜在的概念或类别。这里将词频矩阵作为 K-means 模型的输入，然后直接调用 scikit-learn 的 K-means 模型，对所有微博数据进行聚类，主要代码如下。

```
# 调用 K-means 模型
clf = KMeans(n_clusters=num)
s = clf.fit(tfidf_matrix)

# 每个样本所属的簇
label = []
i = 1
while i <= len(clf.labels_):
    label.append(clf.labels_[i - 1])
    i = i + 1
# 返回标签聚类
y_pred = clf.labels_
```

对微博数据进行聚类分析的结果如图 5-1 所示。

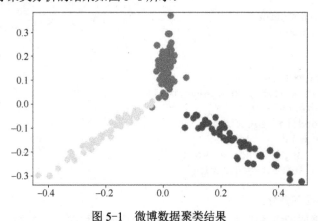

图 5-1　微博数据聚类结果

# 5.3　分类

分类是机器学习非常重要的一个组成部分，它的目标是根据已知样本的某些特征，判断一个新的样本属于哪种已知的样本类，属于监督学习的范畴。本节主要介绍分类的基本概念及应用场景，并列举了 6 种常见的分类算法，并对比了它们的优缺点，给出了分类算法性能优劣的评价指标。通过新闻文本多分类的实例展示了多项式朴素贝叶斯分类器和随机梯度下降分类器的训练与预测过程。

## 5.3.1　分类简介

分类是数据挖掘的一个重要组成部分。在机器学习领域，分类问题通常被认为属于有监督学习（Supervised Learning），目标是根据已知样本的某些特征，判断一个新的样本属于哪种已知的样本类。根据类别的数量还可以进一步将分类问题划分为二分类（Binary Classification）和多分类（Multiclass Classification）。

自统计分析诞生以来，分类技术已被广泛应用在社会的各行各业。

● 医学检查。将病人的检查结果分为有病和健康，这是一个医学方面的二分类问题。
● 情感分析。在品牌口碑检测领域，情感分析指可以识别网民对于某一对象的好恶倾向，有利于产品的销售和改进。
● 新闻分类。海量的新闻文档可分为体育、经济、娱乐、社会和教育等不同话题，这就是一个多分类的问题。
● 邮件检测。在电子邮箱中，邮件分为广告邮件、垃圾邮件和正常邮件，这也是一个多分类的问题。
● 信用评估。例如，银行对信用卡客户进行信用等级分类，上市公司股票类型的划分则属于多分类问题。

## 5.3.2　常用分类算法

在机器学习中，通常把能够将输入数据映射到特定类别的算法称分类器（Classifier）。最常用的分类算法主要有朴素贝叶斯、决策树、K 近邻、逻辑回归、支持向量机、人工神经网络等。

### 1．朴素贝叶斯

朴素贝叶斯（Naïve Bayes，NB）是一种基于贝叶斯定理的分类算法，它给出了预测者之间独立性的假设，即假定样本每个特征与其他特征都不相关。朴素贝叶斯是一个简单和方便的分类算法，仅需要少量训练数据来估计获得结果所需的参数，有助于快速建立机器学习模型并做出预测。然而，朴素贝叶斯同样存在无法分类未知类别和特征变量强独立性假设这两个缺点，导致其分类器性能并不佳。朴素贝叶斯已用于各种实际任务中，如垃圾邮件分类、文档分类、情感分析、疾病预测等。

### 2．决策树

决策树（Decision Tree，DT）是一个以树结构的形式构建的分类模型。它是基于 if-then-else 规则的有监督学习算法，按顺序使用一次一个训练数据进行学习。每次学习规则时，都会删除涵盖规则的节点。训练过程继续进行，直到达到终止点，最后的结构看起来像一棵自上而下有节点和树叶的倒立树。一般情况下，决策节点将有两个或两个以上的分支，一片叶子表示分类或决策。决策树中最上面的顶节点称为根节点，决策树可以同时处理离散和连续数据。决策树具有简单易懂、可解释性强、无须充足数据准备等优点。然而，决策树存在结构相当不稳定的问题，即数据的简单更改也会改变决策树的整个结构。决策树已广泛应用于天气预报、风险识别、疾病分类和期权定价等领域。

### 3．K 近邻

K 近邻（K-Nearest Neighbors，K-NN）是一种用于分类和回归的非参数统计方法。它是一种懒惰的学习算法，将所有与训练数据相对应的实例存储在 N 维空间中，根据每个点的 K 个最接近的邻居的简单多数票进行计算。训练过程中，K 近邻需要一堆带标记的监督点，并使用它们来标记其他点。当需要标记新点，它将查看最接近该新点的标记点，也称为最近的邻居，并使用少数服从多数的原则进行新点的标签赋值。K 是它检查的邻居的数量，通常取值 3～7。K 近邻算法实现非常简单，并且对含噪声的训练数据非常可靠。K 近邻的唯一缺点是需确定 K 值，计算成本较高。K 近邻已广泛应用于工业应用、手写检测、图像识别、视频识别、库存分析等领域。

### 4．逻辑回归

逻辑回归（Logistic Regression，LR）是机器学习中的一个二分类算法，使用一个或多个独立变量来估计某种事物的二分可能性。它的目标是在依赖变量和一组独立变量之间找到最合适的关系。与线性回归不同，该模型使用 Sigmoid 曲线表示目标变量在最大可能性上的分布，从数量上解释了导致分类的因素，性能优于其他二元分类算法。逻辑回归具有易于理解、实现简单等优点，不足之处在于它仅在预测变量为二分类时才起作用，并假定数据没有缺失值和假设预测器彼此独立。逻辑回归已应用在单词分类、天气预报、疾病风险控制、选举投票等领域。

### 5．支持向量机

支持向量机（Support Vector Machine，SVM）是一种监督机器学习算法，提供数据分析的分类和回归分析。它用于对两组分类问题使用分类算法。在为每个类别提供 SVM 模型集标记的训练数据后，能够对新数据进行分类。SVM 对于输入的数据会在数据类型之间创建决策边界的超平面，使得空间中的点被尽可能宽的间隔划分为类别，然后通过预测它们属于哪个类别以及它们属于哪个空间来增加新的点到空间中。在二维空间中，超平面是一条线；在高维空间中，超平面是一个经过映射变换的线或面。支持向量机具有高维处理、泛化能力强等优点，不足之处在于不直接提供概率估计。支持向量机已在人像识别、文本分类、投资建议等领域得到应用。

### 6．人工神经网络

人工神经网络（Artificial Neural Network，ANN）是一种由排列在多个层中的神经元组成的网络结构，它们会接收一些输入并将其转换为输出。这个过程涉及每个神经元接受输入并使用一个非线性激活函数，然后将输出传递到下一层，保证下一层输出与上一层无任何直接的反馈关系。这是一个自适应学习系统，因为它从初始随机映射开始，反复自我调整相关权重，以微调到所有记录所需的输出。多层提供了深度学习能力，能够从原始数据中提取更高级的功能。人工神经网络对含义噪声的数据具有很高的容忍度，能够对未经训练的数据进行分类，通过连续值输入和输出，性能更好。人工神经网络的缺点是与其他模型相比，它的解释性很差。人工神经网络在计算机视觉、自然语言处理、语音识别等领域具有广泛的应用。

针对上述常见的分类算法，各自有着不同的优缺点和应用场景，具体如表 5-1 所示。

表 5-1　常见分类算法比较

| 算法 | 优点 | 缺点 |
|---|---|---|
| 朴素贝叶斯 | 所需估计的参数少，对缺失数据不敏感 | 属性之间相互独立（这往往并不成立），需要先验概率；分类决策存在错误率 |
| 决策树 | 不需要任何领域知识或参数假设；适合高维数据；简单易于理解；短时间内处理大量数据，得到可行且效果较好的结果 | 样本类别数量不一致数据，信息增益偏向于具有更多数值的特征；易于过拟合；忽略属性之间的相关性；不支持在线学习 |
| K 近邻 | 简单好用、容易理解、精度高、理论成熟，既可做分类也可做回归；适用于数值型数据和离散型数据；对异常值不敏感 | 计算复杂性高，空间复杂性高；样本分类不均衡时易产生误判；无法给出数据的内在含义 |
| 逻辑回归 | 简单易于理解，直接看到各个特征的权重；能容易地更新模型吸收新的数据；如果想要一个概率框架，动态调整分类阈值 | 特征处理复杂，需要归一化和较多的特征工程 |
| 支持向量机 | 解决小样本下学习问题；解决高维、非线性问题；泛化性能强 | 计算复杂性高，空间复杂性高，对缺失数据敏感；调参过程烦琐 |
| 人工神经网络 | 分类准确率高；并行处理能力强；分布式存储和学习能力强，鲁棒性较强，不易受噪声影响 | 需要调节大量参数，如网络拓扑、阈值、阈值等；结果难以解释；训练时间过长 |

## 5.3.3　分类评价标准

对于分类算法，混淆矩阵（Confusion Matrix）是一个评估分类问题常用的工具。例如，对于常见的二分类，它的混淆矩阵是 2×2 的。在二分类中，可以将样本根据其真实结果和模型预测结果的组合划分为真阳性（True Positive，TP）、真阴性（True Negative，TN）、假阳性（False Positive，FP）和假阴性（False Negative，FN）。根据 $TP$、$TN$、$FP$、$FN$ 即可得到二分类的混淆矩阵。由此可知，对于 $k$ 元分类，它同样是一个 $k×k$ 的表格，用来记录分类器的预测结果。

如表 5-2 所示，在二分类混淆矩阵中，包含以下 4 种数据：$TP$ 表示被模型预测为正的正样本，$FP$ 表示被模型预测为正的负样本，$FN$ 表示被模型预测为负的正样本，$TN$ 表示被模型预测为负的负样本。根据这 4 种数据，有 4 个比较重要的比率，其中 $TPR$ 和 $TNR$ 更为常用。

表 5-2　二分类混淆矩阵

| 混淆矩阵 | | 预测结果 | |
|---|---|---|---|
| | | 正例 | 负例 |
| 真实值 | 正例 | $TP$（真阳性） | $FN$（假阴性） |
| | 负例 | $FP$（假阳性） | $TN$（真阴性） |

- 真正率（True Positive Rate, TPR）：$TPR = TP /(TP + FN)$，即正样本预测结果数/正样本实际数。
- 假负率（False Negative Rate, FNR）：$FNR = FN /(TP + FN)$，即被预测为负的正样本结果数/正样本实际数。
- 假正率（False Positive Rate, FPR）：$FPR = FP /(FP + TN)$，即被预测为正的负样本结果数/负样本实际数。
- 真负率（True Negative Rate, TNR）：$TNR = TN /(TN + FP)$，即负样本预测结果数/负样本实际数。

分类问题常用的评价指标如下。

**1．精确率**

精确率（Precision）是指模型预测为真，实际为真的样本数量占模型预测所有为真的样本数量的比例，即

$$Precision = \frac{TP}{TP + FP}$$

**2．召回率**

召回率（Recall）又称查全率，是指模型预测为真，实际为真的样本数量占实际所有为真的样本数量的比例，即

$$Recall = \frac{TP}{TP + FN}$$

**3．$F1$ 值**

$F1$ 值是 Precision 和 Recall 的调和平均值，即

$$F1 = \frac{2 \times Precision \times Recall}{Precision + Recall}$$

**4．准确率**

准确率（Accuracy）是分类器对整个样本的判定能力，即将正的判定为正，负的判定为负，定义为

$$Accuracy = \frac{TP + TN}{TP + FN + FP + TN}$$

**5．ROC 曲线**

接收者操作特征（Receiver Operating Characteristic, ROC）曲线是一种显示分类模型在所有分类阈值下的效果图表。它的横坐标为 False Positive Rate（FPR），纵坐标为 True Positive Rate（TPR）。ROC 曲线越靠近左上角，表示效果越好。左上角坐标为（0,1），即 $FPR = 0$，$TPR = 1$，这意味着 $FP$（假阳性）= 0，$FN$（假阴性）= 0，这就是一个完美的模型，因为能够对所有的样本正确分类。ROC 曲线中的对角线 $y=x$ 上的所有点都表示模型的区分能力与随机猜测没有差别。

**6．AUC**

AUC（Area Under Curve）被定义为 ROC 曲线下的面积。通常，AUC 的结果不会超过 1，通常 ROC 曲线都在 $y=x$ 这条直线上，所以，$AUC$ 的值一般为 0.5～1。$AUC$ 的计算公式如下。

$$AUC = \frac{\sum_{i \in (P+N)} rank_i - \frac{|P| \cdot (|P|+1)}{2}}{|P| \cdot |N|}$$

式中，$rank$ 为将模型对样本预测后的概率值从小到大排序后的正样本序号（排序从 1 开始）；$|P|$ 为正样本数；$|N|$ 为负样本数。简单说，$AUC$ 值越大的分类器，正确率越高。

## 5.3.4　新闻分类

大量的新闻数据集通常包含多个类别的话题，使用文本分类技术进行新闻话题的分类是一个典型的多分类任务。新闻分类问题由 3 步组成：数据特征化、数据训练和模型预测，要

建立一个分类模型，至少需要一个训练数据集。本节将调用 scikit-learn 工具包中的多项式朴素贝叶斯（MultinomialNB）、随机梯度下降分类器（SGDClassifier）这两个算法进行新闻文本多分类的任务。

**1. 加载新闻数据集**

20 newsgroups 数据集已成为机器学习技术在文本分类应用实验中的流行数据集。这里为了简便和快速地实现文本分类算法，将从 20 newsgroups 数据集中抽取 4 个新闻话题类别，具体包括：'alt.atheism'、'soc.religion.christian'、'comp.graphics'和'sci.med'。20 newsgroups 数据加载的实现代码如下。

```
from sklearn.datasets import fetch_20newsgroups

# 设置新闻话题类别，并加载 20 newsgroups 数据集
categories = ['alt.atheism', 'soc.religion.christian', 'comp.graphics', 'sci.med']
twenty_train = fetch_20newsgroups(subset='train', categories=categories, shuffle=True, random_state=42)
```

**2. 构建 BOW 特征**

词袋（Bag of words，BOW）模型最初被用在文本分类中，将文档表示成特征矢量。它的基本思想是假定对于一个文本，忽略其词序、语法和句法，仅仅将其看作是一些词汇的集合，而文本中的每个词汇都是独立的。构建 BOW 特征的实现代码如下。

```
from sklearn.feature_extraction.text import CountVectorizer
count_vect = CountVectorizer()
X_train_counts = count_vect.fit_transform(twenty_train.data)
X_train_counts.shape
```

**3. 构建 TF-IDF 特征**

TF-IDF 是一种统计方法，用以评估一个词对于文件集或语料库中的其中某个文件的重要程度，适合用于长文档的分类任务。构建 TF-IDF 特征的实现代码如下。

```
from sklearn.feature_extraction.text import TfidfTransformer
tfidf_transformer = TfidfTransformer()
X_train_tfidf = tfidf_transformer.fit_transform(X_train_counts)
X_train_tfidf.shape
```

**4. 构建分类器**

在 scikit-learn 中，有 GaussianNB、MultinomialNB 和 BernoulliNB 这 3 个朴素贝叶斯的分类算法类。其中 MultinomialNB 是先验为多项式分布的朴素贝叶斯。同时，scikit-learn 也提供了线性支持向量机，它被广泛认为是最好的文本分类算法之一。本节使用 MultinomialNB 和 SGDClassifier 同时进行训练，实现代码如下。

```
from sklearn.naive_bayes import MultinomialNB
clf = MultinomialNB().fit(X_train_tf, twenty_train.target)
```

```
from sklearn.linear_model import SGDClassifier
text_clf = Pipeline([
    ('vect', CountVectorizer()),
    ('tfidf', TfidfTransformer()),
    ('clf', SGDClassifier(loss='hinge', penalty='l2',
                          alpha=1e-3, random_state=42,
                          max_iter=5, tol=None)),
])
```

**5. 模型评估**

最后，通过调用 scikit-learn 中的混淆矩阵来观察分类算法的精度，实现代码如下。

```
from sklearn import metrics
print(metrics.classification_report(twenty_test.target, predicted,
target_names=twenty_test.target_names))
```

对 20 newsgroups 数据集进行分类的结果如图 5-2 所示。

|  | precision | recall | f1-score | support |
|---|---|---|---|---|
| alt.atheism | 0.95 | 0.80 | 0.87 | 319 |
| comp.graphics | 0.87 | 0.98 | 0.92 | 389 |
| sci.med | 0.94 | 0.89 | 0.91 | 396 |
| soc.religion.christian | 0.90 | 0.95 | 0.93 | 398 |
| accuracy |  |  | 0.91 | 1502 |
| macro avg | 0.91 | 0.91 | 0.91 | 1502 |
| weighted avg | 0.91 | 0.91 | 0.91 | 1502 |

图 5-2　新闻数据集分类结果

## 5.4　回归

回归通常是衡量一个变量的平均值和其他变量的相应值之间的关系，如根据房屋面积预测房价、根据季节预测气温等，它也属于监督学习的范畴。本节主要介绍回归的基本概念及应用场景，并列举 7 个常见的回归算法，比较这些算法的优缺点，给出回归算法性能优劣的评价指标。并通过房屋价格的实例展示线性回归和梯度增强回归的使用。

### 5.4.1　回归简介

回归（Regression）是统计学中的术语，用于表示不同数据变量之间的依赖关系。回归分析是一组统计过程，用于估计因变量（目标）和自变量（预测器）之间的关系。这种技术通常用于预测分析、时间序列模型以及发现变量之间的因果关系。

常见的回归分析包括线性回归、非线性回归和多线性回归等多种类型。其中，最有用的是简单的线性回归和多线性回归，非线性回归分析主要用于处理复杂的非线性关系数据集。目前，回归分析已在工程、物理学、生物学、金融、社会科学等各个领域都有应用，是数据科学家常用的基本工具。回归分析的典型应用场景如下。

- 房价预测。根据已知的房屋成交价和房屋的尺寸进行线性回归，进而可以对已知房屋尺寸，而未知成交价格的房屋进行成交价格的预测。
- 股票涨跌预测。根据给出的当前时间前 6 个月的股票历史交易数据，预测当天股票指数的涨跌情况。
- 交通事故预测。构建交通事故与速度、路况、天气等因素之间的函数，为警方提供旨在降低交通事故率的各种信息。
- 火灾预测。构建因火灾造成的财产损失与消防部门的介入程度、响应时间或财产价值等变量之间的函数，预测火灾危害程度。
- 微博流行度预测。根据微博内容热度高低、用户影响力的大小、用户兴趣、网络结构等因素，预测这条消息未来的流行度。

## 5.4.2　常用回归算法

机器学习中最常用的回归算法主要有以下几种：线性回归、逻辑回归、多项式回归、逐步回归、岭回归、套索回归、弹性网络回归等 7 种最常用的回归技术。

**1. 线性回归**

线性回归（Linear Regression）是一种最简单的线性预测方法，通过将线性方程与观测到的数据对比来模拟两个变量之间的关系，例如，个人的重量与身高的关系。线性回归最简单的表示形式为

$$\hat{y} = W^{\mathrm{T}}X + b$$

式中，$X = (x_1, x_2, \cdots, x_n)$ 为 n 个输入变量；$W = (w_1, w_2, \cdots, w_n)$ 为线性系数；b 是偏置项。通常情况下，使用最小二乘法估计线性系数 $W$，找到系数 $W$ 的最佳估计，使得预测值 g 的误差最小，即预测值 $\hat{y}$ 与观测值 y 之间的差的平方和最小。

**2. 逻辑回归**

逻辑回归（Logistic Regression）通过使用 Sigmoid 函数将一个实数映射到(0,1)区间，用来做二分类问题，如事件发生与否、是否下雨等，类别因变量常用 0/1、True/False、Yes/No 等表示。逻辑回归的表示形式为

$$P(\hat{y} = 1 \mid X = x) = \frac{1}{1 + \mathrm{e}^{-(W^{\mathrm{T}}X + b)}}$$

在逻辑回归中，使用最大似然估计量或随机梯度下降来估计权重系数 $W = (w_1, w_2, \cdots, w_n)$ 和偏置项 b。

**3. 多项式回归**

多项式回归（Polynomial Regression）是多元线性回归的特例，是将自变量 x 和因变量 y 之间的关系映射为关于 x 的 n 次多项式。多项式回归的表示形式为

$$y = \beta_0 + \beta_1 x + \beta_2 x^2 + \beta_3 x^3 + \cdots + \beta_n x^n + \varepsilon$$

式中，x 为输入数据；$\{\beta_1, \beta_2 \cdots \beta_n\}$ 为权重系数；$\varepsilon$ 是未观察到的随机误差。在该模型中，对

于 $x$ 值的每个单位增加，$y$ 的条件期望增加 $\beta_1$ 个单位。多项式回归的最大优点就是可以通过增加 $x$ 的高次项对实测点进行逼近，直至满意条件为止。

**4. 逐步回归**

逐步回归（Stepwise Regression）是一种拟合回归模型的方法。通过自动程序进行预测变量的选择。在每一步中，无须人工干预，根据某些预先指定的标准，考虑从解释变量集中添加或减去变量。常见的逐步回归方法如下：①在每一步中增加或移除自变量；②前向选择从模型中最重要的自变量开始，然后每一步中增加变量；③反向消除从模型所有的自变量开始，然后每一步中移除最小显著变量。这一选择标准通常使用 F-tests、t-tests、adjusted $R^2$、贝叶斯信息标准、虚假率进行衡量。

**5. 岭回归**

岭回归（Ridge Regression）又称季霍诺夫正则化（Tikhonov Regularization），是一种共线性数据分析的有偏估计回归方法，用于分析任何多校验数据。岭回归执行L2正则化，表示形式为

$$\hat{\boldsymbol{\beta}} = \underset{\boldsymbol{\beta} \in R^P}{\arg\min} \| \boldsymbol{y} - \boldsymbol{X}\boldsymbol{\beta} \|_2^2 + \lambda \| \boldsymbol{\beta} \|_2^2$$

式中，$y$ 是一个 $N \times 1$ 观测向量；$X$ 是一个 $N \times K$ 的回归矩阵；$\beta$ 是一个 $K \times 1$ 回归系数向量；$\hat{\beta}$ 是一个 $K \times 1$ 岭评估器向量；回归 $\lambda$ 是一个正的常量系数；$\| \cdot \|_2^2$ 是一个 L2 正则项。岭回归提高了参数估计问题的效率，对于缓解线性回归中的多校问题特别有用。

**6. 套索回归**

类似于岭回归，套索回归（Lasso Regression）的惩罚函数是使用系数的绝对值之和，能够减少变异性和提高线性回归模型的准确性。套索回归的表示形式为

$$\hat{\boldsymbol{\beta}} = \underset{\boldsymbol{\beta} \in R^P}{\arg\min} \| \boldsymbol{y} - \boldsymbol{X}\boldsymbol{\beta} \|_2^2 + \lambda \| \boldsymbol{\beta} \|_1$$

式中，$y$ 是一个 $N \times 1$ 观测向量；$X$ 是一个 $N \times K$ 的回归矩阵；$\beta$ 是一个 $K \times 1$ 回归系数向量；$\hat{\beta}$ 是一个 $K \times 1$ 岭评估器向量；回归 $\lambda$ 是一个正的常量系数；$\| \cdot \|_1$ 是一个 L1 正则项。这导致惩罚项等价于约束估计的绝对值之和，将某些回归系数的估计近似为零。一般情况下，施加的惩罚力度越大，估计就越接近零。

**7. 弹性网络回归**

弹性网络回归（ElasticNet Regression）是岭回归和套索回归的混合技术，它同时使用 L2 和 L1正则化。当有多个相关的特征时，弹性网络是有用的。套索回归很可能随机选择其中一个，而弹性回归很可能都会选择。弹性网络回归的表示形式为

$$\hat{\boldsymbol{\beta}} = \underset{\boldsymbol{\beta} \in R^P}{\arg\min} \| \boldsymbol{y} - \boldsymbol{X}\boldsymbol{\beta} \|_2^2 + \lambda_1 \| \boldsymbol{\beta} \|_1 + \lambda_2 \| \boldsymbol{\beta} \|_2^2$$

式中，$y$ 是一个 $N \times 1$ 观测向量；$X$ 是一个 $N \times K$ 的回归矩阵；$\beta$ 是一个 $K \times 1$ 回归系数向量；$\hat{\beta}$ 是一个 $K \times 1$ 岭评估器向量；回归 $\lambda$ 是一个正的常量系数；$\| \cdot \|_1$ 和 $\| \cdot \|_2^2$ 分别表示 L1 正则项和 L2 正则项。在实际应用中，岭回归和套索回归的联合将增加循环过程中继承岭回归的稳定性。

在多种类型的回归模型中，基于自变量和因变量的类型、数据维数和数据的其他本质特征，选择最合适的技术是很重要的。针对上述常见的回归算法，它们各自有着不同的优缺点和应用场

景，具体如表 5-3 所示。

表 5-3　常见回归算法比较

| 算法 | 优点 | 缺点 |
| --- | --- | --- |
| 线性回归 | 建模快速简单，适用于建模关系简单且数据量不大的情况；有直观的理解和解释 | 对异常值非常敏感 |
| 逻辑回归 | 分类简单高效；适用于连续性和类别性自变量；容易使用和解释 | 特征空间很大时，逻辑回归的性能不是很好；容易欠拟合，一般准确度不太高；不能很好地处理大量多类特征或变量 |
| 多项式回归 | 能够模拟非线性可分的数据；完全控制要素变量的建模 | 需要一些数据的先验知识才能选择最佳指数；如果指数选择不当，容易过拟合 |
| 逐步回归 | 简单易行，保留影响最显著的重要变量，预测精确度较高，可修正多重共线性 | 变量过多时，预测精度降低；个别变量收集成本较高 |
| 岭回归 | 更符合实际、更可靠的回归方法，对病态数据的耐受性更强 | 对系数估计时，会损失部分信息、降低精度。岭回归的 $R^2$ 值会稍低于普通的回归方法 |
| 套索回归 | L1 范数具有稀疏性，计算上更有效率；套索回归系数收缩到零，利于特征选择 | 自变量高度相关，套索回归只选择一个，造成信息损失 |
| 弹性网络回归 | 具有旋转稳定性，支持群体效应；自变量数目没有限制 | 容易产生高偏差误差 |

## 5.4.3　回归评价标准

在回归学习任务中，通常使用如下指标对回归模型进行评估。

**1. 均方误差**

均方误差（Mean Squared Error，MSE）是衡量观测值与真实值之间的偏差，计算公式如下。

$$MSE = \frac{1}{N}\sum_{i=1}^{N}(y_i - \hat{y}_i)^2$$

式中，$N$ 为样本数；$y_i$ 为第 $i$ 个样本的真实值；$\hat{y}_i$ 为第 $i$ 个样本的预测值。$MSE$ 值越小表示模型性能越好。

**2. 平均绝对误差**

平均绝对误差（Mean Absolute Error，MAE）是绝对误差的平均值，计算公式如下。

$$MAE = \frac{1}{N}\sum_{i=1}^{N}|y_i - \hat{y}_i|^2$$

$MAE$ 值越小表示模型性能越好。

**3. 均方根误差**

均方根误差（Root Mean Squared Error，RMSE）用于衡量一组数自身的离散程度，计算公式如下。

$$RMSE = \sqrt{\frac{1}{N}\sum_{i=1}^{N}(y_i - \hat{y}_i)^2}$$

$MSE$ 和 $RMSE$ 两者是正相关的，$MSE$ 值大，$RMSE$ 值也大。$RMSE$ 值越小表示模型性能越好。

**4. $R^2$**

$R^2$ 用于表示因变量的改变量后由自变量部分推导所占的比例，一般取值范围是 0～1。当回归平方和占总平方和的比例越大，回归线与各观测点越接近时，$R^2$ 越接近 1，表明回归的拟合程度越好。$R^2$（R-Square）的表示形式为。

$$R^2 = 1 - \frac{\sum_{i=1}^{N}(y_i - \hat{y}_i)^2}{\sum_{i=1}^{N}(y_i - \overline{y}_i)^2}$$

在上述回归算法评价指标中，*MSE* 和 *MAE* 适用于误差相对明显的场合，大的误差也有比较高的权重，*RMSE* 则是针对误差不是很明显的场合。$R^2$ 综合评价效果更好。

## 5.4.4 房屋价格回归分析

本节使用 scikit-learn 中的回归函数来预测美国波士顿的房价。这里，假设房价的主要影响因素是房屋的平米数、房间数量、人口状况、房产税率、房屋年龄等，因此构成的房价预测函数为：

$$h(x) = \theta_0 + \theta_1 + x_1 + \theta_2 x_2 + \cdots + \theta_n x_n$$

式中， $x_1, x_2, \cdots, x_n$ 是训练数据中房屋面积、房屋数量……房屋年龄。回归模型求出 $\theta_0, \theta_1, \theta_2, \cdots, \theta_n$ 后，可对该地区的某一房屋价格进行预测。

**1．加载房屋数据集**

调用 scikit-learn 中的 load_boston()方法加载波士顿住房数据，实现代码如下。

```
from sklearn.datasets import load_boston
data = load_boston()
```

**2．设置训练集和测试集**

调用 scikit-learn 中的 train_test_split ()方法拆分波士顿住房数据集，实现代码如下。

```
from sklearn.model_selection import train_test_split
X_train, X_test, y_train, y_test = train_test_split(data.data, data.target)
```

**3．训练房价预测器**

分别调用 scikit-learn 中的 LinearRegression()方法、GradientBoostingRegressor()方法来预测波士顿住房价格，实现代码如下。

```
# 调用 LinearRegression 预测房价
from sklearn.linear_model import LinearRegression
clf = LinearRegression()
clf.fit(X_train, y_train)
predicted = clf.predict(X_test)

# 调用 GradientBoostingRegressor 预测房价
from sklearn.ensemble import GradientBoostingRegressor
clf = GradientBoostingRegressor()
clf.fit(X_train, y_train)
predicted = clf.predict(X_test)
```

对波士顿房屋价格进行线性回归分析的结果如图 5-3 所示。

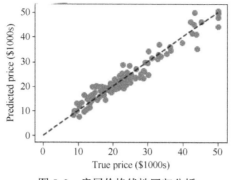

图 5-3　房屋价格线性回归分析

## 5.5　聚类

聚类是一种数据点分组的机器学习技术。它的目标是将具有相同或相似属性和/或特征的数据点归属于同一组，而不同组的数据点之间具有非常不同的属性和/或特征。聚类是一种无监督学习方法。本节主要介绍聚类的基本概念及应用场景，列举 6 个常见的聚类算法，并比较这些算法的优缺点，最后给出了聚类算法性能优劣的评价指标。通过用户社区聚类的实例展示了 Girvan-Newman（GN）算法的使用。

### 5.5.1　聚类简介

聚类（Clustering）是将给定数据点划分为若干组的学习过程，尽可能使得同一组中的数据点更相似，不同组中的数据点差异更大。因此，聚类是基于对象之间相似性和差异性的对象集合。聚类分析（Cluster Analysis）是一种无监督学习的方法，通过相似度计算方法将数据类别或信息更相似的对象聚类到同一模式或空间下。聚类分析在机器学习、数据挖掘、模式识别、图像分析及生物信息等领域应用广泛。

聚类分析是针对目标群体进行多指标的群体划分，典型的应用场景如下。

- 信息检索。在搜索引擎中，很多网民的查询意图比较类似，对这些查询进行聚类，可以使用类内部的词进行关键词推荐。
- 图片分割。将图像空间中的像素使用对应的特征空间点表示，根据它们在特征空间的聚集对特征空间进行分割，然后将它们映射回原图像空间，得到像素（颜色）相似的分割结果。
- 电商用户聚类。根据用户的单击/加车/购买商品等行为序列，聚类用户属性、购买偏好、购买行为等画像，为用户提供精准的商品推荐。
- 保险投保者分组。通过平均消费来鉴定汽车保险单持有者的分组，同时根据住宅类型、价值和地段等因素对一个城市进行房产分组。
- 生物种群结构认知。对动植物分类和对基因进行聚类，获取对种群固有结构的认识。

### 5.5.2　典型聚类算法

聚类算法有很多种分类方法，本节主要介绍基于划分、层次、密度、网格、模型和模糊的 6

类聚类方法。

**1. 基于划分的聚类方法**

基于划分的聚类方法使得类内的点足够近，类间的点足够远。具体流程是：①给定 N 个元组或记录的数据集，随机选择 K 个对象，每个对象初始代表一个簇的中心；②对剩余的每个对象，根据其与各簇中心的距离，将它赋给最近的簇；③重新计算每个簇的平均值，更新为新的簇中心；④不断重复步骤②、③，直到目标函数收敛。这类方法大部分是基于距离的，采用启发式策略，渐近地提高聚类质量，逼近局部最优解。代表算法有 K-Means 算法、K-MEDOIDS 算法、CLARANS 算法等。

**2. 基于层次的聚类方法**

基于层次的聚类方法可分为合并的层次聚类和分裂的层次聚类。合并的层次聚类采用自底向上的形式，从最底层开始，每一次通过合并最相似的同一层类形成上一层次中的聚类，当全部数据点都合并到一个聚类时停止或达到某个终止条件而结束。分裂的层次聚类采用自顶向下的形式，从一个包含全部数据点的根节点开始分裂，每个子聚类再递归地继续往下分裂，直到出现只包含一个数据点的单节点聚类出现而终止分裂。层次聚类方法是基于距离或连通性的一类技术，代表算法有 BIRCH 算法、CURE 算法、CHAMELEON 算法、HDBSCAN 算法等。

**3. 基于密度的聚类方法**

基于密度的聚类方法是当邻近区域的密度超过某个阈值，则继续聚类。这类方法克服了基于距离的算法只能发现"类圆形"聚类的缺点。具体流程是：①从任一对象点 Q 开始；②寻找并合并核心 Q 对象直接密度超过阈值的对象；③如果 Q 是一个核心点，则找到了一个聚类，如果 Q 是一个边界点则寻找下一个对象点；④不断重复步骤②、③，直到所有点都被聚类。这类方法的思想是当一个区域中点的密度大于设定阈值，则将它加到相近的聚类中。代表算法有 DBSCAN 算法、OPTICS 算法、DENCLUE 算法等。

**4. 基于网格的聚类方法**

基于网格的聚类方法是采用空间驱动的方法，使用多重隔离网格数据结构，将数据对象空间量化为有限数量的单元格，形成网格结构，根据每个单元的密度和设定的阈值执行所有聚类操作。具体流程是：①创建网格结构，即将数据空间划分为数量有限的单元格；②计算每个网格的单元密度；③根据网格的密度对网格进行排序；④识别集群中心并进行邻居网格的遍历。这类方法通常与数据个数无关，只与数据空间划分单元数量有关。代表算法有 STING 算法、CLIQUE 算法、WAVE-CLUSTER 算法等。

**5. 基于模型的聚类方法**

基于模型的聚类方法是假设数据服从某些分布，尝试寻找一个模型对数据进行建模与分组。在这里，每个组被分配为概念或类，每个组件由密度函数定义。寻找的模型需求解模型参数的最大似然估计。具体流程是：①节点初始化，对每个节点赋值不同的权重；②使用随机采样方法从样本中选取输入向量，并找到与输入向量距离最小的权重向量；③在数据集中，选择具有相同分布的对象生成特征，该分布具有自由参数；④将观察结果与数据成员的关系和参数连接起来训练模型；⑤通过期望最大化算法找到可能的参数值，直到小于允许值，输出聚类结果。这类方法的假设前提是目标数据集由一系列的概率分布所决定。代表算法有：GMM 算法、SOM 算法等。

#### 6. 基于模糊的聚类方法

基于模糊的聚类方法是按照模糊集合中的最大隶属原则来确定每个样本点归属类别。具体流程是：①对数据矩阵进行统一化；②构建模糊相似矩阵，并对隶属矩阵进行初始化；③模型训练，直到模型收敛或达到终止条件；④根据最后的隶属矩阵，判定每个数据所属的类。该类方法能够将一组数据点划分成最优的聚类数目，而不受超球形约束。代表算法有基于目标函数的模糊聚类方法、基于相似性关系和模糊关系的方法、基于模糊等价关系的传递闭包方法、基于模糊图论的最小支撑树方法、基于数据集的凸分解、动态规划和难以辨别关系方法等。

上述常见的聚类算法，各自有着不同的优缺点和应用场景，具体如表 5-4 所示。

表 5-4　常见聚类算法比较

| 算法 | 优点 | 缺点 |
| --- | --- | --- |
| 基于划分的聚类方法 | 对于大型数据集也简单高效；时间复杂度和空间复杂度低 | 数据集大时容易局部最优；需预先设定 K 值，对最先的 K 个点选取很敏感；对噪声和离群值非常敏感；只用于数值型类型数据；不能解决非凸数据 |
| 基于层次的聚类方法 | 可解释性好，可用于非球形聚类 | 时间复杂度高 |
| 基于密度的聚类方法 | 对噪声不敏感；能发现任意形状的聚类 | 聚类的结果与参数有很大的关系；数据的稀疏程度不同时，相同判定标准可能产生不同聚类结果 |
| 基于网格的聚类方法 | 聚类只依赖于数据空间中每个维上单元的个数，计算效率高 | 参数敏感、无法处理不规则分布的数据、维数灾难等 |
| 基于模型的聚类方法 | 对类的划分以概率形式表现，每一类的特征也可以用参数来表达 | 执行效率不高，特别是分布数量很多且数据量很少的时候 |
| 基于模糊的聚类方法 | 服从正态分布的数据聚类效果好；对孤立点是敏感的 | 算法的性能太依赖于初始聚类中心 |

## 5.5.3　聚类评价标准

聚类的评价方式可大致分成两类，一类是外部聚类评价，另一类是内部聚类评价。外部聚类评价是指对聚类后结果进行类别标签的分析。内部聚类评价是聚类后通过一些模型生成这个聚类的固有属性的数学指标。

#### 1. 外部评价标准

外部评价标准是根据一个给定的基准对聚类结果进行度量。代表性的评价指标有纯度、兰德指数、标准互信息等。

（1）纯度

纯度（Purity）是衡量正确聚类的文档数占总文档的比例，计算公式如下。

$$\text{Purity}(\Omega, C) = \frac{1}{N} \sum_k \max_j |w_k \cap c_j|$$

式中，$N$ 为数据样本总量；$\Omega = \{w_1, w_2, \cdots, w_k\}$ 表示聚类（Cluster）划分；$C = \{c_1, c_2, \cdots, c_j\}$ 表示真实类别（Class）的标准划分。

上述过程将根据每个聚类中样本类别出现最多的类进行类别赋值，计算所有 K 个聚类的次数总和再归一化为最终值。Purity 越接近 1 表示聚类结果越好。

（2）兰德指数

兰德指数（Rand Index）是指给定实际类别信息 $C$，假设 $K$ 是聚类结果，$\alpha$ 表示在 $C$ 与 $K$ 中

同类别的元素对数，$\beta$ 表示在 $C$ 与 $K$ 中不同类别的元素对数，则兰德指数为

$$RI = \frac{\alpha + \beta}{C_2^{\text{nsamples}}}$$

式中，$C_2^{\text{nsamples}}$ 表示数据集中可以组成的对数；$RI$ 取值范围为[0,1]，值越大意味着聚类结果与真实情况越吻合，聚类效果准确性越高，同时每个类内的纯度越高。

（3）标准互信息

互信息（Mutual Information）是用来衡量两个数据分布的吻合程度。假设 $U$ 与 $V$ 是对 $N$ 个样本标签的分配情况，则两种分布的熵（熵表示的是不确定程度）的定义分别如下。

$$H(U) = \sum_{i=1}^{|U|} P(i)\log(P(i)), \quad H(V) = \sum_{j=1}^{|V|} P'(j)\log(P'(j))$$

式中，$P(i) = \frac{|U_i|}{N}$；$P'(j) = \frac{|V_i|}{N}$。$U$ 与 $V$ 之间的互信息（$MI$）定义为

$$MI(U,V) = \sum_{i=1}^{|U|} \sum_{j=1}^{|V|} P(i,j)\log\left(\frac{P(i,j)}{P(i)P'(j)}\right)$$

式中，$P(i,j) = \frac{|U_i \bigcap V_j|}{N}$。标准化后的互信息（Normalized Mutual Information）为

$$NMI(U,V) = \frac{MI(U,V)}{\sqrt{H(U)H(V)}}$$

利用基于互信息的方法来衡聚类效果需要实际类别信息，$MI$ 与 $NMI$ 取值范围为[0, 1]，它们都是值越大意味着聚类结果与真实情况越吻合。

**2．内部评价标准**

聚类的内部衡量指标包括紧凑度和分离度。

（1）紧凑度

紧凑（Compactness）用于衡量一个簇样本点之间是否足够紧凑。$CP$ 计算每一个类各点到聚类中心的平均距离，即

$$\overline{CP}_i = \frac{1}{\Omega_i} \sum_{x_i \in \Omega_i} \| x_i - w_i \|, \quad \overline{CP} = \frac{1}{K} \sum_{k=1}^{k} \overline{CP}_k$$

式中，$CP$ 越低意味着类内聚类距离越近。

（2）分离度

分离度（Separation）用于衡量该样本到其他簇的距离是否足够远。$SP$ 计算各聚类中心两两之间平均距离，即

$$\overline{SP} = \frac{2}{k^2 - k} \sum_{i=1}^{k} \sum_{j=i+1}^{k} \| w_i - w_j \|_2$$

式中，$SP$ 越高表示类间聚类距离越远，类内聚类效果越好。

## 5.5.4　用户社区聚类分析

在各种基于图的网络中，节点之间存在一些潜在的社区结构（Community Structure）。社区

结构由一组相似的顶点互相连接而成，同一社区内部之间连接稠密，不同社区之间连接较为稀疏，如社交网络中喜好汽车的用户划分为一个社区，不同比赛球队的球员划分为一个社区等。社区发现（Community Detection）是一个有着高应用价值的挖掘过程，可用于推荐系统、关键人物识别、虚假信息检测、金融反欺诈预测等。本节以美国大学橄榄球联盟的比赛数据集（football）为例，使用 Girvan-Newman 算法将该网络划分为 12 个社区，并进行可视化，具体代码如下。

```python
# 加载数据集
filepath = r'./data/football.gml'

# 获取社区划分
G = nx.read_gml(filepath)
G_copy = copy.deepcopy(G)
gn_com = GN.partition(G_copy)
print(gn_com)

# 构造可视化所需要的图
G_graph = nx.Graph()
for each in com:
  G_graph.update(nx.subgraph(G, each))
color = [com_dict[node] for node in G_graph.nodes()]

# 可视化
pos = nx.spring_layout(G_graph, seed=5, k=0.2)
nx.draw(G, pos, with_labels=False, node_size=1, width=0.1, alpha=0.1)
nx.draw(G_graph, pos, with_labels=True, node_color=color, node_size=80,
width=0.5, font_size=10, font_color='#000000')
plt.show()
```

对美国大学橄榄球联盟的进行社区划分结果如图 5-4 所示。

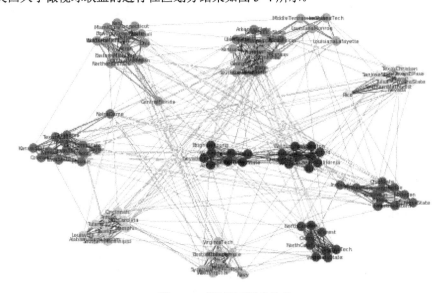

图 5-4　球队社区划分结果

## 5.6　机器学习基础

机器学习是人工智能的一个重要分支，专注于对计算机算法的研究，通过经验和数据的使用来自动改进算法。这一学习过程涉及统计学、概率论、图论、优化、离散数学、计算机结构等多门学科。本节首先介绍机器学习的发展历程，给出不同机器学习方法的研究范畴及代表算法，同时讨论当前主流的机器学习框架，并通过实例对深度学习库 Theano 进行简单介绍。

### 5.6.1　机器学习简介

人工智能具有源远流长的发展历史。1956 年夏，麦卡锡、明斯基等科学家在美国达特茅斯学院研讨会上首次提出"人工智能（Artificial Intelligence，AI）"这一概念，此次会议标志着人工智能学科的诞生。人工智能是指在计算机中模拟人类智能，这些机器被编程为像人类一样思考并模仿其行为。人工智能的理想状态是能够合理化和采取最有可能实现特定目标的行动，如语音识别促使机器会听，图像识别赋予机器会看，人机对话赋能机器会说，人机对弈训练机器思考能力，自动驾驶植入机器行动能力等。时至今日，人工智能的发展历程大致可划分为以下 6 个阶段。

- 起步发展期：1956 年—20 世纪 60 年代初。20 世纪 50 年代，许多科学家在人工智能研究方面取得大量的成果，如机器定理证明、跳棋程序等，推动了人工智能发展的第一个高潮。
- 反思发展期：20 世纪 60 年代—70 年代初。人工智能领域的创新在这一时期获得极大的发展，如新的编程语言、机器人和自动机、人工智能生物电影等。这大大提升了人工智能在 20 世纪下半叶的重要性。人们开始尝试更具挑战性的任务，一系列的失败和落空使人工智能的发展跌入低谷。
- 应用发展期：20 世纪 70 年代初—80 年代中。这一时期的专家系统模拟人类专家的知识和经验解决特定领域的问题，如英国医生开发了诊断急性腹痛的专家系统，斯坦福人工智能实验室制造了第一辆自动驾驶汽车等。这些专家系统在医疗、化学、交通等领域取得了成功，推动人工智能走入应用发展的新高潮。
- 低迷发展期：20 世纪 80 年代中—90 年代中。随着人工智能的应用规模不断扩大，专家系统自身所存在的应用领域狭窄、缺乏常识性知识、知识获取困难、推理方法单一、缺乏分布式功能、兼容性差等问题逐渐暴露出来。政府和企业资助资金逐渐减少，人工智能又进入低迷发展阶段。
- 稳步发展期：20 世纪 90 年代中—2010 年。由于互联网技术的发展和计算能力的提升，人工智能的创新研究又一次获得了重视和实用化的推广。如 1997 年IBM 的深蓝超级计算机击败了世界著名棋手加里·卡斯帕罗夫，2009 年谷歌第一辆自动驾驶汽车在加州高速公路上行驶。这些都是人工智能发展的标志性事件。
- 蓬勃发展期：2011 年至今。随着大数据、云计算、互联网、物联网等信息技术的发展，以深度神经网络为代表的人工智能技术飞速发展，标志性事件有 2016 年谷歌的 AlphaGo 在围棋项目中以 4：1 击败了世界最佳围棋选手李世石，2018 年IBM 展示了复杂话题下与人类进行辩论的人工智能系统。这些事件充分说明人工智能系统的智能水平在某些领域已经全面超越人类水平，相关技术突破迎来了爆发式的增长潮。

作为人工智能中很重要的一部分，机器学习（Machine Learning）被设计用程序和算法自动学习并进行自我优化，同时，需要一定数量的训练数据集来构建过往经验知识。机器学习已发展为一门多学科交叉的研究型学科，成熟系统已经广泛应用于数据挖掘、计算机视觉、自然语言处理、语音和手写识别、生物特征识别、医学诊断、检测信用卡欺诈、证券市场分析、搜索引擎、DNA 序列测序、无人驾驶和机器人等领域。

## 5.6.2　常见机器学习算法

机器学习根据训练方法和学习原理的不同大致可以分为 7 大类：监督学习、无监督学习、半监督学习、深度学习、强化学习、迁移学习和集成学习。

**1. 监督学习**

监督学习（Supervised Learning）是从标签化训练数据集中推断出函数的机器学习任务。训练数据由一组训练实例组成。在监督学习中，每一个例子都是由输入项（通常是向量）和预期输出所组成。函数的输出可以是一个连续的值（称为回归分析），或是预测一个分类标签（称作分类）。监督学习方法又分为生成方法（Generative Approach）和判别方法（Discriminative Approach），所学到的模型分别称为生成模型（Generative Model）和判别模型（Discriminative Model）。其中，判别方法由数据直接学习决策函数或条件概率分布作为预测的模型，即给定 x 产生出 y 的生成关系。典型方法包括朴素贝叶斯、隐马尔可夫等模型。生成方法是由数据学习联合概率密度分布，然后求出条件概率分布作为预测的模型。代表性的算法有：K 最近邻、感知机、决策树、逻辑斯谛回归、支持向量机等。

**2. 无监督学习**

无监督学习（Unsupervised Learning）是从无标记的训练数据中推断结论，并根据每个新数据中是否存在这种共性来识别数据中的共性并做出反应。代表性的算法有：K 均值聚类算法、Apriori、主成分分析、等距映射、局部线性嵌入、拉普拉斯特征映射等。

**3. 半监督学习**

半监督学习是监督学习与无监督学习相结合的一种学习方法。它使用少量标注样本和大量未标注样本进行机器学习，从概率学习角度建立学习器对未标签样本进行标签。代表性的算法有：生成式方法、半监督支持向量机、图半监督学习、基于分歧的方法、半监督聚类等。

**4. 深度学习**

深度学习是机器学习领域中一个新的研究方向，从样本数据中学习内在规律和表示层次，这些学习过程中获得的信息对文字、图像和声音等数据的解释有很大的帮助。代表性的算法有：深度信念网络、深度卷积神经网络、深度递归神经网络、分层时间记忆、深度玻尔兹曼机、堆叠自动编码器、生成式对抗网络等。

**5. 强化学习**

强化学习关注的是软件智能体如何在一个环境中采取行动以便最大化某种累积的回报。即给定数据，学习如何选择一系列行动，以最大化长期收益。例如，谷歌开发的计算机深度学习程序AlphaGo 在 5 场比赛中击败人类的围棋冠军，这是强化学习优势的体现。代表性的算法有：生成模型、低密度分离、基于图形的方法、联合训练等。

**6．迁移学习**

迁移学习是机器学习的另一研究领域。它专注于从以前的任务中获得知识，然后改进对另一个任务的概括。例如，在训练分类器以预测图像中是否包含食物时，可以使用它在训练中获得的知识来识别饮料。与神经网络相结合，它已成为相当受欢迎的机器学习方法。代表性的算法有：归纳式迁移学习、传递式迁移学习、无监督迁移学习等。

**7．集成学习**

集成学习是通过训练多个机器学习模型并将其输出组合在一起的过程。这种结合一组不同的单个学习模型可以提高整体模型的稳定性，从而获得更准确的预测。结合策略主要有平均法、投票法和学习法等。代表性的算法有：Bagging、AdaBoost、梯度提升机、梯度提升决策树等。

## 5.6.3 主流应用框架

人工智能作为全球新一轮的核心竞争驱动力，已受到世界各国和跨国巨头公司的高度关注，并投入巨资研发。当前，在机器学习、神经网络、神经语言和图像处理等领域纷纷推出了一系列优秀的人工智能工具。

**1．Caffe**

Caffe 是一个使用 C++编写的深度学习框架，具有速度快、模块化和开放性等特点。它是纯粹的 C++/CUDA 架构，支持命令行、Python 和 MATLAB 等接口。同时，Caffe 提供了在 CPU 模式和 GPU 模式之间的无缝切换。主要应用在图像识别、视频处理等领域。

**2．CNTK**

CNTK 是微软推出的分布式开源深度学习工具包，具有速度快、训练简单和可扩展等特点。它支持 CPU 和 GPU 模式，可运行 Python、C 或 C++程序，能够实现和组合流行的模型类型，如前馈神经网络、卷积神经网络和递归神经网络，在多个 GPU 和服务器上实现了自动区分和并行化。主要应用在语音识别、机器翻译、图像识别、图像字幕、文本处理、语言理解和语言建模等领域。

**3．Deeplearning4j**

Deeplearning4j 是一套基于 Java 语言的神经网络工具包，可以构建、定型和部署神经网络，具有即插即用的特点。Deeplearning4j 与 Hadoop 和 Spark 集成，支持分布式 CPU 和 GPU，为商业环境所设计。它让用户可以配置深度神经网络，与 Java、Scala 及其他 JVM 语言兼容。

**4．DMTK**

DMTK 是微软的另一个分布式开源机器学习工具包，具有可扩展、快速、轻量级系统等特点。它是为大数据应用领域设计，旨在更快地训练人工智能系统，主要包括 DMTK 框架、LightLDA 主题模型算法及分布式单词嵌入算法 3 大部分。已被应用在必应搜索引擎、广告、小冰等多款产品中。

**5．H2O**

H2O 是开源的、分布式的、基于内存的、可扩展的机器学习和预测分析框架，适合在企业环境中构建大规模机器学习模型。H2O 核心代码使用 Java 编写，数据和模型通过分布式 Key/Value 存储在各个集群节点的内存中。H2O 的算法使用 Map/Reduce 框架实现，并使用 Java Fork/Join 框架来实现多线程。主要应用在预测建模、风险及欺诈分析、保险分析、广告技术、医疗保健和客户情报等领域。

### 6. Mahout

Mahout 是 Apache 基金会下面的一个开源机器学习框架。它提供可扩展算法的编程环境、面向 Spark 和 H2O 等工具的预制算法，及名为 Samsara 的向量数学试验环境等特性。Mahout 包括聚类、分类、推荐引擎、频繁子项挖掘等算法，主要运行在 Hadoop 平台下，通过 Mapreduce 模式来实现。

### 7. MLlib

MLlib 是 Spark 的可扩展机器学习库，与 Hadoop 整合起来，可与 NumPy 和 R 协同操作。MLlib 实现了一些常见的机器学习算法和实用程序，包括分类、回归、聚类、协同过滤、降维及底层优化等。

### 8. NuPIC

NuPIC 是一种名为分层式即时记忆（即 HTM）理论的开源人工智能项目。HTM 试图建立一种模仿人类大脑新皮层而建的计算机系统。目的在于制造"处理很多认知任务时接近或胜过人类表现"的机器。

### 9. OpenNN

OpenNN 是一种用于实现神经网络的 C++编程库。OpenNN 可用于实现监督学习场景中任何层次的非线性模型，同时还支持各种具有通用近似属性的神经网络设计。OpenMP 库很好地平衡多线程 CPU 调用，及通过 CUDA 工具对 GPU 进行加速。

### 10. OpenCyc

OpenCyc 提供了 Cyc 知识库和常识推理引擎。它包括 239000 多个术语、约 2093000 个三元组及大约 69000 个 owl:sameAs 链接（指向外部语义数据命名空间）。可用于域名建模、语义数据整合、文本理解、特定领域专家系统和游戏人工智能等。

### 11. Oryx 2

Oryx 2 是一个用于构建实时大规模机器学习的应用架构。包括用于协同过滤、分类、回归和聚类端到端的应用程序。Oryx 2 的应用程序同样可基于 Hadoop 框架来运行，提供分布式的数据处理模式。

### 12. PredictionIO

PredictionIO 是一个使用 Scala 编写的开源机器学习库，提供 Java、Python、Ruby 和 PHP 等客户端 SDK。PredictionIO 的核心使用 Apache Mahout，是可伸缩的机器学习库，提供众多聚集、分类、过滤算法。

### 13. SystemML

SystemML 是一个高度支持集群的机器学习/深度学习平台，由 IBM 实验室使用 Java 语言编写，可运行在 Spark 或 Hadoop 上。可支持描述性分析、分类、聚类、回归、矩阵分解及生存分析等算法，主要应用在汽车客户服务、机场客流量引导、银行客户服务等领域。

### 14. TensorFlow

TensorFlow 是一个采用数据流图，用于数值计算的 Google 开源软件库。它拥有深度灵活性、真正的可移植性、自动差分功能，并支持 Python 和 C++等特性。它灵活的架构提供了多种平台上的计算，例如一个或多个 CPU（或 GPU）、服务器、移动设备等。

### 15. Pytorch

Pytorch 是 Torch 的 Python 版本，是由 Facebook 开源的神经网络框架，专门针对 GPU 加速的深度神经网络编程。PyTorch 通过混合前端分布式训练及工具和库生态系统实现快速、灵活的实验和高效生产。不同于 Tensorflow，PyTorch 不仅能够实现强大的 GPU 加速，同时还支持动态神经网络。

### 16. MXNet

MXNet 是亚马逊推出的一个深度学习库，支持 C++、Python、R、Scala、Julia、 MATLAB 及 JavaScript 等语言；支持命令和符号编程；可以运行在 CPU、GPU、集群、服务器、台式机或移动设备上。MXNet 结合命令式和声明式编程的优点，既可以对系统做大量的优化，又可以方便调试。

### 17. Theano

Theano 是基于 Python 的深度学习库，擅长处理多维数组（紧密集成了 NumPy），属于比较底层的框架。Theano 为深度学习中大规模人工神经网络算法的运算所设计，利用符号化语言定义结果，对程序进行编译，使其高效运行于 GPU 或 CPU。

## 5.6.4　Theano 应用

下面主要介绍 Theano 的模块导入和基本运算，并分别实现两个标量的加法运算和两个矩阵的加法运算。

### 1. Theano 实现标量的加法运算

通过打开命令行进入 Python 终端中，先导入 Theano 的相关模块以便后续操作，代码如下。

```
>>> import numpy
>>> import theano.tensor as T
>>> from theano import function
```

Theano 通过以下方式创造张量类型实例，并导入一个新的函数 function 实现两个张量的加法运算，代码如下。

```
>>> x = T.dscalar('x')
>>> y = T.dscalar('y')
>>> z = x + y
>>> f = function([x, y], z)
```

最后，调用定义的函数 f，设定输入变量的值，得到输出变量的值，代码如下。

```
>>> f(2, 3)
array(5.0)
>>> numpy.allclose(f(16.3, 12.1), 28.4)
True
```

### 2. Theano 实现矩阵的加法运算

类似于标量的加法运算，Theano 矩阵的加法运算仅需调用 dmatrix()函数进行矩阵定义，并引入一个新的求和函数，代码如下。

```
# dmatrix 是一个浮点型的矩阵
>>> x = T.dmatrix('x')
>>> y = T.dmatrix('y')
>>> z = x + y
>>> f = function([x, y], z)
```

调用定义的函数 f，设定输入变量的值，得到输出变量的值。

```
>>> f([[1, 2], [3, 4]], [[10, 20], [30, 40]])
array([[ 11., 22.],
       [ 33., 44.]])
```

此外，新函数 f 同样可以直接使用 NumPy 数组输入进行运算，代码如下。

```
>>> import numpy
>>> f(numpy.array([[1, 2], [3, 4]]), numpy.array([[10, 20], [30, 40]]))
array([[ 11., 22.],
       [ 33., 44.]])
```

# 5.7　案例：购物网站用户态度及情感分析

随着网上购物的流行，通过对电商网站产生的海量用户评论数据进行综合分析，及时获取与产品口碑相关的用户反馈信息，以便快速有效地反馈企业市场营销活动效果，具有较高的商业化推广前景。本节针对某电商网站的真实数据集进行分析，实现电商用户评论的自动情感分析，了解更多的消费者心声，有利于提高生产者自身竞争力。

**1. 电商评论数据处理**

电商网站上关于某一个产品的评论数据集通常含有一些无意义的信息，如重复词、停用词、价值含量低词语等，需要进行数据预处理、中文分词、停用词过滤等操作，实现代码如下。

```
def preprocess():
    stopword = []
    with open("stopwords.txt") as f:
        for line in f:
            stopword.append(line.strip())

    with open("fasttext_new.txt", "a") as f1:
        with open("comments_positive.txt", "r") as f2:
            for line in f2:
                cut = " ".join([x for x in jieba.cut(line) if x not in stopword])
                new = "__label__1 " + cut.strip()
                f1.write(new + "\n")

    with open("fasttext_new.txt", "a") as f1:
        with open("comments_negative.txt", "r") as f2:
            for line in f2:
                cut = " ".join([x for x in jieba.cut(line) if x not in stopword])
                new = "__label__0 " + cut.strip()
```

```
                              f1.write(new + "\n")

        # 实现对原文件的数据切分
        line = subprocess.getstatusoutput("cat fasttext_new.txt | wc -l")
        train_line = int(int(line) * 0.9)
        subprocess.call("shuf fasttext_new.txt >> fasttext_shuf.txt", shell=True)
        subprocess.call("split -l {} fasttext_shuf.txt split".format(train_line),
shell=True)
        subprocess.call("mv splitaa train.txt", shell=True)
        subprocess.call("mv splitab test.txt", shell=True)
        subprocess.call("rm -rf splita*", shell=True)
```

### 2. 模型训练

通过调用快速文本分类算法 fastText 实现对文本评论数据的倾向性判断，将关于主题的高频特征词以 DataFrame 格式呈现，实例代码如下。

```
def build_model():
    start = time.time()
    model = fasttext.train_supervised('train.txt')
    print("{0:-^30}".format("模型训练"))
    print("elapse time: %.3fs" % (time.time() - start))
    model.save_model("fasttext_model.bin")
```

### 3. 效果评估

通过已训练好的模型对新的测试集 test 进行情感分类，并利用混淆矩阵展示模型分类精度，实例代码如下。

```
def model_metrics(model):
    test = []
    label = []
    with open("test.txt", "r") as f:
        for line in f:
            string = re.match("__label__\d(.*)", line).group(1).strip()
            lab = re.match("__label__\d", line).group()
            test.append(string)
            label.append(lab)

    def label_transform(x):
        if "1" in x:
            return 1
        return 0

    predict = list(map(lambda x: x[0], model.predict(test)[0]))
    print("{0:-^30}".format("模型测试"))
    print("accuracy: %.3f" % (accuracy_score(label, predict)))
    print("precision:  %.3f"  %  (precision_score(list(map(label_transform,
label)), list(map(label_ transform, predict)))))
        print("recall: %.3f" % (recall_score(list(map(label_transform, label)),
list(map(label_transform, predict)))))
```

```
print("{0:-^30}".format("混淆矩阵"))
print(confusion_matrix(label, predict))

print("{0:-^30}".format("预览预测结果"))
for i, j in enumerate(predict):
    print("文本: {}\t".format(test[i]))
    print("实际: {}\t".format(label[i]))
    print("预测: {}\n".format(j))
    if i == 2:
        break
```

对电商网站用户评论内容进行情感打分的结果如图 5-5 所示。

```
─────────模型测试─────────
accuracy: 0.903
precision: 0.886
recall: 0.915
─────────混淆矩阵─────────
[[1015  123]
 [  89  954]]
─────────预览预测结果─────────
文本: 蒙牛 有 问题 伊利 有 问题 燕塘 有 问题 营养 快线 有 问题 奶粉 有 问题 甘 还 可以 饮 咩 呢
实际: __label__0
预测: __label__0

文本: 自己 实用 最 重要 照相 . M P 3 播放 . 6 0 M 内存 . 手感 好 .
实际: __label__1
预测: __label__1

文本: " 房间 可以 特别 的 套房 非常 不错 就是 餐厅 太脏 了 早餐 搞 得 没 胃口 "
实际: __label__1
预测: __label__1
```

图 5-5　用户评论情感分类结果

# 习题

## 1．概念题

1）列举 5 个常见的监督学习算法?

2）列举 5 个常见的无监督学习算法?

3）列举 5 个常见的深度学习算法?

4）评价分类模型性能的指标包括哪些?

5）评价回归模型性能的指标包括哪些?

6）评价聚类模型性能的指标包括哪些?

7）深度学习中主流的开源应用框架包括哪些?

## 2．操作题

实现一个垃圾邮件的分类器。要求该分类器实现如下功能：使用朴素贝叶斯、支持向量机、K 近邻、随机森林等模型进行垃圾邮件分类；在相同数据集规模下，比较不同分类器的分类效果及运行效率；采用不同的分类器组合策略进行邮件分类，给出最优的一组分类器集合。

# 第 6 章
# Python 数据可视化

本章将介绍数据可视化这门学科的基本概念、发展历史及主要应用，并通过具体可视化案例进行展示。同时介绍了目前主流的、成熟的、在数据可视化中常用的技术、算法及主要框架。

本章学习目标如下。

◇ 了解数据可视化的基本概念及发展历程。

◇ 理解数据可视化的基本流程及常用分析技术。

◇ 熟练掌握 matplotlib、NetworkX、seaborn、pyecharts 等可视化工具的使用。

◇ 了解 D3.js、Bonsaijs、Gephi、ECharts 等当前流行的可视化框架。

◇ 编程实现人口迁移数据可视化、话题漂移可视化等案例。

学习完本章，将更加深入地理解数据可视化的基本理论和关键技术，并能够利用数据可视化技术解决具体场景下的应用。

## 6.1 数据可视化简介

随着计算机技术发展，可视化技术得到了飞速发展。现有的可视化技术主要运用计算机图形学和图像处理技术，将数据信息转化为图形图像在屏幕上显示出来，并进行交互处理的理论、方法和技术研究。本节主要介绍数据可视化的基本概念及发展历史。从研究对象的角度对数据可视化进行研究分类和简单比较。最后，展示数据可视化不同的应用场景。

### 6.1.1 数据可视化定义

数据可视化（Data visualization）是一门研究数据视觉表现形式的学科，涉及数据可视化表示的创建和研究。为了清晰有效地传递信息，数据可视化与信息图形、信息可视化、科学可视化及统计图形等知识密不可分。例如，使用点、线或条对数字数据进行编码，以便在视觉上传达定量信息；使用表格、折线图或热图进行数据显示和数据交互；使用不同颜色创建具有视觉冲击力的区域以清晰和易于理解的方式总结关键业务。数据可视化使复杂的数据更容易理解和使用。

一般情况下，数据可视化技术包含以下几个基本概念。

- 数据空间：由 n 维属性和 m 个元素组成的数据集所构成的多维信息空间。
- 数据开发：利用一定的算法和工具对数据进行定量的推演和计算。
- 数据分析：对多维数据进行切片、块、旋转等动作剖析数据，从而能多角度多侧面观察数据。
- 数据可视化：将大型数据集中的数据以图形图像形式表示，并利用数据分析和开发工具发现其中未知信息的处理过程。

数据可视化方法根据其可视化的原理不同可以划分为基于几何的技术、面向像素技术、基于图标的技术、基于层次的技术、基于图像的技术和分布式技术等。这些技术方法允许利用图形、图像处理、计算机视觉及用户界面，通过表达、建模对立体、表面、属性及动画的显示，加深对数据的可视化解释。

## 6.1.2　数据可视化发展

数据可视化可以追溯到古罗马和大航海时期，主要用于手工绘制地图。1950 年初计算机图形学的出现，人们开始利用计算机创建首批图形图表。随着计算机运算能力的迅速提升，且数据类型的复杂程度越来越高，要求使用现代计算机图形学技术与方法来处理和可视化这些规模庞大的数据集。数据可视化的发展历程大致可分为以下阶段。

**1. 地图与图表期**

16 世纪以前总体数据量较少，几何学被视为数据可视化的起源，数据的表达形式也较为简单。但随着人类知识的增长，活动范围不断扩大，人们开始汇总信息来绘制地图。16 世纪物理研究、地理测绘和天体观察的技术和仪器的发展，使得绘图变得更加精确，形成更为精准的视觉呈现方式。

**2. 测量与理论期**

17 世纪，大航海事业的发展对地图制作、距离和空间的测量等提出了更高的要求。同时，随着科技的进步及经济的发展，数据在时间、空间、距离上的获取方式更加丰富，可视化应用主要集中于制作地图、天文分析及几何学研究上。这些早期探索开启了数据可视化的大门，数据的收集、整理和绘制开始了系统性的发展。

**3. 抽象图形期**

18 世纪，工业革命对数据向精准化及量化的发展起到了极大的推动作用，使用抽象图形的方式表示数据的想法也不断成熟。数据可视化学科中时间线图、直方图、饼图、柱状图、饼图、时序图等常见的图形形式相继出现，数据可视化的形式和应用场景变得更加丰富。

**4. 数据制图黄金期**

19 世纪，数据可视化对社会、工业、商业和交通等行业的影响不断增大，人们开始有意识地使用可视化的方式尝试研究、解决更广泛领域的问题。高斯和拉普拉斯发起的统计理论给出了更多种数据的意义，大量学者开始对可视化图形的分类和标准化进行研究，数据可视化成果也开始被用于尝试解决天文学、物理学、生物学的理论新成果。

**5. 计算机制图期**

20 世纪，在现代统计学与计算机计算能力的共同推动下，数据可视化迎来新的发展动力。数据缩减图、多维标度法、聚类图、树形图等更为新颖复杂的数据可视化形式开始出现。人们开始尝试多种类型数据的交织表达，或使用新的形式表现数据之间的复杂关联，这一趋势也成为当前数据可视化分析与应用的主要手段。

**6. 动态交互期**

20 世纪 80 年代，随着计算机智能处理软件的出现，数据可视化迎来了新一轮的发展高潮，各种应用领域的数据种类不断增加，数据规模也不断扩大，进一步增强了人们对数据可视化的新的需求，成功开发了动态的、可交互的数据可视化方式，现在动态交互式的数据可视化方式成为新的发展主题。

**7. 大数据爆发期**

2012 年至今，大数据时代的到来给数据可视化的应用提出了新的机遇和挑战。传统的数据可视化形式已无法满足日益庞大的数据展示和信息处理。应对大规模的动态化数据，不但要考虑快速增加的数据量，还需要考虑到数据类型的变化，因此需要更有效的数据处理算法和可视化表达形式才能够揭示大数据背后蕴藏的有价值的信息。因此大数据可视化的研究成为新的时代命题。

通过可视化发展史可知，数据可视化在数据类型、展示形式、应用领域、交叉学科等方面都在不断创新与进步。当前，大数据可视化学科亟须重新定义和设计实时交互式的数据可视化图形，这已成为数据可视化这一学科的主要研究方向。

## 6.1.3 数据可视化分类

根据研究对象的不同，数据可视化可分为：科学可视化、信息可视化、知识可视化、思维可视化和可视化分析学等主要分支。

**1. 科学可视化**

科学可视化（Science Visualization）是以科学和工程领域的数据为基础，通过信息图形、计算机图形、人机交互和认知科学等理论，对生物大分子、医疗图形成像、传感器设备等应用领域进行信息空间和几何空间的测绘，重点探索如何有效地呈现数据中的几何、拓扑和形状特征。

**2. 信息可视化**

信息可视化（Information Visualization）是以非结构化、非几何的抽象数据为基础，通过颜色、对比度、距离和大小等视觉参数创建适当的可视化层次结构和信息的视觉路径。此类数据通常不具有空间中位置的属性，根据特定数据需求，决定数据元素在空间的布局。其核心挑战是如何针对大尺度高维数据减少视觉混淆对有用信息的干扰。

**3. 知识可视化**

知识可视化（Knowledge Visualization）是以图形设计、认知科学等为基础，使用视觉表现来改善知识的创造和传播。因此，视觉表征是知识可视化构成的关键因素。知识可视化不仅可以通过图表、图像、对象、交互式可视化、信息可视化应用程序等各种视觉形式传递，也可以表示见解、经验、态度、价值观、期望、观点和预测等事实的传递。

**4. 思维可视化**

思维可视化（Thinking Visualization）是指运用一系列图示技术把本来不可视的思维方法和思考路径呈现出来，使其清晰可见的过程。被可视化的"思维"更有利于理解和记忆，因此可以有效提高信息加工及信息传递的效能。实现"思维可视化"的技术主要包括两类：图示技术（思维导图、模型图、流程图、概念图等）及生成图示的软件技术（Mindmanager、Mindmapper、FreeMind、Sharemind、XMIND、Linux、Mindv、Imindmap 等）。思维可视化已在各个领域获得了广泛应用，例如，在商业领域出现的可视化思考会议，在教育领域出现的思维可视化教学，在科研领域出现的思维可视化研究等。

**5．可视化分析学**

可视化分析学（Visual Analytics）是一门以可视交互界面和人工智能为基础的分析科学，使用复杂的视觉工具和处理流程来分析挖掘数据集。这一学科以可视交互界面为通道，将人的感知和认知能力以可视的方式融入数据处理过程，形成人脑智能和机器智能优势互补和相互提升，建立螺旋式信息交流与知识提炼途径，完成有效的分析推理和决策。

上述 5 种可视化技术具有各自的研究对象、研究目的以及表达方式等，具体比较如表 6-1 所示。

表 6-1　数据可视化分类方法比较

| 类别 | 研究对象及其特点 | 研究目的 | 主要技术及表达方式 | 交互类型 |
|---|---|---|---|---|
| 科学可视化 | 具有几何属性的科学和工程数据 | 通过图形图像的空间和形状表示，实现实验数据的物理可感性，帮助人们更好地理解相关概念和结果 | 信息图形、人机交互、认知科学，几何、拓扑等 | 人机交互 |
| 信息可视化 | 非空间的、非结构化的数据集合，或者信息单元 | 通过映射、转换等技术手段进行抽象信息的直观图像呈现，辅助人们理解和挖掘信息的深层含义 | 图形处理、数据映射、数据转换、颜色、对比度、距离等 | 人机交互 |
| 知识可视化 | 对图表、图像、对象等视觉表征进行知识结构的存储 | 通过视觉表现的方式来改善知识的创造和传播，以及主观事实的传递 | 图形设计、认知科学，知识图表、对象、交互式可视化等 | 人人交互 |
| 思维可视化 | 对不可视的思维方法和思考路径进行知识呈现和固化 | 将不可描述的思维进行可视化，以提升信息加工及信息传递的效能 | 手绘、计算机辅助制图，思维导图、概念图等 | 人人交互 |
| 可视化分析 | 时空大数据的流程处理和分析 | 解决大数据时代的信息过载问题，通过可视交互界面和人类的认知，实现流程化的可视化分析和决策 | 图形处理、人工智能、大数据计算，可视流程、交互界面等 | 人机交互 |

## 6.1.4　数据可视化应用

数据可视化大多集中在行业领域和业务领域，相关分析技术也得到了广泛应用，如在金融服务、市场营销、地理信息、通信行业、工业制造、医疗保健行业、政府决策和公共服务等领域。数据可视化的典型应用场景介绍如下。

**1．商业智能可视化**

通过采集相关数据，进行加工并从中提取能够创造商业价值的信息，面向企业、政府战略并服务于管理层、业务层，指导经营决策。商业智能可视化负责直接与决策者进行交互，实现数据的浏览和分析等操作的可视化、交互式的应用，辅助决策人员进行数据分析、科学决策等。因此，商业智能可视化系统对于提升组织决策的判断力、整合优化企业信息资源和服务、提高决策人员的工作效率等具有显著的意义。

**2．市场营销可视化**

市场营销可视化系统通过大数据分析和挖掘用户群的文化观念、消费收入、消费习惯、生活方式等数据，将用户群体划分为更加精细的类别，根据用户群的不同，制定不同品牌推广战略和营销策略，提高用户的忠诚度、培养能为企业带来高价值的潜在客户，提升市场占有率。

### 3．地理信息可视化

地理信息可视化是数据可视化与地理信息系统学科的交叉方向。通过将地理信息数据扩充到三维动态变化空间，同时包括在地理环境中采集的各种生物性、社会性感知数据，如天气、空气污染、出租车位置信息等，从而建立于真实物理世界基础上的自然性和社会性事物及其变化规律。

### 4．智能硬件可视化

智能硬件是通过软硬件结合的方式，让设备拥有智能化的功能。智能化之后，智能硬件从穿戴设备、智能电视、智能家居、智能汽车、医疗健康、智能玩具和机器人等各个方面采集数据进行可视化呈现，从而可以通过使用智能技术来追踪个人的健康状况、情感状况，优化行为习惯等。

### 5．宏观态势可视化

态势可视化是在特定环境中对随时间推移而不断动作并变化的目标实体进行觉察、认知和理解，最终展示整体态势。宏观态势可视化系统使用复杂的仿真环境，通过大量数据多维度的积累，可以直观、灵活和逼真地展示宏观态势，从而让非专业人士很快掌握某一领域的整体态势、特征。

## 6.2　数据可视化基础

本节主要讲述了数据可视化的基本处理流程，并对文本、网络或图、时空及多维数据等如何展示进行了举例说明。最后，利用百度的 pyecharts 可视化库对全国重要城市旅客航班路线和数量进行了可视化实例讲解。

### 6.2.1　数据可视化基本流程

数据可视化的主要步骤之间彼此相互作用、相互影响，基本步骤如下。

- 确定分析目标：确定解决什么问题、需要展示什么信息、最后想得出什么结论、验证什么假说等。数据承载的信息多种多样，不同的展示方式会使侧重点有天壤之别。只有清楚以上问题，才能确定需要过滤什么数据、需用什么算法处理数据、需用什么视觉通道编码等。
- 数据采集：数据是可视化对象，可以通过仪器采样调查记录、模拟计算等方式采集。在可视化解决方案中，了解数据来源采集方法和数据属性，才能有的放矢解决问题。
- 数据处理和变换：原始数据含有噪声和误差，同时数据模式和特征往往被隐藏。通过去噪、数据清洗、提取特征等变换为用户可理解模式。
- 可视化映射：将数据的数值、空间坐标、不同位置数据间的联系等映射为可视化视觉通道的不同元素，如标记、位置、形状、大小和颜色等。最终让用户通过可视化洞察数据和数据背后隐含的现象和规律。

- 用户感知：从数据可视化结果中提取信息、知识和灵感。数据可视化可用于从数据中探索新的假设，也可检查相关假设与数据是否吻合，还可帮助专家向公众展示数据中的信息。

## 6.2.2　主流数据可视化分析技术

随着大数据的兴起与发展，互联网、社交网络、地理信息系统、商业智能、社会公共服务等领域催生了不同的数据类型，如文本、网络或图、时空及多维数据等。对这些大数据的可视化处理已成为主流可视化分析的主要研究领域。

### 1．文本可视化

文本信息是大数据时代非结构化数据类型的代表。文本可视化能够将文本中蕴含的语义特征（如词频与重要度、逻辑结构、主题聚类、动态演化规律等）直观地展示出来。典型的文本可视化技术是标签云（Word Clouds 或 Tag Clouds），它将关键词根据词频或其他规则进行排序，按照一定规律进行布局排列，使用大小、颜色、字体等图形属性对关键词进行可视化，具体展示形式如图 6-1 所示。

图 6-1　词标签云

### 2．网络或图可视化

网络拓扑关系是大数据可视化最常见的关系，例如，网页链接关系、社交好友关系等。层次结构数据可视为属于网络拓扑关系的一个特例。通过展示网络拓扑关系中所包含的网络节点和连接关系，能够直观地掌握网络中潜在的关系模式，例如，节点出入度、最短路径等，是网络可视化的主要内容之一。当前，如何对多源、异构和海量的复杂网络关系信息进行有限空间内的可视化展示与分析，是大数据可视化所亟须解决的难点问题。网络或图可视化不仅包括对静态的网络拓扑关系的展示，同时也关注大数据网络的动态演化特性。因此，如何对高维动态的实时网络进行特征可视化，也是当前亟须解决的重要研究内容。基于节点和边的网络可视化的典型技术包括：H 状树（H-Tree）、圆锥树（Cone Tree）、气球图（Balloon View）、放射图（Radial Graph）、三维放射图（3D Radial）、双曲树（Hyperbolic Tree）等，具体展示形式如图 6-2 所示。基于空间填充法的网络可视化技术包括：树图技术（Treemaps）、基于矩形填充、Voronoi 图填充、嵌套圆填充的树可视化技术，具体展示形式如图 6-3 所示。

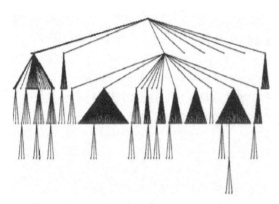

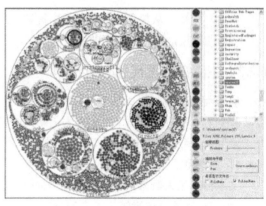

图 6-2　基于节点连接的图和树可视化　　　　　图 6-3　基于空间填充的树可视化

### 3．时空数据可视化

时空数据是指同时具有时间和空间维度的数据。时空大数据包括时间、空间、领域属性三维信息，具有多类型、多尺度、多维、动态关联等综合特性，如传感器与移动终端时空数据是典型的时空大数据类型。时空数据可视化与地理制图学相结合，重点对时间维度与空间维度及与之相关的信息对象属性建立可视化表征，对与时间和空间密切相关的模式及规律进行展示。时空数据可视化的典型技术包括：流式地图 Flow map、边捆绑方法、密度图技术、时空立方体法等，具体展示形式如图 6-4 所示。

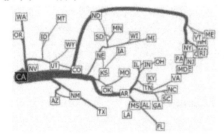

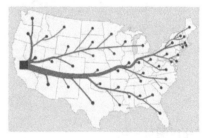

图 6-4　基于边捆绑技术的流式地图

### 4．多维数据可视化

多维数据是指具有多个维度属性的数据变量，广泛存在于基于传统关系数据库及数据仓库的应用中。多维数据可视化的目标是探索多维数据项的分布规律和模式，并揭示不同维度属性之间的隐含关系。典型方法包括：基于几何图形、基于图标、基于像素、基于层次结构、基于图结构及混合方法。大数据背景下，散点图（Scatter Plot）、投影（Projection）、平行坐标（Parallel Coordinates）等多维可视化技术应运而生。其中，二维散点图将多个维度中的两个维度属性值集合映射至两条轴，在二维轴确定的平面内通过图形标记的不同视觉元素来反映其他维度属性值。投影是将各维度属性列集合通过投影函数映射到一个方块形图形标记中，并根据维度之间的关联度对各个小方块进行布局。平行坐标是将维度与坐标轴建立映射，在多个平行轴之间以直线或曲线映射表示多维信息，具体展示形式如图 6-5 所示。

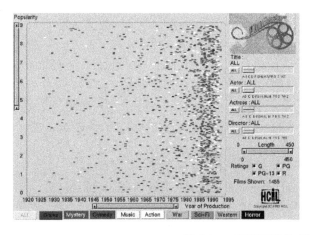

图 6-5　二维和三维散点图

## 6.2.3　人口迁移数据可视化

当前，乘机出行已逐渐成为商务办公、居家旅游、走亲访友等交通方式的首选。因此，对重点城市航空公司的航班路线和数量进行可视化呈现，能够动态、即时、直观地展现全国人口迁徙的轨迹与特征。

本节采用百度公司的可视化库 pyecharts 进行全国重要城市旅客航班路线和数量的可视化。关于 pyecharts 的详细介绍读者可参见 6.3.8 节。

### 1. 导入相关模块

pyecharts 库中负责地理坐标系的模块是 Geo，负责地图的模块是 Map，负责百度地图的模块是 BMap，负责图表配置的模块是 options。在 pyecharts 中，图表设置通过 options 进行调整。使用到案例数据，需要导入样本库 Faker，实现代码如下。

```
from pyecharts.faker import Faker
from pyecharts import options as opts
from pyecharts.charts import Geo
from pyecharts.globals import ChartType, SymbolType
```

### 2. 迁移动态展示

通过调用 pyecharts 中的中国地图显示实例，对全国重要城市的航班路线和数量数据做分布展示，数据展示形式为圆点和箭头线，实现代码如下。

```
c = (
        Geo()
        .add_schema(maptype="china")
        .add(
            "",
            [("深圳", 120),("哈尔滨", 66), ("杭州", 77), ("重庆", 88), ("上海",
100), ("乌鲁木齐", 30),("北京", 100),("武汉",70)],
            type_=ChartType.EFFECT_SCATTER,
            color="green",
```

```
        )
        .add(
            "geo",
            [("北京", "上海"), ("武汉", "深圳"),("重庆", "杭州"),("哈尔滨", "重庆
"),("乌鲁木齐", "哈尔滨"),("深圳", "乌鲁木齐"),("武汉", "北京")],
            type_=ChartType.LINES,
            effect_opts=opts.EffectOpts(
                symbol=SymbolType.ARROW, symbol_size=6, color="blue"
            ),
            linestyle_opts=opts.LineStyleOpts(curve=0.2),
        )
        .set_series_opts(label_opts=opts.LabelOpts(is_show=False))
        .set_global_opts(title_opts=opts.TitleOpts(title="全国重要城市旅客航班
路线和数量"))
    )

    c.render_notebook()
```

上述代码中，add_schema()方法用于控制地图类型、视角中心点等；add()方法用于添加图表名称、传入数据集、选择 geo 图类型、调整图例等；set_series_opts()方法用于配置图元样式、文字样式、标签样式、点线样式等；set_global_opts()方法用于配置标题、动画、坐标轴、图例等；render_notebook()方法用于在 notebook 中渲染显示图表。

# 6.3  数据可视化开发工具

在现实世界中，企业生产必须使用数据可视化工具来读取原始数据的趋势和模式。 因此，数据可视化工具已成为各个企业进行各种大数据分析任务的最重要组成部分之一。本节主要介绍 8 款炙手可热的数据可视化工具，并给出了详细的安装过程和使用方法。

## 6.3.1  matplotlib

### 1. matplotlib 简介
matplotlib 是一个支持 Python 语言并集成数值计算 NumPy 的知名绘图库，它提供了一整套和 MATLAB 相似的面向对象的 API 函数，可用于 Python 脚本、Python 和 IPython shell、Jupyter 笔记本、Web 应用程序服务器和图形用户界面（如 Tkinter、wxPython、Qt 或 GTK+）等。

matplotlib 能够十分方便地创建多种类型的图表，如条形图、散点图、条形图、饼图、堆叠图、3D 图和地图图表等。对于简单的绘图，matplotlib 的 pyplot 模块提供了一个类似于 MATLAB 的接口，特别是与 ipython 结合使用时。对于复杂图形，可以通过面向对象的界面或通过一组 MATLAB 用户熟悉的函数完全控制线条样式、字体属性、轴属性等。

### 2. matplotlib 安装
（1）在 Windows 系统安装
在 Windows 系统上，推荐使用 pip 命令进行安装，命令如下。

```
python -m pip install -U pip setuptools
```

```
python -m pip install matplotlib
```

（2）在 Linux 系统安装

在 Linux 系统上，使用包管理器进行安装，命令如下。

```
Debian / Ubuntu: sudo apt-get install python3-matplotlib
Fedora: sudo dnf install python3-matplotlib
Red Hat: sudo yum install python3-matplotlib
Arch: sudo pacman -S python-matplotlib
```

（3）在 macOS X 系统安装

在 macOS 上，推荐使用 pip 命令进行安装，命令如下。

```
python -m pip install -U pip setuptools
python -m pip install matplotlib
```

根据操作系统，完成 matplotlib 安装后，可导入 matplotlib 库验证是否安装成功，命令如下。

```
import matplotlib pyplot
```

### 3．matplotlib 基本操作

（1）创建一个简单图

假设要画一条在[0, 2π]上的正弦曲线，实现代码如下。

```
import matplotlib.pyplot as plt
import numpy as np

# 简单的绘图
x = np.linspace(0, 2 * np.pi, 50)
plt.plot(x, np.sin(x))      # 如果没有第一个参数 x，图形的 x 坐标默认为数组的索引
plt.show()                  # 显示图形
```

其中，np.linspace(0, 2 * np.pi, 50)表示生成一个包含 50 个元素的数组，这 50 个元素均匀地分布在[0, 2 π]的区间上；plt.show()方法表示将图形显示出来。

（2）设置图形的外观

当在同一个图形上展示多个数据集时，可通过改变线条的外观来区分不同的数据集，实现代码如下。

```
# 自定义曲线的外观
x = np.linspace(0, 2 * np.pi, 50)
plt.plot(x, np.sin(x), 'r-o', x, np.cos(x), 'g--')
plt.show()
```

上述代码中，字母 'r' 和 'g' 代表线条的颜色，后面的符号代表线和点标记的类型。例如，'-o' 代表包含实心点标记的实线，'--' 代表虚线。

（3）绘制子图

matplotlib 使用子图可以在一个窗口绘制多张图，实现代码如下。

```
# 使用子图
```

211

```
x = np.linspace(0, 2 * np.pi, 50)
plt.subplot(2, 1, 1)                          # （行，列，活跃区）
plt.plot(x, np.sin(x), 'r')
plt.subplot(2, 1, 2)
plt.plot(x, np.cos(x), 'g')
plt.show()
```

使用子图只需要在调用 plot() 方法之前先调用 subplot() 方法。该方法的第一个参数代表子图的总行数，第二个参数代表子图的总列数，第三个参数代表活跃区域。其中，活跃区域代表当前子图所在绘图区域，绘图区域按从左至右，从上至下的顺序编号。例如，在 4×4 的方格上，活跃区域 6 在方格上的坐标为（2, 2）。

（4）绘制简单的散点图

散点图是一堆离散点的集合。使用 matplotlib 绘制散点图非常简单，实现代码如下。

```
# 简单的散点图
x = np.linspace(0, 2 * np.pi, 50)
y = np.sin(x)
plt.scatter(x,y)
plt.show()
```

通过调用 scatter() 方法并传入两个分别代表 x 坐标和 y 坐标的数组。注意，通过 plot 命令将线的样式设置为 'bo' 也可以实现同样的效果。

（5）绘制直方图

直方图是 matplotlib 中另一种常见的图形，实现代码如下。

```
# 直方图示例
x = np.random.randn(1000)
plt.hist(x, 50)
plt.show()
```

只需给 hist() 方法传入一个包含数据的数组，另一个参数代表数据容器的个数。数据容器代表不同值的间隔，并用来包含数据。数据容器越多，图形上的数据条就越多。

（6）添加标题、标签和图例

当构建需要展示的图形时，需要添加标题、标签和图例，实现代码如下。

```
# 添加标题、坐标轴标记和图例
x = np.linspace(0, 2 * np.pi, 50)
plt.plot(x, np.sin(x), 'r-x', label='Sin(x)')
plt.plot(x, np.cos(x), 'g-^', label='Cos(x)')
plt.legend()                          # 展示图例
plt.xlabel('Rads')                    # 给 x 轴添加标签
plt.ylabel('Amplitude')               # 给 y 轴添加标签
plt.title('Sin and Cos Waves')        # 添加图形标题
plt.show()
```

调用 plot() 方法添加命名参数 'label' 并赋予该参数相应的标签。调用 legend() 方法在图形中添加图例。调用 title()、xlabel() 和 ylabel() 方法为图形添加标题和标签。

## 6.3.2　NetworkX

### 1. NetworkX 简介

NetworkX 是一款 Python 的软件包，用于创造、操作复杂网络，及学习复杂网络的结构、动力学及其功能。NetworkX 通常以标准化和非标准化的数据格式存储网络、生成多种随机网络和经典网络、分析网络结构、建立网络模型、设计新的网络算法、进行网络绘制等。NetworkX 具有无向图、有向图和多重图等数据结构，其节点和边可以保存任意类型的数据。同时，NetworkX 可绘制 2D 和 3D 图，适合在大规模网络数据上构建大型图形。因此，NetworkX 是一个相当高效、可扩展强、高度可移植的网络和社会网络分析框架。

### 2. NetworkX 安装

NetworkX 需要 Python 3.5 及以上版本的支持，依赖项有 setuptools。

1）使用 pip 命令进行安装，命令如下。

```
pip install networkx
```

2）使用 conda 环境进行安装，命令如下。

```
conda install networkx
```

3）使用源代码进行安装，命令如下。

```
pip install git://github.com/networkx/networkx.git#egg=networkx
python setup.py install
```

使用上述任何一种方法安装 NetworkX 后，导入 NetworkX 库验证是否安装成功，命令如下。

```
import networkx
```

### 3. NetworkX 基本操作

（1）NetworkX 创建一个图，实现代码如下。

```
import networkx as nx
g = nx.Graph()
g.clear()                        # 将图上元素清空
```

所有构建复杂网络图的操作基本都围绕 g 来执行。

（2）节点

节点的名字可以是任意数据类型，添加一个节点的实现代码如下。

```
g.add_node(1)
g.add_node("a")
g.add_node("spam")
```

删除节点的实现代码如下。

```
g.remove_node(node_name)
g.remove_nodes_from(nodes_list)
```

（3）边

边由对应节点的名字的元组组成，加一条边的实现代码如下。

```
g.add_edge(1,5)
e = (4,7)
g.add_edge(*e) # e无法直接赋值给 g.add_edge()函数，可通过*取出元组元素后再插入
```

删除边的实现代码如下。

```
g.remove_edge(edge)
g.remove_edges_from(edges_list)
```

（4）查看图上点和边的信息

```
g.number_of_nodes()          # 返回图中节点的数量
g.number_of_edges()          # 返回图中边的数量
g.nodes()                    # 返回图中所有节点的信息
g.edges()                    # 返回所有边的信息
g.neighbors('A')             # 返回图中与'A'这个点相连的点的信息
```

（5）图可视化

NetworkX 图可视化是通过调用 matplotlib 的 networkx.drawing 模块来实现的，代码如下。

```
import matplotlib.pyplot as plt
nx.draw(g, with_labels=True)
```

### 6.3.3　seaborn

**1. seaborn 简介**

seaborn 是基于 matplotlib 的图形可视化 Python 库，提供了一种高度交互式界面，便于用户能够做出各种有吸引力的统计图表。seaborn 是在 matplotlib 的基础上进行了更高级的 API 封装，增加了一些绘图模式和调色板功能，利用色彩丰富的图像揭示数据中的模式。Seaborn 同时具有数据子集绘制、比较单变量和双变量分布、聚类算法可视化、处理时间序列数据、利用网格建立复杂图像集等功能。seaborn 能高度兼容 NumPy 与 pandas 数据结构及 SciPy 与 statsmodels 等统计模式。因此，掌握 seaborn 能够更加高效地观察数据与图表。

**2. seaborn 安装**

seaborn 需要 Python 3.6 及以上版本的支持，相关依赖项包括 NumPy（版本高于或等于1.13.8）、SciPy（版本高于或等于 1.0.1）、matplotlib（版本高于或等于 2.1.2）、pandas（版本高于或等于 0.22.0）。

1）使用 pip 命令进行安装，命令如下。

```
pip install seaborn
```

2）使用 conda 环境进行安装，命令如下。

```
conda install seaborn
```

3）使用源代码进行安装，命令如下。

```
pip install git+https://github.com/mwaskom/seaborn.git
python setup.py install
```

使用上述任何一种方法安装 seaborn 后，导入 seaborn 库验证是否安装成功，命令如下。

```
import seaborn
```

### 3．Seaborn 基本操作

（1）模块引用和数据集读取

从 https://elitedatascience.com/wp-content/uploads/2017/04/Pokemon.csv 地址下载宠物小精灵数据集，并调用 pandas 的 read_csv()方法读取数据，代码如下。

```
import pandas as pd
from matplotlib import pyplot as plt
%matplotlib inline
import seaborn as sns

# 查看数据格式
df = pd.read_csv('Pokemon.csv', index_col=0, encoding='cp1252')
df.head()
```

（2）简单绘图

利用 seaborn 的 lmplot()方法绘制最基本的散点图。一种是将数据集传进去，并给出 x 轴和 y 轴的字段。另一种是单独给 x 轴和 y 轴传入数据。这里推荐前者，因为不会出现 x 和 y 长度不一的情况。实现代码如下。

```
# 推荐方式
sns.lmplot(x='Attack', y='Defense', data=df)

# 也可以这样
# sns.lmplot(x=df.Attack, y=df.Defense)
```

（3）利用 matplotlib 调整图形

seaborn 生成的图表可调用 matplotlib 进行调整。例如，如果图中 x/y 轴的起点都不是 0，而攻击力和防御力数值必然都是非负的，再给这张表加个标题，实现代码如下。

```
# 绘图
sns.lmplot(x='Attack', y='Defense', data=df, fit_reg=False, hue='Stage')

# 调整
plt.ylim(0, None)
plt.xlim(0, None)
plt.title('Attack&Defense of Pokemons')                    # 添加标题
```

（4）利用 pandas 绘图

在使用 seaborn 绘图时，调用 pandas 能够更好地处理数据。例如，绘制一个箱式图，实现代码如下。

```
# 创建新的 DataFrame，移除无用字段
stats_df = df.drop(['Total', 'Stage', 'Legendary'], axis=1)
sns.boxplot(data=stats_df)
```

（5）设置主题和颜色

seaborn 提供了 5 种内置的图表主题，分别是 darkgrid、whitegrid、dark、white 和 ticks。通过 set_style()方法可以设置自定义模式，实现代码如下。

```
sns.set_style('ticks')
sns.boxplot(data=stats_df)
```

### 6.3.4 ggplot

#### 1. ggplot 简介

ggplot 是一个用于统计计算和数据表示的 R 语言图形库，常被用来制作数据的可视化视图，同时也提供 Python 语言的绘图系统，能够使用最少的代码快速绘制专业又美观的图表。因此，使用 ggplot2 绘图的过程就是选择合适的几何对象、图形属性和统计变换来充分挖掘数据中所含有的信息的过程。ggplot 与 pandas 是共生关系，使用 DataFrame 读取和保存数据，可以实现高效的数据处理。

#### 2. ggplot 安装

ggplot 需要 Python 3.6 及以上版本的支持。

1）使用 pip 命令进行安装，命令如下。

```
pip install -U ggplot
```

2）使用 conda 环境进行安装，命令如下。

```
conda install -c conda-forge ggplot
```

3）使用源代码进行安装，命令如下。

```
pip install git+https://github.com/yhat/ggplot.git

python setup.py install
```

使用上述任何一种方法安装 ggplot 后，导入 ggplot 库验证是否安装成功，命令如下。

```
import ggplot
```

#### 3. ggplot 基本操作

1）ggplot 加载自带的 diamonds 数据集，实现代码如下。

```
from ggplot import *

diamonds.head()
```

2）添加标题的实现代码如下。

```
ggplot(mpg, aes(x='cty', y='hwy')) + \
```

```
geom_point() + \
ggtitle("City vs. Highway Miles per Gallon")
```

3）添加坐标轴标签的实现代码如下。

```
ggplot(mpg, aes(x='cty')) + \
    geom_histogram() + \
    xlab("City MPG (Miles per Gallon)") + \
    ylab("# of Obs")
```

4）调整图形形状的实现代码如下。

```
ggplot(mpg, aes(x='cty', y='hwy', shape='trans')) + geom_point()
```

5）绘制柱状图的实现代码如下。

```
ggplot(mtcars, aes(x='factor(cyl)', fill='factor(gear)')) + geom_bar()
```

6）绘制箱式图的实现代码如下。

```
ggplot(mtcars, aes(x='factor(cyl)', y='mpg')) + geom_boxplot()
```

7）绘制线性回归图的实现代码如下。

```
ggplot(diamonds, aes(x='carat', y='price')) + \
    geom_point(alpha=0.05, color='orange') + \
    stat_smooth(method='lm') + \
    xlim(0, 5) + \
    ylim(0, 20000)
```

## 6.3.5　Bokeh

**1. Bokeh 简介**

Bokeh 是一个开源的 Python 交互式可视化库，支持现代化 Web 浏览器，提供非常完美的展示功能。Bokeh 的目标是使用 D3.js 样式提供优雅、简洁新颖的图形化风格，同时提供大型数据集的高性能交互功能。Boken 能够快速地创建交互式的绘图、仪表盘和应用程序。

**2. Bokeh 安装**

Bokeh 需要 CPython 版本 3.6 及以上版本的支持，其依赖库包括：PyYAML（3.10 及以上版本）、python-dateutil（2.1 及以上版本）、Jinja2（2.7 及以上版本）、NumPy（1.11.3 及以上版本）、pillow（4.0 及以上版本）、packaging（16.8 及以上版本）、tornado（5 及以上版本）、typing_extensions（3.7.4 及以上版本）。

1）使用 pip 命令进行安装，命令如下。

```
pip install bokeh
```

2）推荐使用 conda 环境进行安装，命令如下。

```
conda install bokeh
```

导入 Bokeh 库验证是否安装成功，命令如下。

```
import bokeh.sampledata
```

### 3．Bokeh 基本操作

（1）导入和设置

当使用 bokeh.plotting 界面时，需要导入一些工具包，实现代码如下。

```
from bokeh.plotting import figure
from bokeh.io import output_notebook, show
```

其中，figur 是绘图对象。调用 output_notebook()方法去告知 Bokeh 如何展示并保存输出。执行 show()方法和 save()方法展示并保存图片和板式。

（2）绘制散点图

利用 Bokeh 绘制各种类型的散点图，实现代码如下。

```
# 设置图片的宽度和高度
p = figure(plot_width=400, plot_height=400)

# 使用圆圈表示数据点，设置圆圈的大小、颜色、透明度
p.circle([1, 2, 3, 4, 5], [6, 7, 2, 4, 5], size=15, line_color="navy",
fill_color="orange", fill_alpha=0.5)

show(p)                                 # 显示结果
```

（3）绘制线性图

```
p = figure(plot_width=400, plot_height=400, title="My Line Plot")
p.line([1, 2, 3, 4, 5], [6, 7, 2, 4, 5], line_width=2)

show(p)                                     # 显示结果
```

（4）添加标签

```
p = figure(x_range=(0,10), y_range=(0,10))
p.circle([2, 5, 8], [4, 7, 6], color="olive", size=10)

label = Label(x=5, y=7, x_offset=12, text="Second Point", text_baseline=
"middle")
p.add_layout(label)

show(p)
```

（5）设置图形颜色

```
source = ColumnDataSource(autompg)
color_mapper = LinearColorMapper(palette=Viridis256, low=autompg.weight.
min(), high=autompg. weight.max())

p = figure(x_axis_label='Year', y_axis_label='MPG', tools='', toolbar_location=
'above')
p.circle(x='yr', y='mpg', color={'field': 'weight', 'transform': color_
```

```
mapper}, size=20, alpha=0.6, source=source)

        color_bar = ColorBar(color_mapper=color_mapper, label_standoff=12, location=
(0,0), title='Weight')
        p.add_layout(color_bar, 'right')

        show(p)
```

## 6.3.6　Pygal

### 1. Pygal 简介

Pygal 是一个 Python 可视化包，以面向对象的方式创建各种数据图，生成数据图格式包括 PNG、SVG 等。使用 Pygal 也可以生成 XML etree、HTML 表格。Pygal 的使用十分简单，同样支持绘制各种图表类型，如饼图、折线图、柱状图、饼图、雷达图、树形图和地图等。

### 2. Pygal 安装

Pygal 需要 Python 版本 2.7 或 3.2 及以上版本的支持。

1）使用 pip 命令进行安装，命令如下。

```
pip install pygal
```

2）使用 conda 环境进行安装，命令如下。

```
conda install pygal
```

3）使用源代码进行安装，命令如下。

```
pip install git://github.com/Kozea/pygal.git
python setup.py install
```

导入 Pygal 库验证是否安装成功，命令如下。

```
import pygal
```

### 3. Pygal 基本操作

（1）绘制线形图

```
import pygal
line_chart = pygal.Line()
line_chart.title = 'The Market Share of Browsers (in %)'  # 设置线形图的标题
line_chart.x_labels = map(str, range(2010, 2021))
line_chart.x_labels = map(str, range(2010, 2021))
line_chart.add('Firefox', [10.1, 12.4, 14.5, 16.6, 25.3, 30.8, 33.5, 43.9,
46.3, 43.2, 40.1])
        line_chart.add('Chrome',  [13.1, 15.4, 20.5, 26.6, 29.3, 37.8, 43.5, 48.9,
52.2, 54.2, 50.1])
        line_chart.add('IE',      [85.8, 84.6, 84.7, 74.5, 66.8, 58.6, 54.7, 44.8,
36.2, 26.6, 20.1])
        line_chart.add('Others',  [14.2, 15.4, 15.3, 10.9,  9.6, 10.4,  8.9,  6.5,
5.3,  5.9,  8.7])
```

```
line_chart.render_to_file("line-basic.svg")
```

（2）绘制分段条形图

```
import pygal
# 设置填充参数 fill，默认为真
line_chart = pygal.StackedLine(fill=True)
line_chart.title = 'The Market Share of Browsers (in %)'  # 设置线形图的标题
line_chart.x_labels = map(str, range(2010, 2021))
line_chart.add('Firefox', [10.1, 12.4, 14.5, 16.6, 25.3, 30.8, 33.5, 43.9,
46.3, 43.2, 40.1])
line_chart.add('Chrome',  [13.1, 15.4, 20.5, 26.6, 29.3, 37.8, 43.5, 48.9,
52.2, 54.2, 50.1])
line_chart.add('IE',       [85.8, 84.6, 84.7, 74.5, 66.8, 58.6, 54.7, 44.8,
36.2, 26.6, 20.1])
line_chart.add('Others',  [14.2, 15.4, 15.3, 10.9,  9.6, 10.4,  8.9,  6.5,
5.3,  5.9,  8.7])
line_chart.render_to_file("line-stacked.svg")
```

（3）绘制时间线图

```
import pygal
from datetime import datetime
# 参数 x_label_rotation 表示 x 轴标签旋转度数，负值代表左旋转，真值代表左旋转
date_chart = pygal.Line(x_label_rotation=-10)
date_chart.x_labels = map(lambda d: d.strftime('%Y-%m-%d'), [
 datetime(2018, 3, 22),
 datetime(2019, 5, 15),
 datetime(2020, 10, 2),
 datetime(2021, 5, 11)])
date_chart.add("Downloads", [550, 872, 1800, 1028])
date_chart.render_to_file("line-time.svg")
```

（4）绘制条形图

```
import pygal
line_chart = pygal.Bar()
line_chart.title = 'The Market Share of Browsers (in %)'  # 设置线形图的标题
line_chart.x_labels = map(str, range(2010, 2021))
line_chart.add('Firefox', [10.1, 12.4, 14.5, 16.6, 25.3, 30.8, 33.5, 43.9,
46.3, 43.2, 40.1])
line_chart.add('Chrome',  [13.1, 15.4, 20.5, 26.6, 29.3, 37.8, 43.5, 48.9,
52.2, 54.2, 50.1])
line_chart.add('IE',       [85.8, 84.6, 84.7, 74.5, 66.8, 58.6, 54.7, 44.8,
36.2, 26.6, 20.1])
line_chart.add('Others',  [14.2, 15.4, 15.3, 10.9,  9.6, 10.4,  8.9,  6.5,
5.3,  5.9,  8.7])
line_chart.render_to_file("bar-basic.svg")
```

（5）绘制直方图

```
import pygal
```

```
hist = pygal.Histogram()
hist.add('Wide bars', [(4, 1, 8), (6, 6, 15), (4, 3, 18)])
hist.add('Narrow bars',  [(12, 2, 4), (16, 2, 6), (3, 5, 21)])
hist.render_to_file("histogram-basic.svg")
```

（6）绘制散点图

```
import pygal
xy_chart = pygal.XY(stroke=False)
xy_chart.title = 'Correlation'
xy_chart.add('cat', [(0, 0), (.2, .2), (.3, .5), (.5, 3), (.4, 1), (1.1,
2.5), (2.1, 3.3), (2, 7), (5, 6)])
xy_chart.add('dog', [(.3, .26), (.22, .45), (.3, .5), (.5, 1.4), (.4, .7),
(.6, .4), (1.6, 3.8), (6, 10)])
xy_chart.render_to_file("xy-scatter-plot.svg")
```

## 6.3.7　Plotly

### 1．Plotly 简介

Plotly 是一个非常著名且强大的开源数据可视化框架，它通过构建基于浏览器显示的 Web 形式的可交互图表来展示信息，支持 Python、R、MATLAB、Excel、JavaScript 和 Jupyter 等多种语言，实现过程主要调用 Plotly 的函数接口，底层实现完全被隐藏，便于初学者掌握。Plotly 同时提供线条图、散点图、面积图、条形图、误差线、方框图、直方图、热图、子图、多轴、极坐标图和气泡图等精美的图表和地图。

### 2．Plotly 安装

Plotly 需要 Python 版本 2.7 或 3.2 及以上版本的支持。

1）使用 pip 命令进行安装，命令如下。

```
pip install plotly
```

2）使用 conda 环境进行安装，命令如下。

```
conda install plotly
```

导入 Plotly 库验证是否安装成功，命令如下。

```
import plotly
```

### 3．Plotly 基本操作

（1）在线模式

需要注册 ploy.ly 的账号，同时数据和图保存在云端账户中，实现代码如下。

```
# 在线使用
import plotly.plotly as py
from plotly import tools
from plotly.graph_objs import *
tools.set_credentials_file(username='yours', api_key='yours')  # 输入注册的用
户名, 生产 key
```

```
trace0 = Scatter(
    x=[1, 2, 3, 4],
    y=[10, 15, 13, 17],
    mode='markers'
)
trace1 = Scatter(
    x=[1, 2, 3, 4],
    y=[16, 5, 11, 9]
)
data = Data([trace0, trace1])

py.iplot(data)
```

（2）绘制散点图

```
import plotly.offline as of
import plotly.graph_objs as go

of.offline.init_notebook_mode(connected=True)
trace0 = go.Scatter(
    x=[1, 2, 3, 4],
    y=[10, 15, 13, 17],
    mode='markers'
)
trace1 = go.Scatter(
    x=[1, 2, 3, 4],
    y=[16, 5, 11, 9]
)
data = go.Data([trace0, trace1])
of.plot(data)
```

（3）绘制柱状图

```
import plotly as py
import plotly.graph_objs as go
pyplt = py.offline.plot
data = [go.Bar(
        x=['Tom', 'James', 'Lily'],
        y=[178, 180, 165],
        orientation = 'v'
)]
layout = go.Layout(
        title = 'Student Height'
    )
figure = go.Figure(data = data, layout = layout)
pyplt(figure, filename='basic-bar.svg')
```

（4）绘制折线图

```
import plotly.graph_objs as go
import plotly.offline as of
import numpy as np
```

```
N = 200
random_x = np.linspace(0, 1, N)
random_y0 = np.random.randn(N)+10
random_y1 = np.random.randn(N)
random_y2 = np.random.randn(N)-10
# 创建点的轨迹
trace_one = go.Scatter(
    x = random_x,
    y = random_y0,
    mode = 'markers',
    name = 'markers'
)
trace_two = go.Scatter(
    x = random_x,
    y = random_y1,
    mode = 'lines+markers',
    name = 'lines+markers'
)
trace_three = go.Scatter(
    x = random_x,
    y = random_y2,
    mode = 'lines',
    name = 'lines'
)
data = [trace_one, trace_two, trace_three]
of.plot(data)
```

（5）绘制堆叠图

```
import plotly.graph_objs as go
import plotly.offline as of
trace_one = go.Bar(
    x=['Bird', 'Fish', 'Monkeys'],
    y=[50, 100, 68],
    name='Beijing Zoo'
)
trace_two = go.Bar(
    x=['Flowers', 'Cow', 'Horse'],
    y=[200, 70, 40],
    name='Shanghai Zoo'
)
data = [trace_one, trace_two]
layout = go.Layout(
    barmode='stack'
)
fig = go.Figure(data=data, layout=layout)
of.plot(fig)
```

（6）绘制饼图

```
import plotly.graph_objs as go
```

```
import plotly.offline as of
labels = ['China','USA','UK','France']
values = [500,250,100,150]
colors = ['#FEBFB3', '#E1396C', '#96D38C', '#D0F9B1']
trace = go.Pie(labels=labels, values=values,
               hoverinfo='label+percent', textinfo='value',
               textfont=dict(size=20),
               marker=dict(colors=colors,
               line=dict(color='#000000', width=3)))
of.plot([trace])
```

### 6.3.8　pyecharts

#### 1．pyecharts 简介

pyecharts 是一个用于生成 ECharts 图表的 Python 类库，继承了 ECharts 数据可视化库的优点，凭借着良好的交互性、精巧的图表设计，得到了众多开发者的认可。pyecharts 提供了常规的折线图、柱状图、散点图、饼图、K 线图，用于统计的盒形图，用于地理数据可视化的地图、热力图、线图，用于关系数据可视化的关系图、旭日图，多维数据可视化的平行坐标，还有用于 BI 的漏斗图、仪表盘，且支持图与图之间的混搭。pyecharts 同时支持主流 Notebook 环境、Jupyter Notebook 和 JupyterLab，可轻松集成至 Flask、Sanic、Django 等主流 Web 框架，400 多个地图文件，且支持原生百度地图，为地理数据可视化提供强有力的支持，高度灵活的配置项，可轻松搭配出精美的图表。pyecharts 已成为数据可视化工具的首选。

#### 2．pyecharts 安装

pyecharts 新版本从 v1.0.0 开始需要预安装 Python 3.6 及以上的版本。

1）使用 pip 命令进行安装，命令如下。

```
pip install pyecharts -U
```

2）使用源码进行安装，命令如下。

```
git clone https://github.com/pyecharts/pyecharts.git
cd pyecharts
pip install -r requirements.txt
python setup.py install
```

导入 pycharts 库验证是否安装成功，命令如下。

```
import pycharts
```

#### 3．pyecharts 基本操作

（1）生成本地 HTML

```
from pyecharts.charts import Bar
from pyecharts import options as opts

bar = (
    Bar()
```

```
        .add_xaxis(["衬衫", "毛衣", "领带", "裤子", "风衣", "高跟鞋", "袜子"])
        .add_yaxis("商家 A", [114, 55, 27, 101, 125, 27, 105])
        .add_yaxis("商家 B", [57, 134, 137, 129, 145, 60, 49])
        .set_global_opts(title_opts=opts.TitleOpts(title="某商场销售情况"))
)
bar.render()
```

（2）生成本地图片

```
from snapshot_selenium import snapshot as driver
from pyecharts import options as opts
from pyecharts.charts import Bar
from pyecharts.render import make_snapshot


def bar_chart() -> Bar:
    c = (
        Bar()
        .add_xaxis(["衬衫", "毛衣", "领带", "裤子", "风衣", "高跟鞋", "袜子"])
        .add_yaxis("商家 A", [114, 55, 27, 101, 125, 27, 105])
        .add_yaxis("商家 B", [57, 134, 137, 129, 145, 60, 49])
        .reversal_axis()
        .set_series_opts(label_opts=opts.LabelOpts(position="right"))
        .set_global_opts(title_opts=opts.TitleOpts(title="Bar-测试渲染图片"))
    )
    return c


# 需要安装 snapshot-selenium 或者 snapshot-phantomjs
make_snapshot(driver, bar_chart().render(), "bar.png")
```

（3）绘制散点图

```
from pyecharts import options as opts
from pyecharts.charts import Scatter
from pyecharts.faker import Faker


c = (
    Scatter()
    .add_xaxis(Faker.choose())
    .add_yaxis("商家 A", Faker.values())
    .set_global_opts(
        title_opts=opts.TitleOpts(title="Scatter-显示分割线"),
        xaxis_opts=opts.AxisOpts(splitline_opts=opts.SplitLineOpts(is_show=True)),
        yaxis_opts=opts.AxisOpts(splitline_opts=opts.SplitLineOpts(is_show=True)),
    )
    .render("scatter_splitline.html")
```

（4）绘制饼状图

```
from pyecharts import options as opts
from pyecharts.charts import Pie
from pyecharts.faker import Faker
```

```
c = (
    Pie()
    .add("", [list(z) for z in zip(Faker.choose(), Faker.values())])
    .set_global_opts(title_opts=opts.TitleOpts(title="Pie-基本示例"))
    .set_series_opts(label_opts=opts.LabelOpts(formatter="{b}: {c}"))
    .render("pie_base.html")
)
```

（5）绘制 3D 旋转图

```
import math
from pyecharts import options as opts
from pyecharts.charts import Line3D
from pyecharts.faker import Faker


data = []
for t in range(0, 25000):
    _t = t / 1000
    x = (1 + 0.25 * math.cos(75 * _t)) * math.cos(_t)
    y = (1 + 0.25 * math.cos(75 * _t)) * math.sin(_t)
    z = _t + 2.0 * math.sin(75 * _t)
    data.append([x, y, z])
c = (
    Line3D()
    .add(
        "",
        data,
        xaxis3d_opts=opts.Axis3DOpts(Faker.clock, type_="value"),
        yaxis3d_opts=opts.Axis3DOpts(Faker.week_en, type_="value"),
        grid3d_opts=opts.Grid3DOpts(
            width=100, depth=100, rotate_speed=150, is_rotate=True
        ),
    )
    .set_global_opts(
        visualmap_opts=opts.VisualMapOpts(
            max_=30, min_=0, range_color=Faker.visual_color
        ),
        title_opts=opts.TitleOpts(title="Line3D-旋转的弹簧"),
    )
    .render("line3d_autorotate.html")
)
```

（6）绘制热力图

```
import random
from pyecharts import options as opts
from pyecharts.charts import HeatMap
from pyecharts.faker import Faker

value = [[i, j, random.randint(0, 50)] for i in range(24) for j in range(7)]
```

```
c = (
    HeatMap()
    .add_xaxis(Faker.clock)
    .add_yaxis("series0", Faker.week, value)
    .set_global_opts(
        title_opts=opts.TitleOpts(title="HeatMap-基本示例"),
        visualmap_opts=opts.VisualMapOpts(),
    )
    .render("heatmap_base.html")
)
```

# 6.4　数据可视化分析框架

随着大数据和机器学习等研究领域的火热，数据可视化成为人们理解数据背后蕴含深层次意义的重要手段。目前国内外已经涌现出大量优秀的数据可视化前端框架。

**1. D3.js**

D3.js 是一个用于数据可视化的开源 JavaScript 函数库。D3.js 通过数据来操作文档，使用 HTML、SVG 和 CSS 把数据鲜活形象地展现出来。D3.js 严格遵循 Web 标准，程序可轻松兼容现代主流浏览器并避免对特定框架的依赖。同时，它提供了强大的可视化组件，可以让使用者以数据驱动的方式去操作 DOM。D3.js 已被运用在在线新闻网站中来呈现交互式图形、数据图表和地理信息等。

**2. Bonsaijs**

Bonsaijs 是一个轻量级免费开源的 JavaScript 图形库，可以方便地创建图形和动画。这个类库使用 SVG 作为输出方式来生成图形和动画效果，拥有非常完整的图形处理 API，可以更加方便地处理图形效果。Bonsaijs 支持路径、不同的资源（视频、图片、字体和小电影）、变形路线等功能。

**3. Gephi**

Gephi 是一款基于 JVM 的开源免费跨平台复杂网络分析软件，适用于各种网络和复杂系统，是一个动态和分层图的交互可视化与探测开源工具，主要用来进行探索性数据分析、链接分析、社交网络分析、生物网络分析等。Gephi 使用 OpenGL 作为它的可视化引擎，并提供大量 API，开发者可以编写自己感兴趣的插件，创建新的功能，被成为"数据可视化领域的 Photoshop"。

**4. Arborjs**

Arborjs 是一个利用 Web Workers 和 jQuery 创建的数据图形可视化 JavaScript 框架。它为图形组织和屏幕刷新处理提供了一个高效、力导向布局算法。这个框架可以使用 Canvas、SVG，甚至是 HTML 的位置元素。

**5. Tableau**

Tableau 是全球知名度很高的数据可视化工具，它可以轻松将数据转化成任何想要的形式。Tableau 是一个非常强大、安全、灵活的分析平台，支持多人协作。可以通过 Tableau 软件、网页，甚至移动设备随时浏览已生成的图表，或将这些图表嵌入到报告、网页或软件中。

### 6. Highcharts

Highcharts 是一个使用 JavaScript 编写的开源 JavaScript 函数库，开发人员可以利用 Highcharts 轻松地将交互式图表添加到网站或应用程序中。Highcharts 可以免费用于个人学习、个人网站和非商业用途。此外，Highcharts 的兼容性比 D3.js 更好。Highcharts 在现代浏览器中使用矢量图，在低版本的 IE 浏览器中使用 VML 来绘制图形，所以它可以在所有移动设备和计算机浏览器上使用。Highcharts 支持的图表类型有曲线图、区域图、柱状图、饼状图、散状点图和综合图表。

### 7. ECharts

ECharts 是百度旗下一个纯 JavaScript 的图表库，可以流畅地运行在 PC 和移动设备上，兼容当前绝大部分浏览器（IE、Chrome、Firefox、Safari 等），底层依赖轻量级的 Canvas 类库 ZRender，提供直观、生动、可交互、可高度个性化定制的数据可视化图表。ECharts 3 中更是加入了丰富的交互功能及可视化效果，且对移动端做了深度的优化。

## 6.5 案例：话题漂移可视化

社交新媒体的出现产生了海量的用户生成内容。微博消息的发布具有及时性、多样性、随意性等特点，使得话题极易产生漂移现象。主要原因在于：话题的关注点会随时间自然发生转移；随着话题相关文本的增加，文本特征也越来越多，特征的增多会造成相似文本的增多，从而引入"噪声文本"，导致话题发生偏移。通过可视化的手段将话题漂移进行表示，对新闻报道、文本挖掘、舆情监控等有着重要的应用意义。

本节以微博数据为基础，通过对微博内容构建动态词云图、词频统计图、话题分布图来动态显示微博话题随时间的变化情况。

### 1. 词云分析

对微博内容进行词云分析，首先使用 jieba 分词工具进行分词处理，且过滤掉停用词。同时，将微博中含有的换行符、HTML 代码等不必要的符号去掉。然后返回分词结果列表，最后使用清洗过的分词列表 word_list 中的数据来展示词云。实现代码如下。

```python
# 对微博内容进行分词与预处理
def word_segmentation(content, stop_words):
    # 使用 jieba 分词对文本进行分词处理
    seg_list = jieba.cut(content)

    seg_list = list(seg_list)

    # 删除停用词
    user_dict = [' ', '嘟','哒']
    filter_space = lambda w: w not in stop_words and w not in user_dict
    word_list = list(filter(filter_space, seg_list))

    return word_list
```

```
# 删除表情和无意义的符号
def format_content(content):
    content = content.replace(u'\xa0', u' ')
    content = re.sub(r'\[.*?\]','',content)
    content = content.replace('\n', ' ')
    return content


# 绘制出词云
def create_wordcloud(content,image='weibo.jpg',max_words=10000,max_font_size=50):
    cut_text = " ".join(content)
    cloud = WordCloud(
        # 设置字体，不指定就会出现乱码
        font_path="HYQiHei-25J.ttf",
        # 允许最大词汇
        max_words=max_words,
        # 设置背景色
        background_color='white',
        # 最大号字体
        max_font_size=max_font_size
    )
    word_cloud = cloud.generate(cut_text)
    word_cloud.to_file(image)
```

词云分析的结果如图 6-6 所示。

图 6-6　微博词云分析结果

## 2．词频处理

根据在词云分析中已经得到的过滤了停用词的词语列表 word_list，可以绘制出词频图并渲染，实现代码如下。

```
# 词频统计
def word_frequency(word_list, *top_N):  # 返回前 top_N 个值，如果不指定则返回所有值
    if top_N:
        counter = Counter(word_list).most_common(top_N[0])
    else:
        counter = Counter(word_list).most_common()
```

```
    return counter

# 绘制词频图
def plot_chart(counter, chart_type='Bar'):
    items = [item[0] for item in counter]
    values = [item[1] for item in counter]

    if chart_type == 'Bar':
        c = (
            Bar()
            .add_xaxis(items)
            .add_yaxis('词频', values)
            .set_global_opts(title_opts=opts.TitleOpts(title="微博动态词频统计"))
        )
    else:
        c = (
            Pie()
            .add("", [list(z) for z in zip(items, values)])
            .set_global_opts(title_opts=opts.TitleOpts(title="微博动态词频统计"),
                            legend_opts=opts.LegendOpts(
                            type_="scroll", pos_left="80%", orient="vertical")
                            )
            .set_series_opts(label_opts=opts.LabelOpts(formatter="{b}: {c}"))
        )
    c.render('weibo_wordfrq.html')
```

最后得到排名前 10 位的词语频率统计，如图 6-7 所示。

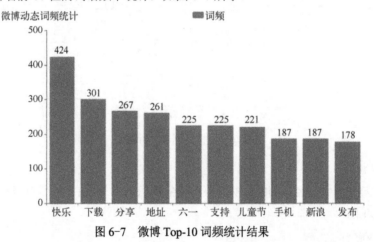

图 6-7　微博 Top-10 词频统计结果

### 3. 话题展示

微博话题的提出使用 scikit-learn 库中的 LDA（Latent Dirichlet Allocation）模型进行处理，最后使用 pyLDAvis 可视化包将微博不同话题以可视化结果展现出来。微博展示前进行预处理的过程在此不再赘述，详见词云分析部分。话题展示的实现代码如下。

```
# 使用 LDA 模型进行微博动态主题建模与分析
```

```python
def word2vec(word_list,n_features=1000,topics = 5):
    tf_vectorizer = CountVectorizer(strip_accents='unicode',
                                    max_features=n_features,
                                    max_df=0.5,
                                    min_df=10)
    tf = tf_vectorizer.fit_transform(word_list)

    lda = LatentDirichletAllocation(n_components=topics, # 主题数
                                    learning_method='batch',# 样本不大"batch"比较好
                                    )
    lda.fit(tf)     # 用变分贝叶斯方法训练模型

    tf_feature_names = tf_vectorizer.get_feature_names()
                                    # 依次输出每个主题的关键词表

    return lda, tf, tf_feature_names, tf_vectorizer

# 将主题以可视化结果展现出来
def pyLDAvisUI(lda,tf,tf_vectorizer):
    page = pyLDAvis.sklearn.prepare(lda, tf, tf_vectorizer)
    pyLDAvis.save_html(page, 'lda.html')        # 将主题可视化数据保存为 HTML 文件
```

最后，选取了 4 个主题来可视化话题漂移结果，如图 6-8 所示。从渲染结果可知，微博话题随时间的推移或文本规模的增加，用户讨论和关注的话题内容也在发生偏移。

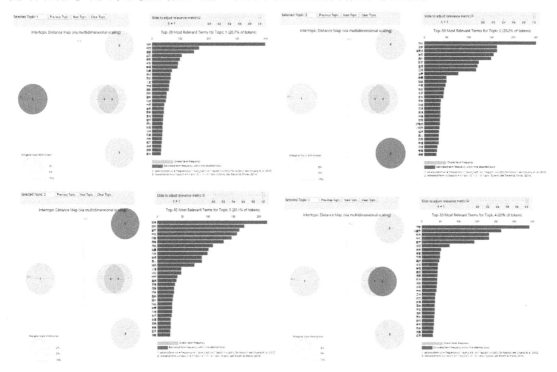

图 6-8　微博在不同话题下的漂移结果

# 习题

### 1. 简答题

1）什么是数据可视化？

2）数据可视化基本流程是什么？

3）列举 5 个常见的 Python 数据可视化开发工具。

4）NetworkX 包含哪些网络分析方法？

5）pyecharts 可以绘制哪些类型的图？

### 2. 操作题

实现一个反映城市交通状况的可视化系统。要求系统实现如下功能：城市主要道路通行状况的数据展示；可查看某一街道的路况数据；可查看所有行政片区的路况数据；评估片区平均拥堵指数。

# 第7章
# Python 数据挖掘与应用

本章主要讲解数据挖掘的基础知识，主要包括 Python 数据挖掘的基础、文本分词及常用方法、文本主题挖掘、新词发现、视频数据处理算法、视频基本操作、视频识别检测，及 Python 图像数据处理算法、图像处理库、数字图像识别、基于 CNN 的图像应用等知识。本章给出了文本主题挖掘，人物视频识别检测，手写数字图像识别，物体图像在 Python 库、OpenCV、CNN 等方面的案例。本章学习目标如下：

◇ 了解数据挖掘的基础知识。
◇ 掌握文本分词、主题挖掘、新词发现的算法及应用。
◇ 熟悉视频数据处理的基本算法及基本操作。
◇ 使用 OpenCV、scikit-video、MoviePy 对视频进行处理。
◇ 熟悉图像数据处理的常用算法。
◇ 实现人物视频的识别检测。
◇ 实现手写字体图像及字体识别、基于 CNN 的图像识别及应用。
◇ 实现基于 CoreNLP、Word2Vec 及聚类的热点话题挖掘。

通过本章的学习，将对 Python 在文本数据、视频数据、图像数据方面的挖掘及应用有一个全面的认识，并将数据挖掘应用于实践。

## 7.1 数据挖掘简介

近年来，社会各个领域产生的海量数据和数据分析需求快速增长，使得如何从这些结构化和无结构的数据中发现有用的信息，并梳理、组织成知识，成为关注的重点，这也是数据挖掘领域诞生的基础。数据挖掘是多学科交叉的研究领域，涉及统计、机器学习、专家系统、数据库、信息检索、自然语言处理、社交网络等。数据挖掘的基本任务是从数据中挖掘隐含的有用信息并转化为知识，这些数据既有结构化的数据，也有非结构化的数据，类型多样（文本、图像、视频等），存储方式各异（文件存储、关系型数据库存储、非关系型数据库存储等）。因而，数据挖掘的问题可概括为以下 5 个方面。

- 从哪里挖掘（数据源问题，如图像数据、基因数据、时空数据、交通数据等）。
- 挖掘什么数据（关系型数据、非关系型数据、结构化数据、半结构化数据、非结构化数据、二进制数据等）。
- 挖掘什么模式（特征、关联、相关性、异常、频繁等）。
- 用于哪里（聚类分析、回归分析、分类、预测、异常检测等）。
- 使用什么技术（统计、数据库及数据仓库、机器学习、神经网络、自然语言处理、信息检索、隐私保护等）。

数据挖掘过程有时又称数据知识发现过程，数据挖掘广义过程通常包含数据采集、数据预处理（数据清洗、数据集成、数据采样选择及转换）、数据挖掘（模式发现及提取）、模型评估、知识表示等。本节利用拥有广泛第三方库的 Python 技术，从文本数据、视频数据、图像数据 3 个方面，介绍数据挖掘的方法和应用。

## 7.1.1 Python 数据挖掘基础

本书前面部分已经讲述了 Python 在数据挖掘过程中数据预处理、数据分析、数据可视化的基本包及应用，除此之外，在数据挖掘中，预处理、数据分析、挖掘模式、应用还有很多基本概念、方法及 Python 库，如数据立方体、挖掘频繁及关联模式、挖掘压缩模式、模型评估等知识。

### 1. 数据仓库及立方体

数据仓库（Data Warehouse）是数据存储的一种形式，而数据立方体（Data Cube）是对存储的数据进行多维建模和观察的形式，其起源于基于数据仓库的联机分析处理（OnLine Analytical Processing，OLAP）。数据仓库是对多个同质或异质数据源进行集成，形成面向多个主题的、具有时间属性的数据集合，供分析、预测、决策支持应用。数据仓库是数据立方体的基础，数据仓库的数据模型是多维数据模型（star schema、snowflake schema、fact constellation），数据立方体通常与数据维度结构、分层相关联，如二维数据立方体、三维数据立方体、$n$ 维数据立方体等，每个维度可以进行概念分层，即对维的值进行分组，这是数据立方体计算的基础。$n$ 维数据立方体计算方体的公式如下。

$$M = \prod_{i=1}^{n} K_i + 1$$

式中，$M$ 表示数据立方体的方体总数；$i$ 表示维；$K_i$ 表示 $i$ 维的层数。

数据立方体的度量通常为一个数值函数，通过维度空间中的点的各个维度值，利用不同的函数进行聚集，计算度量数据立方体中的点。如前面章节讲述的 pandas 包中的和函数 sum()、均值函数 mean()、方差函数 std() 等。

对于大规模数据集的数据仓库及立方体分析工具有 Apache Kylin、Hive 等。如 Apache Kylin 是一个基于 Hadoop 的支持超大规模数据 SQL 查询接口及多维分析的开源分布式分析引擎，能够完成数据仓库及立方体的创建及应用。Python 提供了 Kylinpy 库，实现 Python 和 Apache Kylin 的集成。同样，Python 也提供了连接集成 Hive 的库：PyHive 库或 impyla 库。

在 Python 中执行安装命令：pip install --upgrade kylinpy，安装完成后，可使用 SQLAlchemy

Dialect 或者 Kylin 命令行工具在终端下访问 Kylinpy。另外，也允许用户通过 pandas 数据帧访问数据，并图形表示，代码如下。

```
import sqlalchemy as sa
import pandas as pd
import matplotlib.plot as plt

#使用 SQLAlchemy Dialect 访问 Kylin
#访问模板: kylin://<username>:<password>@<hostname>:<port>/<project>?version=
<v1|v2>
kyl_en=sa.create_engine('kylin://username:password@hostname:7070/test_mv?
version=v1')
ksql  = 'select * from mv_praise group by mv_id '
df= pd.red_sql(ksql, kyl_en)
print (df)
#分析结果数据用图形展示
ax = df.plot(…)
ax.set_xlabel(…)
ax.set_ylabel(…)
plt.title(…)
plt.show()
```

### 2. 频繁及关联模式挖掘

频繁模式是在数据集合中经常出现的一种结构、序列、项集或关系的数据规律。关联模式又称关联规则，是指经常同时出现的一种数据关联模式，如经常同时购买不同商品（购买 A 商品时，也购买商品 B）或频繁关联的行为模式。挖掘关联模式的问题实质是挖掘频繁模式，其可以通过在数据中找出所有频繁模式、生成强/弱关联规则两个步骤完成。关联规则的度量方法是支持度、置信度和提升度，如规则同时满足最小支持度和最小置信度即为强关联规则，而提升度则反映关联规则中购买商品 A 与购买商品 B 的相关性。那么支持度（Support）S、置信度（Confidence）C、提升度（Lift）L 分别表示为

$$S(A \Rightarrow B) = P(A \bigcup B)$$
$$C(A \Rightarrow B) = P(B \mid A) = P(A \bigcap B)/P(A)$$
$$L(A \Rightarrow B) = P(B \mid A)/P(B) = P(A \bigcap B)/P(A)*P(B)$$

频繁模式的核心是挖掘频繁项集，即为数据集中满足置信度且满足最小支持度的项的集合。

频繁及关联模式挖掘是从数据中发现规律和有价值信息的常用方法，其基本算法有 Apriori、FP-growth、Eclat（Equivalence CLASS Transformation），挖掘闭项集及最大频繁项集的算法有 A-Close、CLOSET、FPClose、CHARM 等。频繁及关联模式挖掘通常用于购物篮分析（如超市商品位置排列）、营销策略设计、个人兴趣推荐、新闻推荐、社交信息挖掘、网络商品关联推荐等领域。

Python 库已有 Apriori 算法、FP-growth 包，可通过安装 apyori 包使用 Apriori 算法，安装及测试命令如下。

```
pip install apyori              #安装 apyori
from apyori import apriori      #测试 apriori
```

```
    pip install fp-growth        #安装 fp-growth
```

要使用 Apriori 算法，首先创建 apriori.py 文件，然后在文件中输入以下代码。

```
from apyori import apriori
#商品交易数据
transactions = [
    ['computer', 'office'],
    ['computer', 'mouse'],
]
results = list(apriori(transactions))
print (results)
```

在命令行运行 apriori.py 文件，结果如图 7-1 所示。

图 7-1　Apriori 算法执行结果

## 7.1.2　文本分词

文本分词是数据挖掘的基础工作，属于自然语言处理的一项技术。文本的结构涉及篇章、段落、句子、词、字及字符不同粒度单元，文本分词通常为句子层级单元的处理操作，不同语言有着不同的特点，其处理方式也有差异，如英文常为空格分割，存在着多重形态，而中文语言特点句子中没有词的边界，需要考虑分词粒度，同时也存在着分词标准不统一、歧义切分、新词识别等问题，使得处理分词更为复杂。本书重点介绍文本分词中的中文文本分词处理方法及其应用。

基于中文的文本分词方法，主要有基于规则的分词方法（字符串匹配分词法）、基于统计的分词方法两类。基于规则的分词方法，包含正向最大匹配法、逆向最大匹配法、双向匹配分词法、逐词遍历法、最佳匹配法等；基于统计的分词方法，包含基于条件随机场（CRF）算法的、基于隐马尔可夫模型（HMM）的、基于支持向量机（SVM）的、基于字标注的、基于神经网络的分词方法等。

基于规则的分词方法，基本思想是按照一定的策略（最大/最长、最小/最短、正向/逆向）将待分析的字符串与词典中的词条进行匹配，如匹配成功，则分割出字符串。此方法的缺陷是对歧义和新词的处理效果不佳。

基于统计的分词方法，基本思想是利用统计机器学习的方法在已经分词的标准语料库数据集上训练学习，实现对未知文本字符串的切分。如一个句子 $S = m_1 m_2 m_3 \cdots m_n$，有 $j$ 种分词方法，那其中概率最大的分词方法（如为第 1 种分词）则为其分词结果。通常表示为 $l = \arg\max P(m_{l1} m_{l2} m_{l3} \cdots m_{ln})$，在此基础上，为了降低计算复杂度，应用马尔可夫假设，假设每个分词出现概率只依赖于前一个分词结果，则上述分词结果简化为

$$l = P(m_{l_1}m_{l_1}\cdots m_{l_n}) = P(m_{l_1})P(m_{l_2}\mid m_{l_1})P(m_{l_4}\mid m_{l_3})\cdots P(m_{l_n}\mid m_{l(n-1)})$$

在上述基础上，分别演化出 $n$ 元模型及维特比算法等，如二元模型（依赖于前两个分词结果）、三元模型（依赖于前 3 个分词结果）等。

常用的中文文本分词工具有：jieba（jieba 库）、Hanlp（pyhanlp 库）、Standford CoreNLP（corenlp-python 库）、LTP（pyltp 库）、KCWS 分词器、Ansj、IK、THULAC（thulac 库）、NLPIR（pynlpir 库）、SnowNLP（snownlp 库）等；英文文本分词工具有 Keras、Spacy、Gensim、NLTK 等。

在第 4 章的案例中已经使用 jieba 分词进行中文文本分词的处理，此处不再赘述，此处以 Hanlp 为例，简单介绍分词基本流程和步骤。

1）安装 Hanlp，命令如下。

```
pip install pyhanlp
```

2）使用命令"hanlp segment"进入交互模式，输入待分词句子"中华人民共和国生日"并分词，如图 7-2 所示。

图 7-2　Hanlp 分词结果

3）调用 Hanlp 的 API 接口进行分词并提取摘要，命令如下。

```
from pyhanlp import *
for term in HanLP.segment('中华人民共和国生日'):
    print('{}\t{}'.format(term.word, term.nature))    # 获取单词与词性
document = "新华社北京 5 月 21 日 不忘初心凝聚复兴伟力，携手前进共商发展大计。" \
           "中国人民政治协商会议第十三届全国委员会第三次会议 21 日下午在人民大会堂开幕。"

# 自动摘要
print(HanLP.extractSummary(document, 3))
```

注意：Hanlp 可以使用 JClass 类调用更底层的 API 引入更深的类路径。

## 7.1.3　Gensim 文本主题挖掘

Gensim 是用于话题模型、文档索引、相似度检索的 Python 库，常应用于大型语料库，主要面向自然语言处理和信息检索领域。它集成了在线隐含语义分析算法（如 LSA、LSI、SVD）、LDA(Latent Dirichlet Allocation)、RP(Random Projections)、HDP(Hierarchical Dirichlet Process)、Word2Vec 模型、Doc2Vec 模型、FastText 模型、TF-IDF 模型和 TextRank 等。

安装 Gensim 的命令如下。

```
# 使用 pip 命令安装
pip install --upgrade gensim
# conda 环境安装
conda install -c conda-forge gensim
```

下面以 Word2Vec 模型和 LDA 为例,介绍词向量训练和文本主题挖掘的过程。

### 1. Word2Vec 模型

(1)数据

以维基百科语料为例,下载地址为 https://dumps.wikimedia.org/zhwiki/,下载其中一个语料:zhwiki-20200120-pages-articles1.xml-p1p162886.bz2。然后使用 Wikipedia Extractor 工具和 OpenCC 工具(繁体变简体),从压缩包中提取正文文本。Gensim 库语料集有 Text8Corpus、BrownCorpus 等。

(2)模型训练

在上述文本分词语料集基础上,利用文本语料训练 Gensim 中的 Word2Vec 模型,代码如下。

```
# 读取语料库类
class ReadSentences(object):
    def __init__(self, dirname):
        self.dirname = dirname

    def __iter__(self):
        for fname in os.listdir(self.dirname):
            for line in open(os.path.join(self.dirname, fname)):
                yield line.split()


sentences = ReadSentences('/your/directory')        # 文件目录迭代,读取语料库分词内容
train_model = gensim.models.Word2Vec(sentences)     # 使用语料库内容,训练模型
#模型保存
train_model.save('/test/train_model')
#模型装载调用
new_model = gensim.models.Word2Vec.load('/test/train_model')
#继续训练模型
new_model.train(more_sentences)

'''
train(sentences, corpus_file, total_examples, total_words, epochs, start_alpha,
end_alpha, word_count=0, queue_factor=2, report_delay=1.0, compute_loss=False, callbacks=())
    sentences: 句子迭代对象
    corpus_file: 语料库文件,以 LineSentence 格式存储
    total_examples: 句子总数
    total_words: 句中词总数
    epochs: 在语料库上迭代数
    start_alpha: 初始学习率
    end_alpha: 最终学习率
    word_count: 参与训练的词数,设置为 0 表示用以往训练的所有词
    queue_factor: 队列的大小(workers 数*队列因子)
    report_delay: 报告进程前延迟秒数
```

```
compute_loss：如果为 true，计算存储 loss 值
callbacks：在训练过程中特定阶段执行 callback 回调序列
'''
```

Word2Vec 模型主要参数如下。

- sentences：句子迭代对象，如使用 LineSentence，语料集有 Text8Corpus 和 BrownCorpus。
- size：词向量维度。
- window：词向量训练上下文扫描窗口大小，窗口为 3 表示当前词与前 3 个预测词的间距，与后 3 个预测词的间距。
- min-count：设置最小词频，取值范围 0～100，默认值为 5，如果一个词在文档中出现的次数小于 min-count，则忽略该词。
- workers：用于并发训练的线程数训练模型（需要安装 Cython，才能起作用）。
- sg（{0, 1}, optional）：模型训练算法，其中 1 表示 skip-gram 模型，0 表示 CBOW 模型；skip-gram 模型是给定输入词来预测上下文；CBOW 模型表示给定输入词上下文，来预测输入词。
- hs（{0,1},optional）：其中，1 表示模型训练用层次化 softmanx；0 表示负采样。
- alpha (float, optional)：初始学习率。
- iter (int, optional)：迭代次数，默认为 5。

Word2Vec 模型具体训练过程如下。

1）创建 train_word2vec.py 文件，实现分词语料库文件的读取，Word2Vec 模型的调用及调参训练，输出词向量维度通常至少为 50 维，具体代码如下。

```
# import multiprocessing
from gensim.models import Word2Vec
from gensim.models.word2vec import LineSentence
import sys
import logging

# 指定日志输出格式
    logging.basicConfig(format='%(asctime)s: %(levelname)s: %(message)s', ,
level=logging.INFO)
    if len(sys.argv) < 4:
        print ("train_w2v.py process_words.txt train_w2v.model results_w2v.
vector 参数个数及格式不符合要求！")
        sys.exit(1)
    # 读取格式参数内容：seg_ws:分词文本；out_md:训练好的模型；out_vc:得到的词向量
    seg_ws, out_md, out_vc = sys.argv[1:4]
    # LineSentence():可迭代的对象，按行读取文件中的每一行
model = Word2Vec(LineSentence(seg_ws), size=400, window=3, min_count=10, workers=4)
# workers 也可通过 multiprocessing.cpu_count()函数获取
# 训练模型保存
    model.save(out_md)
    # 存储词向量
    model.wv.save_word2vec_format(out_vc, binary=False)
```

2）训练模型及词向量获取，命令如下。

```
python train_word2vec.py process_words.txt   train_word2vec.model   results_
word2vec.vector
```

（3）模型测试

利用测试数据，获取测试词的词向量，代码如下。

```
from gensim.models import Word2Vec

train_word2vec_model = Word2Vec.load('train_word2vec.model')

test_wd = ['计算机','软件','病毒', '硬件']
for i in range(4):
    wvc = train_word2vec_model.most_similar(test_wd[i])
    print (test_wd[i])
print (wvc)
print (model['计算机'])          # 获得某个词的词向量
```

（4）模型评估

通常在测试集上评估模型训练效果，以及是否达到要求，命令如下。

```
model.accuracy('/test/questions-words.txt')
```

### 2. LDA

LDA（Latent Dirichlet Allocation）属于文档主题生成模型，在词、主题和文档三层结构上，采用词袋方法（仅考虑一个词语是否出现，而不考虑其出现的顺序），让每一篇文档表示为一些主题的概率分布，其中每一个主题由多个词汇的概率分布表示，即构建文档—主题分布和主题—词汇分布。通常被用于识别大规模文档集或语料库中潜藏的主题信息。

（1）每篇文档 $w$（文档集 $D$ 中）的生成过程

假设每篇文档 $w$ 由 $N$ 个词汇组成，可表示为 $w=\{d_1,d_2,\cdots,d_N\}$，那么有 $M$ 篇文档的集合 $D=\{w_1,w_2,\cdots,w_M\}$。

选择 $N\sim\text{Poisson}(\xi)$（服从泊松分布）；选择 $\theta\sim\text{Dir}(\alpha)$（服从狄利克雷分布），即主题分布 $\theta$ 由超参数为 $\alpha$ 的 Dirichlet 分布生成；对于 $N$ 个词汇中的每个词 $d_n$，选择一个主题 $z_n\sim\text{Multinomial}(\theta)$（服从多项式分布），按照基于主题 $z_n$ 的多项式概率分布 $p(w_n|z_n,\beta)$ 选择一个词语 $d_n$。

其中，$\beta$ 是主题—词汇矩阵 $(k\times V)$，$\beta_{ij}=p(w^j=1|z^i=1)$，$k$ 为主题数量，$V$ 为词语数量。

给定参数 $\alpha$ 和参数 $\beta$，一个主题的混合分布 $\theta$、$N$ 个主题集合 $z$ 及 $N$ 个词汇集合 $w$ 的联合分布为

$$p(\theta,z,w|\alpha,\beta)=p(\theta|\alpha)\prod_{n=1}^{N}p(z_n|\theta)p(w_n|z_n,\beta)$$

一个文档 $w$ 的边缘分布，可表示为

$$p(w|\alpha,\beta)=\int p(\theta|\alpha)\left(\prod_{n=1}^{N}\sum_{z_n}p(z_n|\theta)p(w_n|z_n,\beta)\right)\mathrm{d}\theta$$

那么，LDA 的模型如图 7-3 所示，分为 3 个层次表示：文档集层次（M），参数 $\alpha$ 和参数 $\beta$，

在文档集创建过程中一次采样生成；文档层次（$N$）表示，参数 $\theta$，从每个文档采样；词层次表示，参数 $z$ 和参数 $w$，为每个文档的每个词采样。

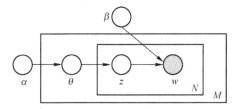

图 7-3　LDA 模型

LDA 模型由于在词和向量方面是一对一的关系，所以存在着无法处理多义词问题及特定任务的动态优化。

（2）LDA 模型训练

LDA 模型的训练全过程包含预处理数据、文档转为词向量、训练 LDA 模型 3 个基本方面，具体如下。

1）LDA 模型训练准备：预处理数据。

```python
# -*- coding:utf-8 -*-
import os
import re
import jieba
from gensim import corpora, models, similarities

# 创建停用词列表
def st_words_list():
    sw = [line.strip() for line in open('./stopwords.txt',encoding='UTF-8').readlines()]
    return sw

# 对中文句子分词
def segment_depart(sentence):
    se_depart = jieba.cut(sentence.strip())
    stop_wd = st_words_list()
    results = ''
    for word in se_depart:
        if word not in stop_wd:
            results += word
            results += " "
    return results

# 对文档分词
if not os.path.exists('./pre_corpora.txt'):
    filename = "./ pre_corpora.txt"
    out_fname = "./ train_corpora.txt"
    inputs = open(filename, 'r', encoding='UTF-8')
    outputs = open(out_fname, 'w', encoding='UTF-8')
```

```
    # 数据清理
    for line in inputs:
        line = line.split('\t')[1]
        line = re.sub(r'[^\u4e00-\u9fa5]+','',line)
        lseg = segment_depart(line.strip())
        outputs.write(lseg.strip() + '\n')

    outputs.close()
    inputs.close()
    print("数据清理完成！")
```

2）文档转为词向量和训练 LDA 模型学习过程，具体代码如下。

```
# 打开语料库
file_read = open('./ train_corpora.txt', 'r',encoding='utf-8')
tr= []
for line in file_read.readlines():
    le= [word.strip() for word in line.split(' ')]
    tr.append(le)



# 分词结果构建词典
dict = corpora.Dictionary(tr)
# 生成语料
corpus = [dictionary.doc2bow(text) for text in tr
# TF-IDF 转换
corpus_tfidf= tfidf1[corpus]

#  index = similarities.SparseMatrixSimilarity(tfidf1[corpus], num_features=
len(dic))
# 训练 LDA 模型
lda = models.LdaModel(corpus=corpus, id2word=dict, num_topics=5)
# 获取主题列表
tp_list = lda.print_topics(5)
# 输出每个主题
for topic in tp_list:
    print(topic)
```

## 7.1.4 新词发现

新词发现是数据预处理的基础环节，它与文本分词紧密相连，因为在文本处理过程中分词的好坏，即文本字符串切分是否精准，直接影响到特征提取、数据挖掘的效果。当前的文本分词在未登录新词（专有名词、缩写词、流行词等）识别方面仍存在局限，尤其在网络文本、领域文本中，新词的发现仍是难点。新词发现的方法有基于规则的方法、基于统计模型的方法、基于互信息及左右信息熵的方法。基于规则的方法主要根据新词的构词特征、外形特点建立规则及专业词库，通过规则匹配方法发现新词，其缺点是需要建立规则库等。基于统计模型的方法是利用统计策略提取出候选串，再利用语言知识或相关度计算排除不是新词语的字符串，找出新词。与基于

242

规则的方法相比，基于统计模型的方法的缺点是不能描述词语内部和外部结构特征，低频词较难识别。

**1. 新词发现方法**

在新词发现中，如何确定其为一个新词（词汇边界确定），新词的基本语义是什么（新词语义），是新词发现的基本任务。确认一个词是否为新词，即衡量一个字符串是否构成一个稳定的序列，从广义的角度来看，新词包含命令实体（人名、机构名、地名等）、派生词、旧词新用（新词义、新用法）等；狭义的角度来看，新词包含新派生词、新复合词、缩略语等。常见的特征识别方法有 PMI（Point-wise Mutual Information，点间互信息）、Entropy（信息熵）、SCP（Symmetrical Conditional Probability，对称条件概率）、Word Overlap Ratio（词重叠率）、Description length gain（描述长度增益）等。

（1）PMI

PMI 描述的是在字符串中随机字符变量 $x$ 发生的情况下，字符变量 $y$ 黏合（凝聚）的程度，可表示为

$$P_{\mathrm{pmi}} = p(x,y)\log_2\frac{p(x,y)}{p(x)p(y)}$$

（2）Entropy

信息熵表示的是一个词 $w$ 与左右邻接字符 $w_{r,l}$ 所形成的组合，包含的信息量大小及不确定的程度，其表示公式为

$$\mathrm{Entropy}(w) = -\sum_{w_{r,l} \in W_n} p(w_{r,l} \mid w)\log_2 p(w_{r,l} \mid w)$$

式中，$W_n$ 表示 $w$ 的左右邻接字符串。

**2. 新词发现评价**

凝固度、自由度、新词 IDF 是新词发现常用的评价指标。凝固度通常用来表示一个新词单独出现的频次远高于其他组合词的概率之和，但字符组合出现的频数不是凝固度判断的唯一标准，通常会结合互信息和点间互信息标准，综合判定新词的内部凝固度。

自由度表示相邻词组合而成的"新词"是否是语境中真正的一个词，取决于是否能够灵活地出现在各种不同的环境中，具有非常丰富的左邻接字符串集合和右邻接字符串集合。

新词 IDF 与凝固度的区别是，表示新词在一个或多个文档中出现的次数，如果出现的频次越高，表示这个词有更高的概率在不同的环境中出现。

**3. 新词发现应用**

以上述文本分词中的分词工具 Hanlp 在命名实体方面的识别为例，介绍其应用方法。

```
# 英文命名实体识别
recognizer = hanlp.load(hanlp.pretrained.ner.CONLL03_NER_BERT_BASE_UNCASED_EN)
recognizer(["President", "Obama", "is", "speaking", "at", "the", "White", "House"])
# 基于 BERT 的中文命名实体识别
recognizer = hanlp.load(hanlp.pretrained.ner.MSRA_NER_BERT_BASE_ZH)
recognizer([list('上海华安工业（集团）公司董事长谭旭光和秘书张晚霞来到美国纽约现代艺术博物馆参观。'),
```

list('萨哈夫说，伊拉克将同联合国销毁伊拉克大规模杀伤性武器特别委员会继续保持合作。')])

## 7.2 Python 视频数据处理

视频数据的处理是视频分析及应用的基础，当前，视频处理算法按其处理场景和时间序列不同，可以分为空域算法、时域算法、时空域算法。空域算法通过分解图像帧为多个区域，对这些区域进行跟踪、逐帧比较，从中提取出运动估计和补偿的近似值。时域算法则通过寻找各图像帧之间特定像素或像素区域中的变化或相似特征，从而确定图像帧前后之间的差异。另外，按视频格式转换技术不同来分，主要包括图像缩放、去隔行和帧率变换 3 类技术。缩放技术主要应用于视频预览、多画面、镜头伸缩和高清源在标清上显示等。去隔行主要应用于向下兼容，将隔行场图像序列转变成主流的逐行帧图像序列。帧率变换应用于不同视频标准扫描率之间的相互转换，改变视频播放数据流的采样率。因视频数据处理涉及技术众多，本书并没有讨论视频压缩技术。

视频数据简单分析处理的一般流程如下。

1）提取视频中的运动物体，常用算法有帧差法、光流法、GMM、vibe 等。

2）对提取的运动物体进行跟踪，常用算法有多目标跟踪、滤波、边缘跟踪、相位相关跟踪算法等。

3）视频后期处理的格式转换、去模糊、去雾、图像增强等，常用实现工具 OpenCV 等。

4）对视频进行分析。常用算法有 Meanshift、Camshift 等。

### 7.2.1 常见视频数据处理算法

在视频数据处理操作中，按处理顺序通常分为：视频预处理和视频后处理。预处理通常包含像素扫描、噪声滤波、抖动检测与补偿、局部动态范围补偿、颜色校正等；视频后处理包含边界检测、图像缩放、帧率转换、视频覆盖、色彩转换等。

#### 1. 滤波算法

滤波去噪是视频图像处理中的重要环节，其效果直接关系并影响到后续的图像分割、边缘检测等工作。常用的滤波算法有均值滤波、中值滤波、维纳滤波、粒子滤波等。

均值滤波是线性滤波算法，其基本原理是使用均值代替原图像中的各个像素值，即对待处理的当前像素点$(x,y)$，选择一个模板，该模板由其近邻的若干像素组成，求模板中所有像素的均值，再把该均值赋予当前像素点 $(x,y)$，作为处理后图像在该点上的灰度 $g(x,y)$，即 $g(x,y)=\sum f(x,y)/m$，$m$ 为该模板中包含当前像素在内的像素总个数。而中值滤波法是一种非线性平滑技术，是将每一像素点的灰度值设置为该点某邻域窗口内的所有像素点灰度值的中值。它与均值滤波相比，中值滤波对脉冲噪声有良好的滤除作用，在滤除噪声的同时，能够保护信号的边缘，使其不被模糊。维纳滤波器是估计期望输出与滤波器实际输出误差的均方值最小化，它为平稳随机信号的线性滤波提供了参考基准。

粒子滤波的基本思想是构造一个基于样本的后验概率密度函数。通过在 $N$ 个带有权值的样本粒子组成的集合上进行采样，在 $k$ 时刻的后验概率密度近似表示为

$$p(x_{0,k} \mid z_{0,k}) \approx \sum_{i=1}^{N} w_k^i \delta(x_{0,k} - x_{0,k}^i)$$

式中，$i$ 表示粒子序号；$w_k^i$ 是样本粒子权重；$x_{0,k} = \{x_0, x_1, \cdots, x_k\}$ 表示 $k$ 时刻的状态序列；$z_{0,k} = \{z_0, z_1, \cdots, z_k\}$ 表示 $k$ 时刻的观察序列；$\delta(x_{0,k} - x_{0,k}^i)$ 是狄拉克函数。

为了有效抽取后验分布的样本，避免从后验概率密度抽取样本的困难，提高粒子滤波算法的滤波性能，通常引入重要性采样方法，从重要性采样密度独立抽取 $N$ 个样本粒子 $x_{0,k}^i = \{i = 0, 1, \cdots, N\}$，函数 $f(x)$ 的估计期望可表示为

$$E(f(x_{0,k})) = \sum_{i=1}^{N} f(x_{0,k}^i) w_k^i$$

式中，每个粒子 $i$ 在 $k$ 时刻的权值，可简化表示为

$$w_k^i \propto \frac{p(x_{0,k}^i \mid z_{1,k})}{q(x_{0,k}^i \mid z_{1,k})}$$

式中，$p(x_{0,k}^i \mid z_{1,k})$ 是 $f(x_{0,k})$ 的原有密度函数（分布）；$q(x_{0,k}^i \mid z_{1,k})$ 是 $f(x_{0,k})$ 的新密度函数（分布）。

除了上述的重要性采样之外，还有重采样等方法，忽略权值小的粒子，保留大权值的粒子。在粒子滤波算法中引入重采样方法可以有效降低退化现象造成的影响。在实践中自适应粒子算法有较多应用，如目标跟踪、定位等。

**2. Meanshift 算法**

Meanshift 算法的基本原理是假设有一数据点集合和窗口，通过核密度估计和迭代，将这个窗口移动到最大灰度密度处（或点最多的地方）。需要根据目标的大小和角度来对窗口的大小和角度进行修订，如 Camshift 算法。Meanshift 算法的基本流程如下。

1）给定点 $x_i$，计算平均偏移向量：

$$k(x_i) = \frac{\sum_{i=1}^{N} x_i m\left(\left\|\frac{x - x_i}{h}\right\|\right)^2}{\sum_{i=1}^{n} m\left(\left\|\frac{x - x_i}{h}\right\|\right)^2} - x$$

式中，$h$ 为带宽；$x_i$ 为候选区帧域内的像素点；$m$ 为核函数；采用 Epanechnikov 函数计算空间中任意一点到中心位置的欧式距离。

2）计算移动密度估计窗口：$x_i^{t+1} = x_i^t + k(x_i^t)$

3）迭代计算 1）和 2），直至收敛。

## 7.2.2　OpenCV 的基本操作

OpenCV 是用于计算机视觉、图像处理和机器学习的开源库，具有 GPU 加速和多核处理的功能，支持 Python、C/C++ 及 Java 多语言接口，跨多操作系统和设备平台。可通过命令安装 OpenCV 4 库，命令为 pip install opencv-contrib-python。

（1）视频流读取

OpenCV 提供了通用的捕获视频图像的程序接口 CV2.VideoCapture 视频捕获类，开发者可以通过 API 调用，便可以帧的方式从视频硬件设备获取图像。

```
import cv2 as cv

# 获取本地默认的摄像头，如在 Windows 下使用 USB 摄像头那么 id 为 1，如果在 Linux 系统下
使用 USB 摄像头则应填"/dev/video1"。
cap = cv.VideoCapture(0)
# 检测摄像头是否打开
if cap.isOpened():
    state, frame = cap.read()          # 抓取下一个视频帧状态和图像
    while state:                        # 当抓取成功则进入循环
        state,frame = cap.read()        # 抓取每一帧图像
        cv.imshow('video',frame)        # 显示图像帧
        # 等待键盘按下，超时 25ms 可通过设置等待超时时间来控制视频播放速度。
        k = cv.waitKey(25) & 0xff
                                # 25ms 内当有键盘按下时返回对应按键 ASCII 码，超时返回-1
        if k == 27 or chr(k) == 'q':     # 当按下〈Esc〉或者〈q〉建时退出循环
break
```

（2）视频流保存

视频是由图像帧组成的，通常把一秒时间内切换图像的次数称为帧率（FPS），如一秒能切换 30 张图像，则其帧率为 30FPS。当一秒钟内切换 24 帧图像，人眼就感觉视频流畅。为了减少视频大小，设计了很多视频压缩编码格式，如常见的 MPEG-4、H.264、H.265 等。在 OpenCV 中 VideoWriter 类提供的 API 即可实现视频编码压缩。

```
"""
Opencv3 使用对象 VideoWriter()保存视频流
    构造函数 cv2.VideoWriter(filename, fourcc, frameSize, isColor) -> retval
    FourCC 就是一个 4 字节码，用来确定视频编码格式。

"""
import cv2 as cv
import numpy as np
cap = cv.VideoCapture(0)

# 指定视频的编码格式
fourcc = cv.VideoWriter_fourcc(* 'XVID')
# 保存到文件，VideWriter(文件名，编码格式，FPS，帧大小，isColor)，isColor 默认为
True 表示保存彩图
out = cv.VideoWriter('output.avi', fourcc, 30, (640, 480))
while cap.isOpened():
    ret, frame = cap.read()
    if ret:
        # 帧翻转
        # frame = cv.flip(frame, 1)
        out.write(frame)
        cv.imshow('frame', frame)
        k = cv.waitKey(25) & 0xFF
        if chr(k) == 'q':
            break
# 调用 release 函数
```

```
cap.release()
out.release()
cv.destroyAllWindows()
```

（3）Meanshift 算法在 OpenCV 中应用

通过读取视频图像，对目标对象进行设置，设置追踪窗口的起始位置，具体代码如下。

```
import numpy as np
import cv2

cap = cv2.VideoCapture('test.flv')
# 读取视频的图像帧
ret,frame = cap.read()
# 设置起始移动窗口的位置
r,h,c,w = 100,140,300,225
tr_window = (c,r,w,h)

# 设置追踪区域
ri = frame[r:r+h, c:c+w]
hv_ri = cv2.cvtColor(frame, cv2.COLOR_BGR2HSV)
mask = cv2.inRange(hsv_roi, np.array((0., 60.,32.)), np.array((90.,255., 255.)))
# 计算直方图，图像，通道[0]-灰度图，掩膜，灰度级，像素范围
ri_hist = cv2.calcHist([hv_ri],[0],mask,[180],[0,180])
cv2.normalize(ri_hist,ri_hist,0,255,cv2.NORM_MINMAX)

term_crit = ( cv2.TERM_CRITERIA_EPS | cv2.TERM_CRITERIA_COUNT, 10, 1 )

while(1):
    rt ,frame = cap.read()
    if rt == True:
        hsv = cv2.cvtColor(frame, cv2.COLOR_BGR2HSV)
        dst = cv2.calcBackProject([hsv],[0],ri_hist,[0,180],1)

        # 移动到新窗口
        ret, track_window = cv2.meanShift(dst, track_window, term_crit)

        # 生成图像
        x,y,w,h = trk_window
        img2 = cv2.rectangle(frame, (x,y), (x+w,y+h), 255,2)
        cv2.imshow('img2',img2)

        k = cv2.waitKey(60) & 0xff
        if k == 27:
            break
        else:
            cv2.imwrite(chr(k)+".jpg",img2)

    else:
        break

cv2.destroyAllWindows()
```

```
cap.release()
```

## 7.2.3  scikit-video 视频读写操作

scikit-video 是一个用于视频处理的 Python 库，与已有的视频处理工具 PyFFmpeg、MoviePy、PyAV、imageIO 和 OpenCV 相比较，scikit-video 提供了一站式处理集成。scikit-video 使用命令：pip install scikit-video 安装该包。另外需要提前安装 ffmpeg 包（或 LibAV 包），本书以 ffmpeg 包在 Windows 或 macOS 系统为例，下载编译后的包，解压完成后，在系统环境变量中添加 bin 目录，再使用命令：ffmpeg -version，验证是否生效。

**1. 视频读操作**

视频读写主要是通过 FFmpeg/LibAV 支持的 skvideo.io 模块完成的，基本代码如下。

```python
import skvideo.io
import skvideo.datasets
vd_data = skvideo.io.vread(skvideo.datasets.bigbuckbunny())
print(vd_data.shape)
```

程序在控制台运行结果如图 7-4 所示。

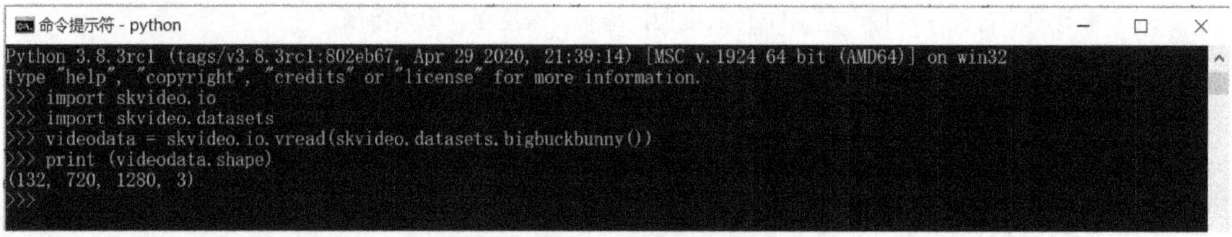

图 7-4  视频读操作

还可以创建 video_read.py 文件，实现视频的多帧、多形态读取，代码如下。

```python
import skvideo.io
import skvideo.datasets
import skvideo.utils
# 从数据集载入视频
filename = skvideo.datasets.bigbuckbunny()

print("装载单帧图像")
vid = skvideo.io.vread(filename, outputdict={"-pix_fmt":"gray"})[:, :, :, 0]
print(vid.shape)
print("增强视频形态")
# shape: (T, M, N, C)，T 是 frames 数，M 是高，N 是宽，C 是通道数
vid = skvideo.utils.vshape(vid)
print(vid.shape)
print("")

print("装载前 5 帧图像")
vid = skvideo.io.vread(filename, num_frames=5, outputdict={"-pix_fmt": "gray"})[:, :, :, 0]
```

```
print(vid.shape)
print("增强视频形态")
vid = skvideo.utils.vshape(vid)
print(vid.shape)
print("")
```

程序执行结果如图 7-5 所示。

图 7-5 视频的多帧、多形态读取

除了上述方法之外，还可以使用 io.vreader()方法读取视频；也可以用 skvideo.io.ffprobe()方法读取视频元数据 metadata，返回词典，然后以 json.dumps 的方式输出。

**2. 视频写操作**

使用随机数生成数据，采用 io.vwrite()方法生成 MP4 格式视频，基本代码如下。

```
import skvideo.io
import numpy as np

outputdata = np.random.random(size=(5, 480, 680, 3)) * 255
outputdata = outputdata.astype(np.uint8)
skvideo.io.vwrite("outputvideo.mp4", outputdata)
```

程序运行结果如图 7-6 所示。

图 7-6 视频写操作及运行结果

创建 video_write.py 文件，实现视频写操作，代码如下。

```
import skvideo.measure
import numpy as np
```

```
import skvideo.io

outputfile = "test.mp4"
outputdata = np.random.random(size=(30, 480, 640, 3)) * 255
outputdata = outputdata.astype(np.uint8)

# 调用 FFmpeg 写过程
writer = skvideo.io.FFmpegWriter(outputfile, outputdict={
  '-vcodec': 'libx264', '-b': '300000000'
})

for i in range(30):
  writer.writeFrame(outputdata[i])
writer.close()
```

另外，还可以通过 skvideo.motion.blockMotion()方法生成运动，通过 skvideo.motion.blockComp()实现压缩，再通过 skvideo.measure.ssim()、skvideo.measure.psnr()和 skvideo.measure.mse()方法来进行测量。

## 7.2.4　MoviePy 视频编辑操作

MoviePy 是一个应用于视频编辑的 Python 库，可以通过 AudioClips 和 VideoClips 实现视频片段的剪辑、插入标题、连接、组配（如非线性编辑）、视频处理等操作，支持跨系统平台、多视频格式（包括 MP4、MP3、GIF 格式等），其基本处理流程如图 7-7 所示。MoviePy 库依赖 NumPy、imageio、Decorator 和 tqdm 包，如果需要在视频中填入文本，生成 GIF 文件，建议提前安装 ImageMagick 包。MoviePy 包安装命令为：pip install moviepy。在安装过程中，ImageMagick 会被 MoviePy 自动检测，但在 Windows 环境下，需要在 MoviePy 安装完成后，修改 moviepy/config_defaults.py 文件，添加 ImageMagick 二进制文件路径，代码如下。

```
IMAGEMAGICK_BINARY = "C:\\Program Files\\ImageMagick_VERSION\\magick.exe"
```

如果需要处理图像，建议提前安装 Pillow、SciPy、scikit-image、OpenCV（2.4.6 之上）、matplotlib 包。MoviePy 的测试可以通过 Pytest 组件完成，但 MoviePy 目前还无法处理流视频操作。

图 7-7　MoviePy 视频处理流程

下面简单介绍 MoviePy 的常用方法。

**1. 视频混合剪辑及嵌入文字**

```
from moviepy.editor import *

video = VideoFileClip("sun.mp4").subclip(20,40)

# 设置文本属性.
text_clip = ( TextClip("Sun 2020",fontsize=70,color='white')
             .set_position('center')
             .set_duration(10) )
text_clip = text_clip.volumex(0.8)    # 调整音量为原来的 0.8 倍
result = CompositeVideoClip([video, text_clip]) # 组合视频
result.write_videofile("sun_edited.mp4",fps=25)
text_clip2 = VideoFileClip("sun.mp4").subclip(50,70)

# 视频合成
clip_concate= concatenate_videoclips([text_clip, text_clip2])
clip_concate.write_videofile("final_sun.mp4")
```

如果需要实现混合排版视频，可通过 CompositeVideoClips 类 和 clip.set_pos()方法指定坐标位置相结合的方式实现，代码如下。

```
# 视频合成
vd = CompositeVideoClip([
                        clip_one.set_pos((10,150)),
                        clip_two.set_pos((45,150)),
                        clip_three.set_pos((10,200))
                        ])
```

在上述混合剪辑视频的同时，MoviePy 会自动将原有音频合成到最终视频剪辑片段中。当然，也可以通过 CompositeAudioClip 类和 concatenate_audioclips 类，创建定制生成音频。

```
from moviepy.editor import *
#合成定制音频
concat = concatenate_audioclips([clip_one, clip_two])
audio_compo = CompositeAudioClip([clip_one.volumex(0.8),
                        clip_two.set_start(7)])    # 音频 clip_two 在 7s 后开始
```

**2. 预览剪辑片段**

通常使用 save_frame()方法保存视频的帧图像，或使用 show()方法显示剪辑片段。帧图像保存方法如下。

```
clip.save_frame("firt_frame.jpg")        # 保存第 1 帧图像
clip.save_frame("two_frame.png", t=2)    # 保存第 2s 开始的帧图像
clip.show()      # 显示剪辑片段的第一个窗图
my_clip.show(3.2)    # 显示时间在 3.2s 处的窗图
```

除了上述两个方法之外，还可以通过 ipython_display()方法嵌入视频、声音、图像剪辑片段。

### 7.2.5 人物视频识别检测

人物识别检测的关键是人脸检测，对视频中人脸的边界进行坐标定位，人脸检测的工具有基于深度学习的检测方法、HOG+Liear SVM 方法、Haar cascades 方法等。

OpenCV 在版本 3.3 之后嵌入的 DNN（深度神经网络学习）模块，支持深度学习框架：Caffe、TensorFlow、Torch/PyTorch。

OpenCV 中调用 Caffe 模型需要两个文件：.prototxt（定义了模型结构）和.caffemodel（每层的权值）。人物的脸部检测是基于 ResNet 基础网络上的 SSD(Single Shot Detector)框架。除了 SSD 之外，在人脸检测中基于深度学习的检测方法还有 R-CNNs、YOLO(You Only Look Once)，R-CNNs 算法比较慢(7 FPS)，而 YOLO 算法相对较快，能处理 40～90 FPS。SSD 是上面两种的平衡综合，处理速率 22～46 FPS，准确性高于 YOLO。本节以 OpenCV 中 Caffe 人脸识别模型和 Python 结合为例（来自 Adrian Rosebrock），简单介绍 OpenCV 的 videos、video streams 及 webcams 的人物视频识别及其流程。下面的程序需要提前安装 imutils 包，命令：pip install imutils，Caffe 预训练模型命名为 res10_300x300_ssd_iter_140000. caffemodel。以静态图片中人脸检测和视频流中人脸检测程序为例，简要介绍人物视频识别的基本流程。

1）创建脸部检测文件 detect_faces.py，实现静态图片中人脸检测。

```
    python detect_faces.py --image flower.jpg --prototxt deploy.prototxt.txt --
model res10_300x300_ssd_iter_140000.caffemodel
    import numpy as np
    import argparse
    import cv2

    # 构建参数解析
    ap = argparse.ArgumentParser()
    ap.add_argument("-i", "--image", required=True,
        help="path to input image")
    ap.add_argument("-p", "--prototxt", required=True,
        help="path to Caffe 'deploy' prototxt file")
    ap.add_argument("-m", "--model", required=True,
        help="path to Caffe pre-trained model")
    ap.add_argument("-c", "--confidence", type=float, default=0.5,
        help="minimum probability to filter weak detections")
    args = vars(ap.parse_args())

    # 从硬盘装载模型
    print("正在装载模型...")
    net = cv2.dnn.readNetFromCaffe(args["prototxt"], args["model"])

    # 装载输入图像，构建输入 blob
    # 设定窗口大小
    image = cv2.imread(args["image"])
    # 提取图像维度
    (h, w) = image.shape[:2]
    blob = cv2.dnn.blobFromImage(cv2.resize(image, (300, 300)), 1.0,
```

```
    (300, 300), (104.0, 177.0, 123.0))

# pass the blob through the network and obtain the detections and
# predictions
print("目标对象检测...")
net.setInput(blob)
detections = net.forward()

# 循环检测
for i in range(0, detections.shape[2]):
    #提取置信度并进行预测，置信度默认值为0.5
    confidence = detections[0, 0, i, 2]

    # 过滤小的置信度
    if confidence > args["confidence"]:
        # 计算 (x, y)-目标对象的边界框
        box = detections[0, 0, i, 3:7] * np.array([w, h, w, h])
        (startX, startY, endX, endY) = box.astype("int")

        # 以一定的概率画出目标人物脸部的边界框
        text = "{:.2f}%".format(confidence * 100)
        y = startY - 10 if startY - 10 > 10 else startY + 10
        cv2.rectangle(image, (startX, startY), (endX, endY),
            (0, 0, 255), 2)
        cv2.putText(image, text, (startX, y),
            cv2.FONT_HERSHEY_SIMPLEX, 0.45, (0, 0, 255), 2)

# 显示输出图像
cv2.imshow("Output", image)
cv2.waitKey(0)
```

2）创建视频流人脸检测程序 faces_video.py，导入 VideoStream、imutils 和 time 包，实现调用摄像头视频流中人脸部的检测的代码如下。

```
# 基本用法示例
# python faces_video.py --prototxt deploy.prototxt.txt --model res_ssd.caffemodel

from imutils.video import VideoStream
import numpy as np
import argparse
import imutils
import time
import cv2

# 构建参数解析
ap = argparse.ArgumentParser()
ap.add_argument("-p", "--prototxt", required=True,
    help="path to Caffe 'deploy' prototxt file")
ap.add_argument("-m", "--model", required=True,
```

253

```
    help="path to Caffe pre-trained model")
ap.add_argument("-c", "--confidence", type=float, default=0.5,
    help="minimum probability to filter weak detections")
args = vars(ap.parse_args())

# 装载序列化的模型
print("装载模型...")
net = cv2.dnn.readNetFromCaffe(args["prototxt"], args["model"])

# 初始化视频流 video stream ，并对摄像头调优
print("开始视频流...")
vs = VideoStream(src=0).start()
time.sleep(2.0)

# 循环读取视频流帧
while True:

    frame = vs.read()
    frame = imutils.resize(frame, width=400)

    # 获取帧的维度，转换为一个 blob
    (h, w) = frame.shape[:2]
    blob = cv2.dnn.blobFromImage(cv2.resize(frame, (300, 300)), 1.0,
        (300, 300), (104.0, 177.0, 123.0))

    # 获取检测结果并进行预测
    net.setInput(blob)
    detections = net.forward()

    # 循环检测
    for i in range(0, detections.shape[2]):
        # 提取预测的置信度 (或概率)
        confidence = detections[0, 0, i, 2]

        # 过滤掉小于最小置信度的值
        if confidence < args["confidence"]:
            continue

        # 计算目标对象边界框的 (x, y)-坐标
        box = detections[0, 0, i, 3:7] * np.array([w, h, w, h])
        (startX, startY, endX, endY) = box.astype("int")

        # 以一定的概率画出脸部的边界框
        text = "{:.2f}%".format(confidence * 100)
        y = startY - 10 if startY - 10 > 10 else startY + 10
        cv2.rectangle(frame, (startX, startY), (endX, endY),
            (0, 0, 255), 2)
        cv2.putText(frame, text, (startX, y),
            cv2.FONT_HERSHEY_SIMPLEX, 0.45, (0, 0, 255), 2)
```

```
# 显示输出帧
cv2.imshow("Face Detection", frame)
key = cv2.waitKey(1) & 0xFF

#按下〈q〉键终止训练
if key == ord("q"):
    break

# 清洗
cv2.destroyAllWindows()
vs.stop()
```

人脸部检测结果如图 7-8 所示。

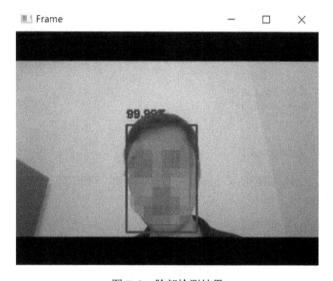

图 7-8　脸部检测结果

# 7.3　Python 图像数据处理

Python 在图像数据处理中，不仅提供了 Python 图像处理库 PIL、Pillow，实现基本的图像读写、转换、旋转等处理操作，还提供了 matplotlib、NumPy、SciPy 对图像进行绘制、标注、变换、模糊、主成分分析等处理。除此之外，还提供了一些图像处理算法及模型，如去噪模型、图像求导、图像模糊、图像聚类、图像分类、图像分割、图像搜索等。

## 7.3.1　常见图像处理算法

在 Python 中图像处理算法众多，下面就其在图像模糊、图像去噪、图像聚类、图像分割、图像搜索等方面的基本应用进行介绍。

### 1．图像模糊

图像模糊中典型的模糊算法有均值模糊、高斯模糊、运动模糊、散景模糊、Kawase 模糊

255

等。图像模糊是图像滤波中低通滤波（保留信号低频部分）掩膜的子集，滤波是对输入信号信息进行掩膜计算和卷积操作。利用高斯掩膜对输入信号信息进行卷积的滤波方式，称为高斯滤波。高斯掩膜是在高斯分布的基础上求出，再利用高斯掩膜和图像进行卷积求解高斯模糊，即以周围像素点的均值为中心点的像素值，如基于二维高斯模型的图像模糊，其处理操作为

$$L_\delta = H * G_\delta = H * \frac{1}{2\pi\sigma} e^{-(x^2+y^2)/2\sigma^2}$$

式中，$H$ 为权重矩阵；$G_\delta$ 表示标准差为 $\sigma$ 的二维高斯函数；*表示卷积操作。

在 OpenCV 中通常使用 GaussianBlur()和 blur()中任一方法实现图像模糊操作。

```
import cv2 as cv
from matplotlib import pyplot as plt
import numpy as np
im = cv.imread('example.png')
d1 = cv.blur(im, (20, 20))
d2 = cv.GaussianBlur(im, (10, 10), sigmaX = 15)

cv.imshow("blur():", d1)
cv.imshow("GaussianBlur():", d2)

cv.waitKey(0)
cv.destroyAllWindows()
```

另外，Python 的 SciPy 库提供了 ndimage.filters 模块，可利用该模块中的高斯滤波方法来实现模糊操作，代码如下。

```
from Pillow import Image
from numpy import *
from scipy.ndimage import filters
img= array(Image.open('example.jpg').convert('L'))
im= filters.guassian_filter(img,10)   #10 表示标准差
```

### 2. 图像去噪

图像去噪是提高图像质量的技术，是在图像中去除噪声信息的同时，最大化保留图像结构和信息的方法。图像中的噪声来源有很多，如图像采集、传输、压缩等，传统的图像去噪方法有空域像素特征去噪、变换域去噪，如高斯滤波、非局部均值去噪、中值滤波等都属于空域像素特征去噪，傅里叶变换、小波变换等都属于变换域去噪。基本的噪声模型如下。

$$p(x) = n(x) + \alpha(x) \qquad x \in \mathbb{Q}$$

式中，$p(x)$ 表示带有噪声的图像；$n(x)$ 表示没有噪声的图像，$\alpha(x)$ 表示噪声，$\mathbb{Q}$ 表示像素集合。下面以 BM3D（Block Matching 3D）算法为例介绍图像去噪算法及应用。

BM3D 算法的基本思想是通过相似判定找到与参考块相近的二维图像块，并将相似块组合成三维群组，对三维群组进行协同滤波处理，再将处理结果聚合到原图像块的位置，形成去噪后的图像。

算法分为两个步骤：初步估计和最终估计，初步估计是在原噪声图上通过相似块分组→协同

滤波及变换→聚合估计；相似块分组可以通过欧氏距离等方法完成，协同滤波及变换中三维矩阵变换为二维矩阵可以采用小波变换或 DCT 变换等，矩阵的第三个维度进行一维变换通常采用阿达马变换。

最终估计与初步估计类似，不同之处是，它是在初步估计图的基础上，进行转换生成噪声图像的三维矩阵和初步估计三维矩阵，然后通过维纳滤波将噪声图形成的三维矩阵进行系数放缩，系数可以通过基础估计的三维矩阵的值及噪声强度得出。滤波后再通过反变换将噪声图的三维矩阵变换回图像估计。最终通过与第一步类似的加权求和方式将三维矩阵的各个块复原成二维图像形成最终估计，加权的权重取决于维纳滤波的系数和 sigma 的值。详细步骤可参考相关文档。

另外，还有 NL-Means 算法利用图像中普遍存在的冗余信息，以图像块为单位在图像中寻找相似区域，再对这些区域求平均，去掉图像中存在的噪声。NL-Means 算法的复杂度跟图像大小、颜色通道数、相似块大小及搜索框大小都紧密相关。在与 NL-Means 同样大小的相似块和搜索区域的情况下，BM3D 的算法复杂度要高于 NL-Means。

图像去噪评价方法主要有 MSE（Mean Square Error，均方误差）和 PSNR（Peak Signal to Noise Ratio，峰值信噪比）。PSNR 是在 RMSE（Root Mean Square Error）基础上的转换，RMSE 评价无噪声图和有噪声图的公式如下。

$$RMSE = \sqrt{\frac{\sum_{X \in X}(u_k(x) - u_b(x))^2}{|x|}}$$

式中，$x$ 表示像素变量；$u_R(x)$ 表示原图像函数；$u_p(x)$ 表示目标图像函数。

在此基础上，PSNR 可表示为

$$PSNR = 20\log_{10}\left(\frac{255}{RMSE}\right)$$

OpenCV 在图像去噪方面提供了 4 种方法：处理灰度图像 fastNlMeansDenoising()、处理彩色图像 fastNlMeansDenoisingColored()、处理灰度序列图像 fastNlMeansDenoisingMulti()、处理彩色序列图像 fastNlMeansDenoisingColoredMulti()。以 fastNlMeansDenoising(InputArray src, OutputArray dst, float h=3, int templateWindowSize=7, int searchWindowSize=21 )为例，其中，src 为原图像；dsc 为输出目标图像；h 为过滤强度，值越大，去噪越强，但也有可能去除图的结构和信息，默认为 3；templateWindowSize 为模板窗口内像素大小；searchWindowSize 为搜索窗口内像素大小，建议使用上述默认值。

```python
import numpy as np
import cv2 as cv
from matplotlib import pyplot as plt
im = cv.imread('example.png')
#
fp = cv.fastNlMeansDenoisingColored(im,None,3,7,21)
plt.subplot(100)
plt.imshow(fp)
plt.show()
```

### 3.图像聚类

图像聚类的典型方法有 K 均值聚类算法（K-means Clustering Algorithm），通过将数据分为 $K$ 组，则随机选取 $K$ 个对象作为初始的聚类中心，然后计算每个对象与各个种子聚类中心之间的距离，把每个对象分配给距离它最近的聚类中心，形成 $K$ 个聚类结果，使得每个聚类内总方差平方和最小。

$$S = \sum_{i=1}^{K} \sum_{x \in C_i} d(C_i, x)^2$$

式中，$K$ 表示 $K$ 个聚类；$C_i$ 表示第 $i$ 个聚类中心（质心）；$d()$ 表示欧式距离。质心是所有点到中心的平均值。

上述图像聚类实现已封装在 sklearn 包中，可通过导入 sklearn 包进行调用。

首先安装 sklearn 包，然后在 cmd 命令行进行以下操作。

```
from sklearn.cluster import KMeans
import numpy as np
t = np.array([[1, 2], [1, 4], [1, 0],
...             [4, 2], [4, 4], [4, 0]])
# 定义聚类簇的个数是 2 个，训练数据用的是 np.array 格式的 t 数据集
kmeans = KMeans(n_clusters=2, random_state=0).fit(t)
# 使用轮廓系数 Silhouette Coefficient 评价
sil_coeff = silhouette_score(t, kmeans.labels_, metric='euclidean')
```

### 4.图像分割

图像分割是依据图像的亮度、像素，把图像分成若干个特定的、具有独特性质区域的技术。当前图像分割方法主要有基于阈值的分割、基于区域的分割、基于边缘的分割、基于语义的分割、基于实例的分割及基于特定理论的分割等。从数学角度来看，图像分割是将数字图像划分成互不相交区域的过程。图像分割的过程也是一个标记过程，即把属于同一区域的像素赋予相同的编号。

图像分割的基本操作包含图像翻转扩充、图像归一标准化、创建模型、编译训练模型、模型预测等过程。

图像分割是图像识别和计算机视觉等工作的前期基础。没有正确的分割就不可能有正确地识别。图像分割在医疗图像、自动驾驶车辆及卫星图像等领域有着广泛地应用。

本节以 scikit-image 图像处理库应用为例，简单介绍图像分割阈值算法的基本操作及应用。在 scikit-image 库中图像分割分为有监督图像分割和无监督图像分割两类。有监督图像分割是指通过一些人类输入的先验知识来指导算法进行图像分割；无监督图像分割不需要先验知识，通过特征将图像分割到有意义的区域。

有监督图像分割通常包含活动轮廓分割（Active Contour segmentation）、随机 walker 分割等。而无监督图像分割常用算法有：SLIC（简单线性迭代聚类）、Felzenszwalb 算法等。

在利用 scikit-image 图像处理库之前，需要用命令"pip install scikit-iamge"安装 scikit-image 图像处理库。如果是 Linux 或 macOS 系统，则需使用安装命令"pip install -U scikit-image"来安装。

首先使用命令 pip install scikit-iamge，安装 Scikit-image 图像处理库。Linux 或 macOS X 系统使用命令 pip install -U scikit-image。

1）从 skimage 库导入彩色图像，并显示该图像，代码如下。

```
from skimage import data
import numpy as np

import matplotlib.pyplot as plt
image = data.astronaut()
plt.imshow(image)
plt.show()
```

运行上述程序，结果如图 7-9 所示。

图 7-9　skimage 库中宇航员图

2）使用 SLIC（简单线性迭代聚类）算法，接收图像的所有像素值，并尝试将它们分离到给定数量的子区域中，代码如下。

```
import numpy as np
import matplotlib.pyplot as plt
import skimage.data as data
import skimage.segmentation as seg
import skimage.filters as filters
import skimage.draw as draw
import skimage.color as color
# 绘制图像函数
def image_show(image, nrows=1, ncols=1, cmap='gray'):
    fig, ax = plt.subplots(nrows=nrows, ncols=ncols, figsize=(14, 14))
    ax.imshow(image, cmap='gray')
    ax.axis('off')
    return fig, ax
image = data.astronaut()
image_gray=color.rgb2gray(image)
# SLIC 处理彩色图像，所以使用原始图像。
image_slic = seg.slic(image,n_segments=155)
# 所做的只是将图像的每个子图像或子区域像素设置为该区域像素的平均值
```

```
image_show(color.label2rgb(image_slic, image_gray, kind='avg'));
#plt.imshow(image_gray)
plt.show()
```

上述程序运行图像分割结果如图 7-10 所示。

图 7-10　SLIC 图像分割结果

## 7.3.2　Python 图像处理库

Python 图像处理库（Python Imaging Library，PIL）提供了图像的读写、裁剪、缩放、转换图像格式等基本操作，其主要模块是 Image 模块，但其目前只支持 Python 2.7 之前的版本，当前基于 PIL 派生的 Pillow 图像处理库包含 PIL 的所有基本图像处理功能，可跨平台（Windows、Linux、macOS 等）、跨设备（Android 支持 Python 3.x），最新版本为 Pillow 7，支持 Python 3.5 之后的所有版本。除此之外，OpenCV 也通过 API 函数提供对图像处理操作及应用的方法。本文以 Pillow 图像处理库和 OpenCV API 图像处理为例，介绍图像处理的基本操作。

### 1．Pillow 中操作图像

首先安装 Pillow，安装命令如下。

```
python -m pip install --upgrade pip
python -m pip install --upgrade Pillow
```

读取图像、显示图像，代码如下。

```
from PIL import Image
import io
im=Image.open("example_02.jpg")          #读取图像
print (im.format, im.size, im.mode)       #输出图像对象信息
im.show()                                 #显示图像
im = Image.open(io.BytesIO(buffer))       #读取二进制数据
```

图像的保存通过 save()方法完成。读取图像并保存图像为 JPG 格式，代码如下。

```
import os, sys
from PIL import Image
```

260

```
# 读取参数路径下的文件，并转换为 JPG 格式进行保存
for infile in sys.argv[1:]:
    fs, e = os.path.splitext(infile)
    outfile = fs + ".jpg"
    if infile != outfile:
        try:
            with Image.open(infile) as im:
                im.save(outfile)
        except OSError:
            print("无法转换", infile)
```

截取图像中区域，通过 crop()方法生成小图，代码如下。

```
box = (50, 50, 200, 200)
region = im.crop(box)
```

颜色转换通过 convert()方法来实现，代码如下。

```
from PIL import Image
with Image.open("example_02.jpg ") as im:
    im = im.convert("L")                    # 转为灰度图，支持"L"和"RGB"两种模式
```

### 2．OpenCV 中读写及显示图像

OpenCV 提供了图像读入、查看图像属性显示和保存等的 API 函数，在 OpenCV 库中使用 imread()方法来加载或读取图像，使用 imshow()方法显示图像，使用 imwrite()方法写入图像。

```
"""
OpenCV3 图像的读入，演示 cv2.imread()
    imread(filename[, flags]) -> retval;
    第一个参数 filename：一幅图像的相对路径或绝对路径；
    第二个参数 flags 告诉函数如何读取这中图像。
        cv2.IMREAD_COLOR 表示读入彩色图像，图像的透明度会被忽略；
        cv2.IMREAD_GRAYSCALE 表示读入灰度图；
        cv2.IMREAD_UNCHANGED 表示读入一幅图像虽并且包括图像的 alpha 通道。
    more help(imread)
"""

import cv2 as cv

# 图片地址
img_path = './test_alpha.png'

# 读入彩色图 注意 OpenCV 中颜色格式为 BGR，而不是 RGB
img_bgr = cv.imread(img_path)

# 查看图片的 shape
h, w, c = img_bgr.shape
size = img_bgr.size
dtype = img_bgr.dtype
print(img_bgr[0][0])
```

```
print("图像高度:{0}\t 宽度:{1}\t 通道数:{2}".format(h, w, c))
print("图像大小{0}\t 数据类型{1}".format(size, dtype))
print('*'*40)

# 读入灰度图，注意灰度图通道数为 1
img_gray = cv.imread(img_path, cv.IMREAD_GRAYSCALE)

# 查看图片的 shape
h, w, = img_gray.shape[0:2]
size = img_gray.size
dtype = img_gray.dtype
print("图像高度:{0}\t 宽度:{1}\t 通道数:{2}".format(h, w, 1))
print("图像大小{0}\t 数据类型{1}".format(size, dtype))
print('*'*40)

# 读入彩色图包含透明度，注意这时通道数为 4
img_bgra = cv.imread(img_path, cv.IMREAD_UNCHANGED)

# 查看图片的 shape
h, w, c= img_bgra.shape[0:3]
size = img_bgra.size
dtype = img_bgra.dtype
print("图像高度:{0}\t 宽度:{1}\t 通道数:{2}".format(h, w, c))
print("图像大小{0}\t 数据类型{1}".format(size, dtype))

# 这里将图片路径改错，OpenCV 不报错，得到的 image = None
image = cv.imread('./test.png')
# 得到 None
print(image)
```

### 7.3.3  手写数字图像及字体识别

本节利用 Tensorflow 深度学习框架，基于 MNIST（Modified National Institute of Standards and Technology）数据集，通过数据装载、分析数据集、创建模型、编译模型、训练模型、测试模型、评价模型及可视化，介绍数字图像及字体识别的全过程。

MNIST 数据集起源于 NIST 数据集，是一个手写体数字图集合，图像被标准化为 28*28 像素，包含训练图像 60000 个，测试图像 10000 个。2017 年基于 MNIST 数据集衍生出 EMNIST 数据集，包含 240000 个训练图片，40000 个测试图片。训练模型识图的基本思路是将一个完整的图片分割成多个小块，然后提取每个小块的特征，再将这些小块特征综合，完成模型识别图像过程。

首先需要使用 pip 命令安装 NumPy、matplotlib、Keras、Tensorflow 包。然后应用 import 命令测试包是否安装成功。如验证 Tensorflow 包的命令如下。

```
import tensorflow as tf
tf.add(2, 2).numpy()
```

1）调用 keras.datasets，并可视化 MNIST 数据集前几张数字图片，代码如下。

```
from keras.datasets import mnist
import matplotlib.pyplot as plt
# 装载 MNIST 数据集
(X_train, y_train), (X_test, y_test) = mnist.load_data()
# 装载 4 张图片，返回线性灰度色图
plt.subplot(221)
plt.imshow(X_train[0], cmap=plt.get_cmap('gray'))
plt.subplot(222)
plt.imshow(X_train[1], cmap=plt.get_cmap('gray'))
plt.subplot(223)
plt.imshow(X_test[0], cmap=plt.get_cmap('gray'))
# 设置 Bar 为一半长度
plt.colorbar(shrink=0.5)
plt.subplot(224)
plt.imshow(X_test[1], cmap=plt.get_cmap('gray'))
plt.colorbar(shrink=0.5)
# 显示图
plt.show()
```

运行结果如图 7-11 所示。

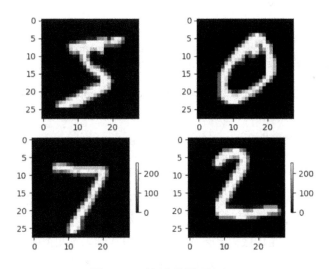

图 7-11　手写字体图形读取

2）创建训练文件 train.py，使用 import 导入 NumPy、matplotlib、Keras 包，分别用于图的矩阵/向量计算、神经网络模型可视化、创建神经网络（神经元、神经层），同时设置训练参数。

```
import numpy as np
import matplotlib.pyplot as plt

from keras.models import Sequential
from keras.layers.core import Dense, Activation, Dropout
from keras.datasets import mnist
from keras.utils import np_utils
```

```
# 指定随机种子
np.random.seed(8)
# 设置参数
nb_epoch = 25            # 收敛迭代的次数
num_classes = 10         # 分类标签数
batch_size = 128         # 特定实例上给予模型的图片数
train_size = 60000       # 训练模型的图片数
test_size = 10000        # 测试模型的图片数
v_length = 784           # 图片维度扁平化后的维数，如 28*28，扁平化维数为 784
```

3）装载数据，分割为训练集和测试集，同时利用 reshape()方法和 astype()方法，重塑数据矩阵形态和数据表示类型 float32，并进行归一化预处理。

```
# 分割数据为训练集 train 和测试集 test
(trainData, trainLabels), (testData, testLabels) = mnist.load_data()
# 重塑数据矩阵形态，并进行归一化处理
trainData = trainData.reshape(train_size, v_length)
testData = testData.reshape(test_size, v_length)
trainData = trainData.astype("float32")
testData = testData.astype("float32")
trainData /= 255
testData /= 255
print("训练数据 shape: {}".format(trainData.shape))
print("训练数据 samples: {}".format(trainData.shape[0]))
```

4）训练和测试类别标签通过独热编码（One Hot Encoding）表示数字位（范围 0～9），数字值到独热编码的转换利用 np_utils.to_categorical()方法实现。

```
# 转为类别向量为独热编码 one-hot encoding
mTrainLabels = np_utils.to_categorical(trainLabels, num_classes)
mTestLabels = np_utils.to_categorical(testLabels, num_classes)
```

5）利用多层感知机 MLP 建立模型，有输入层、第 1 隐藏层、第 2 隐藏层、输出层四层结构，层与层之间为全连接，输入层有 784 个神经元，第 1 隐藏层有 512 个神经元，第 2 隐藏层有 256 个神经元，第 2 隐藏层全连接输出层，输出层有 10 个作为预测类标签的神经元。在隐藏层使用激活函数 ReLU()和 Dropout()。输出层使用激活函数 softmax()。

```
# 创建模型
model = Sequential()
model.add(Dense(512, input_shape=(784,)))
model.add(Activation("relu"))
model.add(Dropout(0.2))
model.add(Dense(256))
model.add(Activation("relu"))
model.add(Dropout(0.2))
model.add(Dense(num_classes))
model.add(Activation("softmax"))
```

6）编译优化模型。

```
# 编译模型
model.compile(loss="categorical_crossentropy",optimizer="adam",metrics=["accuracy"])
```

7）训练模型。

```
# 训练模型
history = model.fit(trainData, mTrainLabels, validation_data=(testData,
mTestLabels), batch_size=batch_size, nb_epoch=nb_epoch, verbose=2)
```

8）评价模型和保存训练模型。

```
# 评价模型
scores = model.evaluate(testData, mTestLabels, verbose=0)
# 保存整个模型到 HDF5 文件
model.save('test_model.h5')
```

9）模型准确率 accuracy 和损失 loss 的可视化。

```
# 准确率 accuracy 绘制
plt.plot(history.history["accuracy"])
plt.plot(history.history["val_accuracy"])
plt.title("Model Accuracy")
plt.xlabel("Epoch")
plt.ylabel("Accuracy")
plt.legend(["train", "test"], loc="upper left")
plt.show()

# loss 绘制
plt.plot(history.history["loss"])
plt.plot(history.history["val_loss"])
plt.title("Model Loss")
plt.xlabel("Epoch")
plt.ylabel("Loss")
plt.legend(["train", "test"], loc="upper left")
plt.show()

# 输出模型测试分数和准确率
print("test score - {}".format(scores[0]))
print("test accuracy - {}".format(scores[1]))
```

10）模型运行。在命令行输入：python train.py，运行结果如图 7-12 所示，并保存模型为 test_model.h5，以便下次调用。模型训练过程如图 7-13 所示，模型测试结果如图 7-14 所示，训练准确率和测试准确率如图 7-15 所示，训练和测试 Loss 的结果如图 7-16 所示。

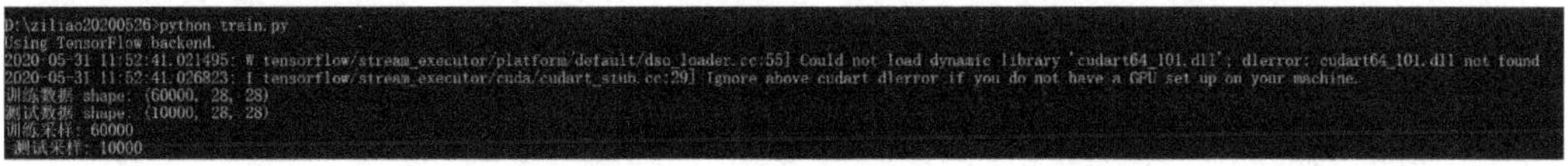

图 7-12　模型训练运行

```
Model: "sequential_1"

Layer (type)                 Output Shape              Param #

dense_1 (Dense)              (None, 512)               401920

activation_1 (Activation)    (None, 512)               0

dropout_1 (Dropout)          (None, 512)               0

dense_2 (Dense)              (None, 256)               131328

activation_2 (Activation)    (None, 256)               0

dropout_2 (Dropout)          (None, 256)               0

dense_3 (Dense)              (None, 10)                2570

activation_3 (Activation)    (None, 10)                0

Total params: 535,818
Trainable params: 535,818
Non-trainable params: 0

train.py:63: UserWarning: The nb_epoch argument in fit has been renamed epochs.
  history = model.fit(trainData, mTrainLabels, validation_data=(testData, mTestLabels), batch_size=batch_size, nb_epoch=nb_epoch, verbose=2)
Train on 60000 samples, validate on 10000 samples
```

图 7-13　模型训练过程及参数

```
plt.set_text(5, 0, flags=flags)
测试 score - 0.08313495640873876
测试 accuracy - 0.9835000038146973
```

图 7-14　模型测试结果

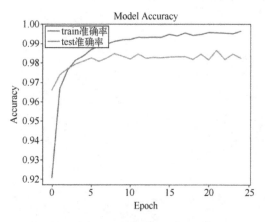

图 7-15　训练准确率和测试准确率

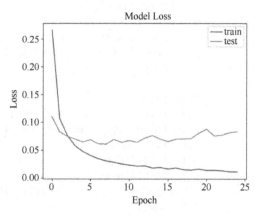

图 7-16　训练和测试 Loss

11）测试模型，代码如下。

```
# 测试模型
import matplotlib.pyplot as plt
from keras.datasets import mnist
import keras.models
from keras.models import load_model

(trainData, trainLabels), (testData, testLabels) = mnist.load_data()
# 从测试数据集选取一些测试图片
test_images = testData[1:5]
# 载入保存的训练模型
```

```
model = keras.models.load_model('test_model.h5')
# 重塑测试图片为 28×28 格式
test_images = test_images.reshape(test_images.shape[0], 28, 28)
print("测试 shape {}".format(test_images.shape))

# 循环提取每个测试图片
for i, test_image in enumerate(test_images, start=1):

    org_image = test_image

    # 转换图标为 1×784 格式
    test_image = test_image.reshape(1,784)

    # 用模型进行预测
    prediction = model.predict_classes(test_image, verbose=0)

    # 显示预测值及图片
    print("预测图片数字是：{}".format(prediction[0]))
    plt.subplot(220+i)
    plt.imshow(org_image, cmap=plt.get_cmap('gray'))
plt.show()
```

上述程序执行预测结果如图 7-17 所示。

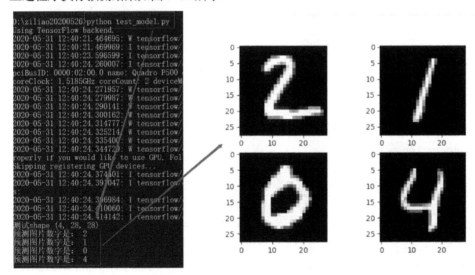

图 7-17　预测图片数字结果

## 7.3.4　基于 CNN 的图像识别应用

CNN（Convolutional Neural Network，卷积神经网络）识别图像包含卷积层、池化层、全连接层。卷积层提取分割图像块特征，利用池化层（max-pooling 或 mean-pooling）获取主要特征，全连接层汇总各部分特征、训练生成分类器，然后进行图像预测识别，即输入→卷积→子采样→

卷积→子采样→全连接→全连接→高斯连接→输出，如图 7-18 所示。CNN 的典型代表 LeNet-5 网络，由 7 层组成，输入是 32×32 像素图片，C1 是卷积层，有 6 个特征 maps，每个大小是 28×28，C1 包含 156 个训练参数，122304 个连接。经过 S2 层 6 个 14×14 的 maps 进行子采样，S2 层中每个 maps 连接 2×2 个 C1 层的 maps，S2 层有 12 个训练参数，5880 个连接。同样，C3 层是包含 16 个特征 maps 的卷积层，S4 是包含 16 个特征 maps(5×5)的子采样层，C5 层是包含 120 个特征 maps 的卷积层，F6 层包含 84 个单元，第 7 层是输出层，通过径向基函数（RBF）连接生成神经单元节点，共有 10 个神经单元（类别），每个神经单元（类别）由 F6 层的 84 个神经单元输入连接。

上述 LeNet 网络结构相对简单，适用于简单的图像分类任务学习，一般部署在端侧平台。在实践中，初学者通常采用 tensorflow.keras 搭建 LeNet5 网络进行学习训练入门 CNN。使用 Keras 搭建 LeNet5 可以分为模型选择、构建网络、编译、网络训练、预测评价这几个步骤。Keras 中有 Sequential 模型（单输入单输出）和 Model 模型（多输入多输出），本文选用 Sequential 模型，数据集选用 CIFAR10。

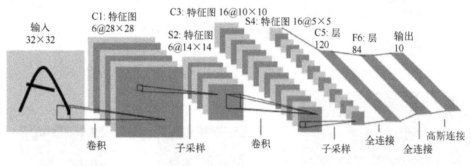

图 7-18  LeNet-5 网络

1）导入 TensorFlow、matplotlib 包，代码如下。

```
import tensorflow as tf

from tensorflow.keras import datasets, layers, models
import matplotlib.pyplot as plt
```

2）装载 CIFAR10 数据集，下载地址为 https://www.cs.toronto.edu/~kriz/cifar-10-python.tar.gz。

```
# 下载数据集
(train_images, train_labels), (test_images, test_labels) = datasets.cifar10.
load_data()
# 归一化像素值在(0,1)
train_images, test_images = train_images / 255.0, test_images / 255.0
```

3）显示并测试数据。

```
class_names = ['airplane', 'automobile', 'bird', 'cat', 'deer',
               'dog', 'frog', 'horse', 'ship', 'truck']

plt.figure(figsize=(10,10))
```

```
for i in range(25):
    plt.subplot(5,5,i+1)
    plt.xticks([])
    plt.yticks([])
    plt.grid(False)
    plt.imshow(train_images[i], cmap=plt.cm.binary)
    # CIFAR 标签存储在数组
    plt.xlabel(class_names[train_labels[i][0]])
plt.show()
```

把上述代码创建为 cnn.py 文件，执行命令 python cnn.py，结果如图 7-19 所示。

```
D:\ziliao20200526>python cnn.py
2020-05-31 15:25:22.618996: W tensorflow/stream_executor/platform/default/dso_loader.cc:55] Could not load dynamic libra
ry 'cudart64_101.dll': dlerror: cudart64_101.dll not found
2020-05-31 15:25:22.624248: I tensorflow/stream_executor/cuda/cudart_stub.cc:29] Ignore above cudart dlerror if you do n
ot have a GPU set up on your machine.
A local file was found, but it seems to be incomplete or outdated because the auto file hash does not match the original
 value of 6d958be074577803d12ecdefd02955f39262c83c16fe9348329d7fe0b5c001ce so we will re-download the data.
Downloading data from https://www.cs.toronto.edu/~kriz/cifar-10-python.tar.gz
170500096/170498071 [==============================] - 4016s 24us/step
```

图 7-19　执行 cnn 程序

图像的显示结果如图 7-20 所示。

图 7-20　图像显示

4）利用 Conv2D 和 MaxPooling2D layers 创建卷积层。

```
model = models.Sequential()
model.add(layers.Conv2D(32, (3, 3), activation='relu', input_shape=(32, 32, 3)))
model.add(layers.MaxPooling2D((2, 2)))
```

```
    model.add(layers.Conv2D(64, (3, 3), activation='relu'))
    model.add(layers.MaxPooling2D((2, 2)))
    model.add(layers.Conv2D(64, (3, 3), activation='relu'))
    #显示模型结构
    model.summary()
```

5）创建全连接层。

```
    model.add(layers.Flatten())
    model.add(layers.Dense(64, activation='relu'))
    model.add(layers.Dense(10))
    #显示模型结构
    model.summary()
```

程序运行结果如图 7-21 所示。

```
Model: "sequential"
_________________________________________________________________
Layer (type)                 Output Shape              Param #
=================================================================
conv2d (Conv2D)              (None, 30, 30, 32)        896
_________________________________________________________________
max_pooling2d (MaxPooling2D) (None, 15, 15, 32)        0
_________________________________________________________________
conv2d_1 (Conv2D)            (None, 13, 13, 64)        18496
_________________________________________________________________
max_pooling2d_1 (MaxPooling2 (None, 6, 6, 64)          0
_________________________________________________________________
conv2d_2 (Conv2D)            (None, 4, 4, 64)          36928
=================================================================
Total params: 56,320
Trainable params: 56,320
Non-trainable params: 0
_________________________________________________________________
Model: "sequential"
_________________________________________________________________
Layer (type)                 Output Shape              Param #
=================================================================
conv2d (Conv2D)              (None, 30, 30, 32)        896
_________________________________________________________________
max_pooling2d (MaxPooling2D) (None, 15, 15, 32)        0
_________________________________________________________________
conv2d_1 (Conv2D)            (None, 13, 13, 64)        18496
_________________________________________________________________
max_pooling2d_1 (MaxPooling2 (None, 6, 6, 64)          0
_________________________________________________________________
conv2d_2 (Conv2D)            (None, 4, 4, 64)          36928
_________________________________________________________________
flatten (Flatten)            (None, 1024)              0
_________________________________________________________________
dense (Dense)                (None, 64)                65600
_________________________________________________________________
dense_1 (Dense)              (None, 10)                650
=================================================================
Total params: 122,570
Trainable params: 122,570
Non-trainable params: 0
```

图 7-21　模型结构信息显示

6）编译和训练模型。

```
    model.compile(optimizer='adam',
                  loss=tf.keras.losses.SparseCategoricalCrossentropy(from_logits=True),
                  metrics=['accuracy'])
```

```
history = model.fit(train_images, train_labels, epochs=10,
                    validation_data=(test_images, test_labels))
```

7）评价模型。

```
#绘制测试准确率
plt.plot(history.history['accuracy'], label='accuracy')
plt.plot(history.history['val_accuracy'], label = 'val_accuracy')
plt.xlabel('Epoch')
plt.ylabel('Accuracy')
plt.ylim([0.5, 1])
plt.legend(loc='lower right')
plt.show()
test_loss, test_acc = model.evaluate(test_images,  test_labels, verbose=2)
#输出测试准确率
print(test_acc)
```

8）程序运行结果如图 7-22 和图 7-23 所示。

```
Epoch 1/10
1563/1563 [==============================] - 40s 26ms/step - loss: 1.5009 - accuracy: 0.4559 - val_loss: 1.2633 - val_accuracy: 0.5391
Epoch 2/10
1563/1563 [==============================] - 40s 25ms/step - loss: 1.1316 - accuracy: 0.6009 - val_loss: 1.0553 - val_accuracy: 0.6250
Epoch 3/10
1563/1563 [==============================] - 39s 25ms/step - loss: 0.9824 - accuracy: 0.6530 - val_loss: 1.0000 - val_accuracy: 0.6513
Epoch 4/10
1563/1563 [==============================] - 39s 25ms/step - loss: 0.8785 - accuracy: 0.6903 - val_loss: 0.9201 - val_accuracy: 0.6865
Epoch 5/10
1563/1563 [==============================] - 38s 25ms/step - loss: 0.8014 - accuracy: 0.7184 - val_loss: 0.9151 - val_accuracy: 0.6817
Epoch 6/10
1563/1563 [==============================] - 41s 26ms/step - loss: 0.7459 - accuracy: 0.7387 - val_loss: 0.8650 - val_accuracy: 0.6995
Epoch 7/10
1563/1563 [==============================] - 40s 26ms/step - loss: 0.6929 - accuracy: 0.7576 - val_loss: 0.8854 - val_accuracy: 0.7013
Epoch 8/10
1563/1563 [==============================] - 38s 24ms/step - loss: 0.6440 - accuracy: 0.7725 - val_loss: 0.8666 - val_accuracy: 0.7053
Epoch 9/10
1563/1563 [==============================] - 39s 25ms/step - loss: 0.6074 - accuracy: 0.7855 - val_loss: 0.8784 - val_accuracy: 0.7065
Epoch 10/10
1563/1563 [==============================] - 42s 27ms/step - loss: 0.5639 - accuracy: 0.8014 - val_loss: 0.9054 - val_accuracy: 0.7111
313/313 - 2s - loss: 0.9054 - accuracy: 0.7111
0.7110999822616577
```

图 7-22　评价模型结果

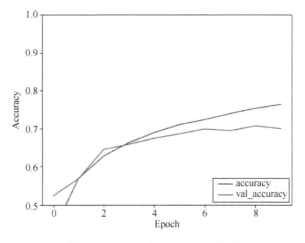

图 7-23　Epoch 与 Accurracy 关系

## 7.4　案例：热点话题挖掘

话题挖掘是自然语言处理中的一项重要技术，涉及文本处理的基本过程。前面小节已经讲述了文本主题挖掘的相关算法及基于 Gensim 库的文本主题挖掘 LDA 技术，话题挖掘可分无监督学习和监督学习两种。在无监督学习中，话题挖掘与聚类类似，其思想与 LDA 相似，即一个文档是多个话题的集合，每个话题由文档内多个词义相近的词构成，话题个数是超参数，由学习获得。总结话题模型算法不难发现，话题模型存在着一些基本共性特点。

1）话题数量一般为超参数，当前所有话题模型算法并不能推理出文档集合中的话题个数。

2）输入都有文档—词矩阵。

3）输出通常包含词—话题矩阵和话题—文档矩阵。

本节以自然语言处理工具 coreNLP（Stanford NLP 工具，支持中文处理）为基础，对商品评论进行话题挖掘（部分来源 Flowerowl 项目），训练部分数据如图 7-24 所示。同样也可迁移到微博、Twitter 等社交文本进行话题挖掘。

料子挺好的，居然跟舍友买的一样，但是便宜了好多呢，衣服好看，拿回来就洗了，很好
衣服面料非常好，做工精细，贴合皮肤非常舒服，洗了不变形，物美廉价，下次还会光临本店
质量不错，大小合适，棉质的，很满意的，同事都问我好多钱在那买的，我是便宜，总之满意满意
衣服质量挺好的也是纯棉的，穿上大小刚合适，而且还便宜，物流很快
是纯棉的 挺舒服的 今天穿了一天透气性也很好 非常值得入手 还会再来买的
手感很好，就是有一点线头，别的都挺不错，贴着皮肤很舒服，而且价格也不贵，值得购买
衣服很好哦 穿上挺合身 料子透气也好 赞赞赞哈哈很满意呢
衬衣非常百搭，而且是纯棉的，上身很舒适，性价比超高的衬衣，大爱！全五分。
宝贝收到了啊，质量真心不错。上面和袖子好像那种棉麻料子的下面是纯棉的，很舒服，上身非常舒服。价格也便宜，在
好开心啊，这么便宜能买到质量这么好的衣服，是纯棉的，穿上美美哒！
与描述相符，穿着也很不错，挺舒服的，配着工装裙或其他裙裤都可以。好评！过几天再买一条！果断收藏！卖家还送了
衣服收到了，质量挺好的，包装也很好，和图片一样的款式，没有误差，下次还来买这家店
衣服真是出乎意料的好呢，有点像麻的材质，柔软，穿在身上有型，这个价钱真是炒鸡值，真的是良心店家啊，走过路过
面料是棉的，很舒服，很透气，价格便宜，绝对物美价廉啊
上衣美美哒，布料很好，价格非常实惠，比实体店便宜好多，大赞哦
衣服是纯棉质量，非常愉快的购物，第一次买一件，表姐看了很喜欢就先拿走，另外两个也喜欢我又一下购三件。穿上很
衣服到咯！衬衫质量很不错，质量非常好，面料摸着很舒服，大小刚好，非常满意这次购物，祝卖家生意兴隆！
衣服收到质量非常好，纯棉的，洗过很柔软穿上很舒服物流也给力，喜欢的亲们赶紧拍下吧
价格便宜，质量不错，穿起来合身，衣服不塞裤子里面也很好看，必须五星！
料子很好，穿着舒服，衣服还是有点透的，但是已经比其他的好很多了，物流也很快，总之，很赞的一次购物
很满意！棉布的！穿起来很舒服，朋友看见也要买一件，下次还会光顾！路过的朋友不要错过哦！
本人挺瘦的　穿上这件衣服　显得很有年轻　有活力　而且还显瘦　手感特别好　亲们 快抢吧。
衣服质量和包装都很好，感觉是专卖店里的衣服，穿上很合身，非常喜欢，下次继续光顾，这价钱太实惠了，值得拥有！

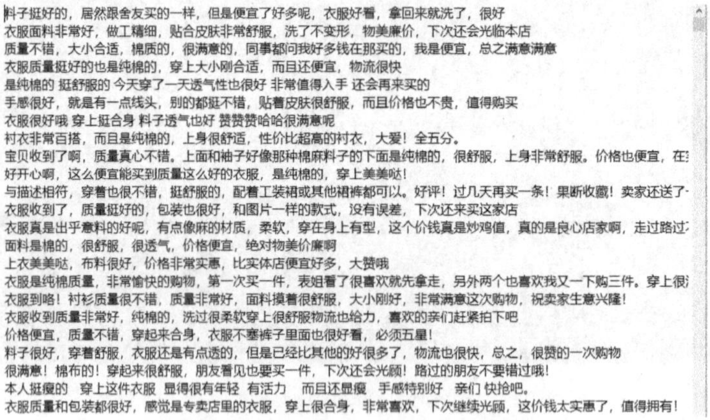

图 7-24　训练数据文件部分内容

1）开发环境配置。

首先需要根据操作系统及设备情况，选择合适的 Torch 下载安装，如图 7-25 所示。

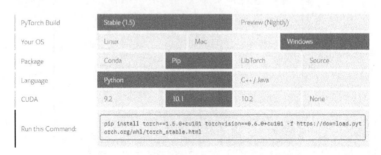

图 7-25　不同操作系统平台的 Torch 安装命令

需要提前安装 JDK 并设置环境变量，安装依赖包 stanza、stanfordcorenlp、seaborn、gensim。同时，下

载 stanford-corenlp-full-2018-10-05.zip 和 stanford-corenlp-4.0.0-models-chinese.jar 包。

下载完成后解压 stanford-corenlp-full-2018-10-05.zip，修改文件夹名称为 Stanfordnlp，然后把 stanford-corenlp-4.0.0-models-chinese.jar（中文模型包）复制到其文件根目录下。

2）启动 coreNLP 服务器服务。

在命令行 cmd 中进入文件 Stanfordnlp 目录，如图 7-26 所示，启动中文处理并执行如下命令。

```
java -Xmx4g -cp "*" edu.stanford.nlp.pipeline.StanfordCoreNLPServer -server
Properties StanfordCoreNLP- chinese.properties -port 9000 -timeout 15000
```

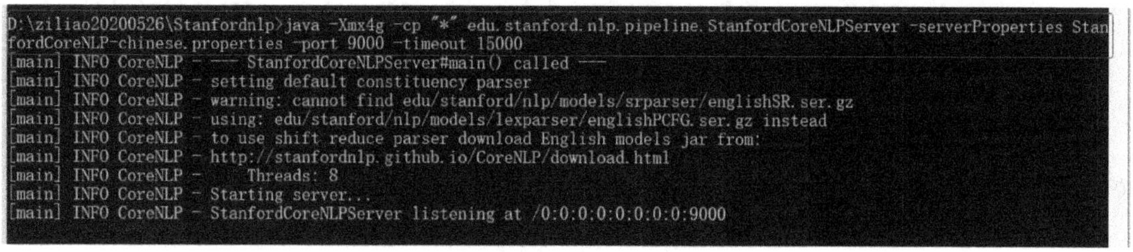

图 7-26  启动中文处理

如启动英文处理，执行如下命令。

```
java -mx4g -cp "*" edu.stanford.nlp.pipeline.StanfordCoreNLPServer -port
9000-timeout 15000
```

然后通过在网页地址栏输入:http://localhost:9000，验证服务启动。

3）创建 test_nlp.py 调用 coreNLP 接口，进行命名实体识别、词性标注等任务，如下所示。

```
# 识别中文文本中命名实体
from stanfordcorenlp import StanfordCoreNLP
nlp = StanfordCoreNLP(r"D:/ Stanfordnlp", lang = "zh")
st = "人社部出台提升职业技能稳就业计划，今明两年每年培训农民工 700 万人次。"

# 命名实体识别
st_ner = nlp.ner(st)
print(type(st_ner))      # list 类型
print(st_ner)
```

程序运行结果如图 7-27 所示。

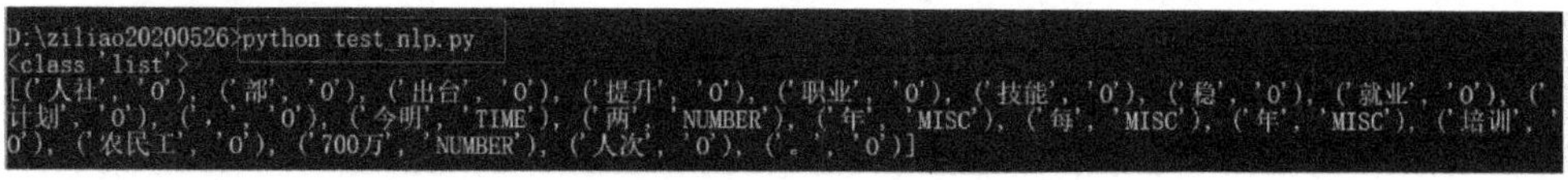

图 7-27  中文处理结果

4）解析文本，生成词向量。

创建工程 topic_mining，在工程下创建 analysis 目录、clusters 包、data 目录、utils 目录，然后在 analysis 目录下创建 p_wv.py 文件，在停用词 stopwords.txt 和训练文本数据 training_data.txt 基础上，调用 coreNLP 接口进行文本解析和 gensim.models 模块中的 Word2Vec 生成词向量。

273

```
# -*-coding:utf-8-*-
import logging
import sys
sys.path.append('D:/Topic_mining')
from gensim.models import Word2Vec

from stanfordcorenlp import StanfordCoreNLP

if __name__ == '__main__':
    with open('data/stopwords.txt', 'r',encoding='UTF-8') as f:
        stopwords = set(map(lambda data: data.strip(), f.readlines()))
    with open('data/training_data.txt', 'r', encoding='UTF-8') as f:
        comments = map(lambda comment: comment.strip(), f.readlines())

nlp = StanfordCoreNLP(r"D:/ Stanfordnlp", lang = "zh")

    segments = []
    for comment in comments:
        output  =  nlp.annotate(comment,  properties={'annotators':  'ssplit',
'outputFormat': 'json'})

        tokens = []
        for token in output["sentences"][0]['tokens']:
            if token['word'] not in stopwords:
                tokens.append(token['word'])
        segments.append(tokens)

    model = Word2Vec(segments, min_count=5, size=50, window=3, workers=8)
    model.wv.save_word2vec_format("data/vectors.txt", binary=False)
```

然后执行命令：python　p_wv.py，上述程序运行后，会在 data 目录中生成词向量文件 vectors.txt。部分结果如图 7-28 所示。

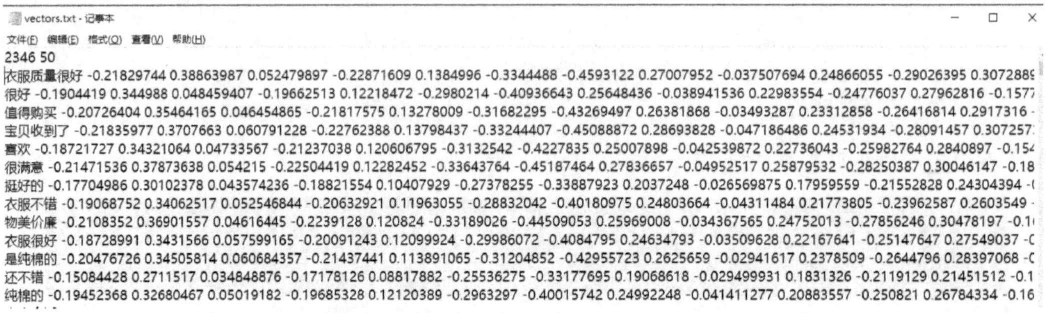

```
vectors.txt - 记事本
文件(F) 编辑(E) 格式(O) 查看(V) 帮助(H)
2346 50
衣服质量很好 -0.21829744 0.38863987 0.052479897 -0.22871609 0.1384996 -0.3344488 -0.4593122 0.27007952 -0.037507694 0.24866055 -0.29026395 0.307288
很好 -0.1904419 0.344988 0.048459407 -0.19662513 0.12218472 -0.2980214 -0.40936643 0.25648436 -0.038941536 0.22983554 -0.24776037 0.27962816 -0.157
值得购买 -0.20726404 0.35464165 0.046454865 -0.21817575 0.13278009 -0.31682295 -0.43269497 0.26381868 -0.03493287 0.23312858 -0.26416814 0.2917316 -
宝贝收到了 -0.21835977 0.3707663 0.060791228 -0.22762388 0.13798437 -0.33244407 -0.45088872 0.28693828 -0.047186486 0.24531934 -0.28091457 0.307257
喜欢 -0.18721727 0.34321064 0.04733567 -0.21237038 0.120606795 -0.3132542 -0.4227835 0.25007898 -0.042539872 0.22736043 -0.25982764 0.2840897 -0.15
很满意 -0.21471536 0.37873638 0.054215 -0.22504419 0.12282452 -0.33643764 -0.45187464 0.27836657 -0.04952517 0.25879532 -0.28250387 0.30046147 -0.18
挺好的 -0.17704986 0.30102378 0.043574236 -0.18821554 0.10407929 -0.27378255 -0.33887923 0.2037248 -0.026569875 0.17959559 -0.21552828 0.24304394 -
衣服不错 -0.19068752 0.34062517 0.052546844 -0.20632921 0.11963055 -0.28832042 -0.40180975 0.24803664 -0.04311484 0.21773805 -0.23962587 0.2603549 -
物美价廉 -0.2108352 0.36901557 0.04616445 -0.2239128 0.120824 -0.33189026 -0.44509053 0.25969008 -0.034367565 0.24752013 -0.27856246 0.30478197 -0.1
衣服很好 -0.18728991 0.3431566 0.057599165 -0.20091243 0.12099924 -0.29986072 -0.4084795 0.24634793 -0.03509628 0.22167641 -0.25147647 0.27549037 -
是纯棉的 -0.20476726 0.34505814 0.060684357 -0.21437441 0.113891065 -0.31204852 -0.42955723 0.2625659 -0.02941617 0.2378509 -0.2644796 0.28397068 -
还不错 -0.15084428 0.2711517 0.034848876 -0.17178126 0.08817882 -0.25536275 -0.33177695 0.19068618 -0.029499931 0.1831326 -0.2119129 0.21451512 -0.1
纯棉的 -0.19452368 0.32680467 0.05019182 -0.19685328 0.12120389 -0.2963297 -0.40015742 0.24992248 -0.041411277 0.20883557 -0.250821 0.26784334 -0.16
```

图 7-28　生成的词向量文件部分结果

5）创建 p_cadi_tags.py 文件，通过程序获取测试数据，利用 CoreNLP 的词性标注提取重点话题词。

```
#-*-coding:utf-8-*-
```

```python
import re
import operator
import sys
sys.path.append('D:/Topic_mining')
from stanfordcorenlp import StanfordCoreNLP

Candi_Tags = []

def hook_tags(deps):
    words = {}
    for dep in deps:
        if dep['governorGloss'] not in words:
            words[dep['governorGloss']] = dep['governor']
        if dep['dependentGloss'] not in words:
            words[dep['dependentGloss']] = dep['dependent']

    if len(words) > 0:
        sorted_words = sorted(words.items(), key=operator.itemgetter(1))
        tag = ','.join(dict(sorted_words).keys())
        print(tag)

        Candi_Tags.append(tag)

def analysis (deps):
    for i, dep in enumerate(deps):
        if dep['dep'] == 'nsubj':
            if(i<len(deps)-2 and deps[i+1]['dep']=='advmod' and deps[i+2]['dep']=='advmod'):
                hook_tags(deps[i: i+3])
                del deps[i: i+3]
            elif(i<len(deps)-1 and deps[i+1]['dep']=='advmod'):
                hook_tags(deps[i: i+2])
                del deps[i: i+2]
        elif(dep['dep']=='advmod'):
            if(i<len(deps)-1 and (deps[i+1]['dep']=='advmod' or deps[i+1]['dep']=='amod')):
                hook_tags(deps[i: i+2])
                del deps[i: i+2]
            else:
                hook_tags([dep])

if __name__ == '__main__':
    with open('data/test_data.txt', 'r',encoding='UTF-8') as fs:
        comments = map(lambda comment: comment.strip(), fs.readlines())

    nlp = StanfordCoreNLP(r"D:/ Stanfordnlp", lang = "zh")

    for comment in comments:
        sublines = re.split(", |。 |!|\?", comment)
        for subline in sublines:
```

```
            if not subline:
                continue

            output = nlp.annotate(subline, properties={
                'annotators': 'tokenize,ssplit,pos,depparse,parse',
                'outputFormat': 'json'
            })
            deps = output['sentences'][0]['basicDependencies']

            analysis(deps)

    with open('data/word_tags.txt', 'w') as f:
        for tag in Candi_Tags:
            print (f"{tag}\n")
            f.write(f"{tag}\n")
fs.close()
f.close()
```

然后执行命令：python p_cadi_tags.py，生成 word_tags.txt 文件。

6）创建 p_topics.py 文件，在上述生成的重点话题词文件 word_tags.txt 和词向量文件 vectors.txt，及态度词极性文件 plorawords.txt 的基础上，利用 Word2Vec 模型转换为向量空间点，通过向量空间点采样、点向量之间的距离，聚类生成话题。

```
from functools import partial
from operator import is_not

from cluster.computerdis import ComDis

def word2vec(candi_tags, vectors, plora_words):
    vecs = []

    for tag in candi_tags:
        vec = []
        for word in tag:
            vec.append(vectors.get(word))
            contain_words= True if word in plora_words else False

        vec = list(filter(partial(is_not, None), vec))
        if vec and contain_words:
            vec = [sum(item)/len(vec) for item in zip(*vec)]
            vecs.append({
                'text': ''.join(tag),
                'vector': vec,
            })
    return vecs

if __name__ == '__main__':
    with open('data/word_tags.txt', 'r') as f:
        candidate_tags = list(map(lambda tag: tag.strip().split(','), f))
```

276

```
        with open('data/vectors.txt', 'r') as f:
            vectors = dict(list(map(lambda vector: (vector.split()[0], list(map
(float, vector.strip(). split() [1:]))), f.readlines()[1:])))
        with open('data/plorawords.txt', 'r') as f:
            plora_words = list(map(lambda word: word.strip(), f))

        vecs = word2vec(word_tags, vectors, plora_words)
        text = [vec['text'] for vec in vecs]
        points = [vec['vector'] for vec in vecs]

        models = ComDis (points, eps=0.9, min_samples=4)
        clusters = models.clusters()
        for index, cluster_id in enumerate(clusters):
            with open(f'data/ {cluster_id}.txt', 'a') as f:
                f.write(f"{text[index]}\n")
```

执行命令：python p_topics.py，生成聚类后的话题。其中一个话题聚类结果如图 7-29 所示。

文件(F)　编辑(E)　格式(O)　查看(V)　帮助(H)
刚刚好
大小都超出
大小刚好
我穿上正好
很标准
L号刚刚好
码数也标准
号码很合适
版型很正
正好很舒适
大小刚刚好
L码刚刚合适
正好
大小正好合适
而且合适
尺码很标准
尺寸很合适
尺码很准
穿得刚刚好
刚合适
特别合适
也刚刚合适
穿上正好
好久合适
这么合适
号穿上正好合适
很合适

图 7-29　一个话题聚类结果文本

# 习题

**1．简答题**

1）数据挖掘的基本流程有哪些？

2）数据仓库与数据立方体有哪些不同？

3）频繁及关联模式挖掘的核心是什么？

4）视频数据处理的基本流程有哪些？

5）基于 CNN 的图像识别基本步骤包含哪些？

**2．操作题**

编写一个基于 CNN 的视频图像识别实时响应程序。系统要求如下：支持文字、图像、视频多模态融合；支持分布式部署；支持视频流检测。

# 第 8 章
# 综合案例：社交用户画像挖掘

本章主要讲解用户画像的基础知识，主要包括用户画像的设计、用户画像标签体系、用户画像挖掘系统搭建方法，及基础标签创建方法、标签数据的存储方式、用户属性挖掘、用户兴趣挖掘、用户行为的挖掘等。本章在 Flask 框架和 PyCharm 的基础上，给出用户画像的实践系统案例，包含用户画像系统各个模块的算法实现、可视化及用户画像系统的前端模块等。本章学习目标如下：

&diams; 了解当前用户画像的基础知识。

&diams; 掌握应用场景下用户画像标签的设计方法。

&diams; 熟悉用户属性基础标签的创建、标签数据存储、可视化方法及实现。

&diams; 熟悉用户兴趣挖掘的基本过程、算法设计及可视化等 Python 实现方法。

&diams; 掌握用户行为挖掘的基本方法及实现过程。

&diams; 熟悉基于神经网络的行为挖掘方法、原理及模型训练过程。

&diams; 熟悉基于 Flask 框架的用户画像系统前端实现过程。

学习完本章，将对单个用户画像、群体用户画像有一个全面的认识和掌握，并实现数据到画像全过程的应用。

## 8.1  用户画像简介

用户画像是数据分析任务的高级应用，它涵盖了数据分析处理的各个环节，在企业产品推广、用户营销、定位目标用户等方面，具有重要实用价值。本节在数据分析技术基础上，分别介绍用户画像的设计、用户画像基本过程框架、用户画像标签体系设计方法及用户画像挖掘系统的环境搭建过程。

### 8.1.1  用户画像基础

当前，人们把用户画像称之为 User Profile 或 User Persona，从不同的角度、应用场景描述用户的多维度基础属性，使用标签来量化用户特征属性，描述用户、研究目标群体，优化内容运营，实现产品的商业化营销和运营。User Profile 和 User Persona 虽然相似，但确有着本质的不同。User Profile 详细描述用户属性特征，如职位的职务、职业经历、教育水平、年龄区间等，这些特征大多都以范围或区域描述，使得产品能够覆盖这一区域或范围的 80%用户。例如，一个用户的 User Profile，包含年龄（20~40 岁）、性别（80%男）、Job Titles（财务经理）、职业经历（3~5 年）、工作时长、教育背景、工作地点、薪水、技能要求、特殊要求等。

Persona 并不是真实的用户，是典型真实用户的假定概括，或是理想用户的虚拟性描述的 Profile，一般是产品设计、运营人员从用户群体中抽象出来的典型用户，本质是一个用以描述用户需求的工具，通常被用于产品的设计过程。

从不同的视角划分 Persona，可以分为基于目标的 Persona、基于角色的 Persona、参与式 Persona（综合基于目标和基于角色）、虚拟 Persona。基于目标的 Persona，聚焦于产品的典型用户希望产品能给他带来什么价值，如图 8-1 所示。

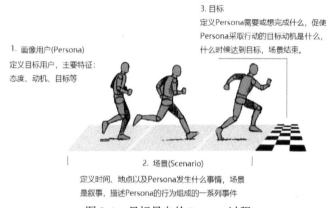

图 8-1　目标导向的 Persona 过程

基于角色的 Persona 聚焦于用户在组织中的角色，是通过聚合定性和定量的数据进行驱动。如图 8-2 所示为基于设计者角色的 Persona 设计，单击"View CV"按钮可见详细属性及内容，包含基本描述、动机（Motivations）、目标（Goals）、Personality（性格）、自我评价（Bio）等，如图 8-3 所示。

图 8-2　基于角色的 Persona 设计

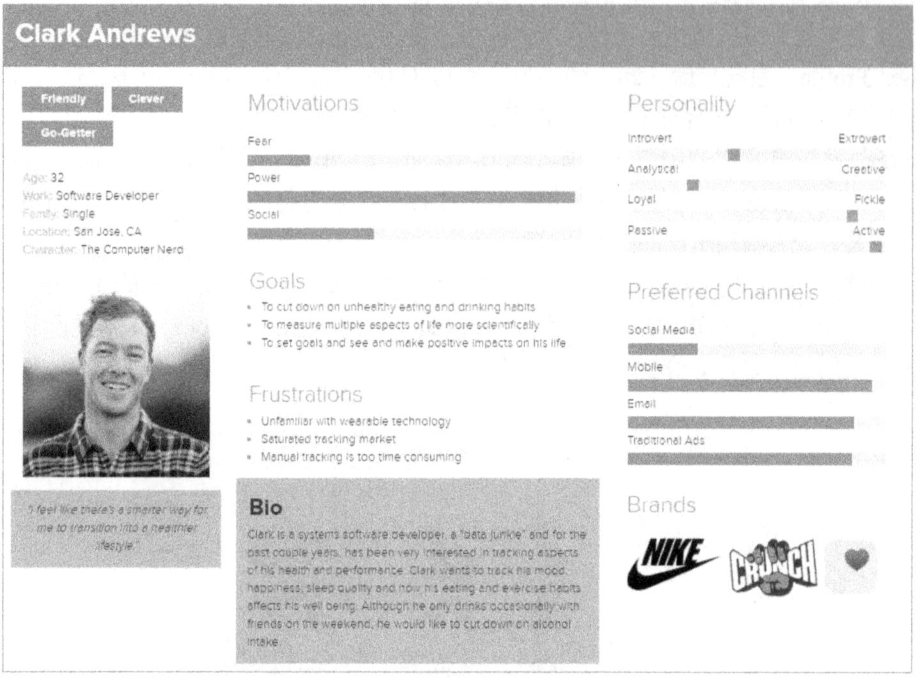

图 8-3　Persona 详细属性

参与式 Persona 综合了基于角色和基于目标的 Persona，它是立体式的描述。虚拟 Persona，主要基于过去的用户交互行为生成，通常用于用户需求的初始描述。

Persona 的完整过程通常包含数据收集和分析、形成假设性 Persona 描述、每个人接受假设描述、创建产品或服务的一个 Persona 或多个 Persona、描述每个 Persona、准备 Persona 应用场景、分发 Persona、场景应用、调整等。

User Profile 和 User Persona 的不同体现在定义、目标及内容 3 个方面，具体如表 8-1 所示。

表 8-1　User Profile 和 User Persona 区别

| 不同类型 | User Profile | User Persona |
| --- | --- | --- |
| 定义 | 用户属性的详细描述 | 在 User Profile 基础上创建虚拟用户，描述一个典型用户 |
| 目标 | 为研发产品定义清晰目标用户，有助于组织、活动的重复利用 | 终端用户实例，描述一组终端用户，使得每个人都聚焦同一目标用户 |
| 内容 | 统计数据、技能、教育、职业 | 实体对象、图片、状态、目标和任务、技能集合、要求及经验、期望、关系 |

对比上述关于 User Profile 和 User Persona 的描述，不难发现，企业产品的用户画像更多偏重于 User Persona，它是用户画像的基础。

一个完整用户画像的开发包含：业务需求分解、数据采集及存储、数据预处理、画像用户特征挖掘、用户画像建模及评估、用户画像可视化、用户画像业务监控及反馈修正等过程，其框架如图 8-4 所示。

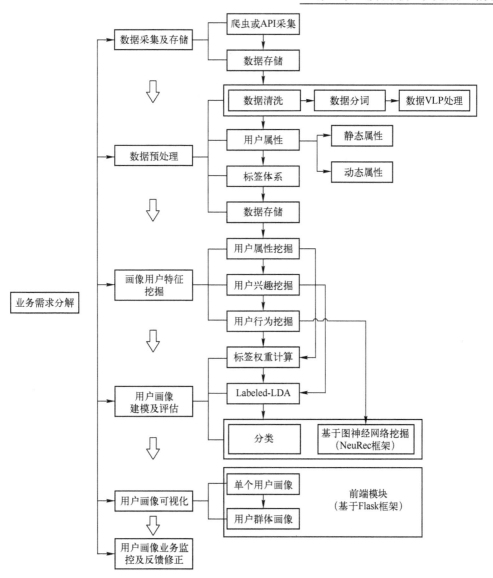

图 8-4 用户画像过程框架

## 8.1.2 用户画像标签体系

在 Persona 第一步数据采集，如行为数据、用户内容数据、偏好数据、Profile 数据等基础上，根据目标用户，区分不同的类型，每个类型抽取典型用户的特征，设计主要 Persona、次要 Persona 及其他 Persona 来进行用户画像。用户画像标签体系的建立是将用户划分到不同类型的过程，其创建和设计根据不同的属性，可以分为基于基本属性的结构化标签体系和基于用户兴趣行为信息的非结构化标签体系；根据属性的状态，可以分为静态标签、动态标签、半动态标签。按照设计流程顺序不同，可以分为自下而上和自上而下的两种设计方法。

1）结构化标签体系，通常按照便于检索和区分的原则，通过一级标签、二级标签、三级标签等层级构建标签体系，一级标签通常包含属性标签、内容标签、行为标签、角色标签等；二级标签、三级标签等下级层次标签则是对一级标签的详细分解。图 8-5～图 8-7 所示为基于用户角色的三级标签体系，图 8-8 所示为基于京东商城商品的结构化标签体系。

图 8-5　基于角色的一级标签

图 8-6　基于角色的二级标签

图 8-7　基于角色的三级标签

图 8-8　京东商城商品的结构化标签体系

2）半结构化标签体系，介于结构化标签和非结构化标签之间，标签之间既有分层分类，也有同级并列关系，或以树、图的形式排列。如图 8-9 所示为 BlueKai 聚合数据形成的半结构标签。

图 8-9　半结构化标签

3）非结构化标签体系，各自分列自己的标签，标签之间并无层级关系，非结构化标签在搜索、电商、社交等领域应用广泛。如图 8-10 所示为 Twitter 的非结构化标签，图 8-11 所示为基于不同类型的非结构化标签。

图 8-10　非结构化标签

图 8-11　基于不同类型的非结构化标签

另外，用户画像根据不同的目标用户、应用场景，还可以建立多维度的标签体系，如电商用户画像、广告用户画像、内容推荐用户画像等，根据不同的应用场景，定位不同的目标用户属性。在此过程中，也可以根据标签的应用阶段不同，把标签分为事实标签、模型标签和预测标签 3 种类型。

### 8.1.3 搭建用户画像挖掘系统环境

本画像系统是由 Python 的 VUE+Flask 框架+HBase 组成的，包含数据预处理存储层（HBase）、数据挖掘分析层（Python）、画像数据显示层（Flask），数据信息采用社交数据和电影数据，如图 8-12 所示。

单个用户画像
用户群体画像
数据显示层（Flask）
用户属性挖掘
用户兴趣挖掘
用户行为挖掘
数据分析层（Python）
数据预处理层
数据存储（Hbase）

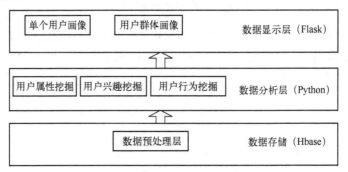

图 8-12　用户画像挖掘系统层关系

在系统环境搭建中，为避免包混乱和版本冲突，一般为每个程序单独创建虚拟环境，保证程序只访问虚拟环境中的包，虚拟环境安装命令为 pip install virtualenv，在安装前可以使用命令 virtualenv --version 来检测 Windows 系统是否安装了 virtualenv。Flask 安装方式有两种，分别是命令行和其他集成开发工具（如 PyCharm），下面分别进行简述。

1）在 cmd 中创建项目目录 recomm，创建命令为 mkdir recomm。

2）cd recomm 进入目录，创建虚拟环境文件，命令为 virtualenv venv3，即可在 recomm 文件夹下生成一个 venv3 的文件夹。

3）激活虚拟环境，命令为 venv3\scripts\activate，结果如图 8-13 所示。

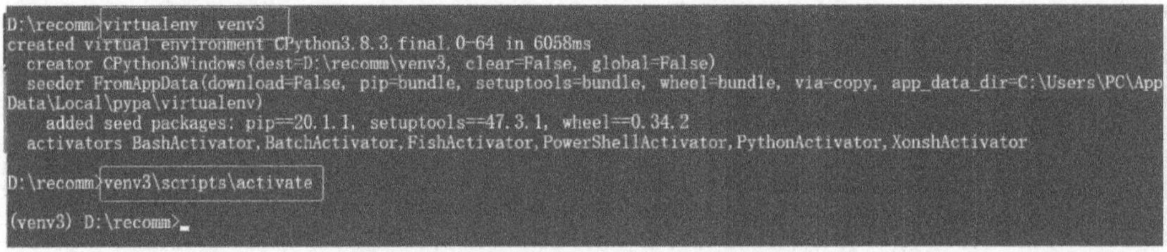

D:\recomm>virtualenv  venv3
created virtual environment CPython3.8.3.final.0-64 in 6058ms
creator CPython3Windows(dest=D:\recomm\venv3, clear=False, global=False)
seeder FromAppData(download=False, pip=bundle, setuptools=bundle, wheel=bundle, via=copy, app_data_dir=C:\Users\PC\AppData\Local\pypa\virtualenv)
added seed packages: pip==20.1.1, setuptools==47.3.1, wheel==0.34.2
activators BashActivator,BatchActivator,FishActivator,PowerShellActivator,PythonActivator,XonshActivator
D:\recomm>venv3\scripts\activate
(venv3) D:\recomm>

图 8-13　激活虚拟环境

4）在虚拟环境中安装 Flask，命令为 pip install flask，如图 8-14 所示。

5）PyCharm 分为 Community 版和 Professional 版，可以使用 PyCharm 任意版本，在打开的窗口中选择“File”→“Open”命令，打开上述创建的 recomm 工程。也可以使用 Professional 版

的 PyCharm 直接创建 Flask 工程，即选择"File"→"New Project"命令，在弹出的对话框中选择并创建项目，如图 8-15 所示。

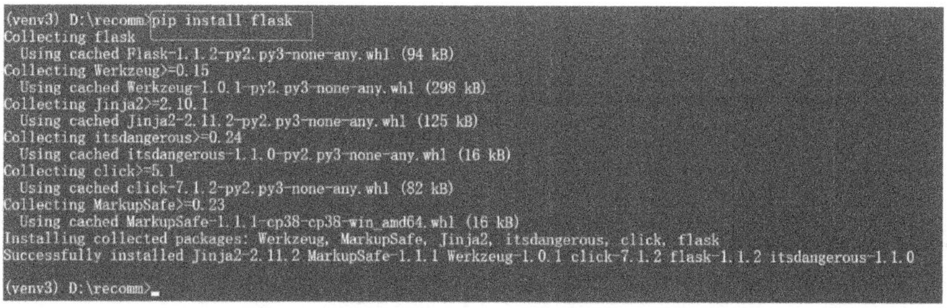

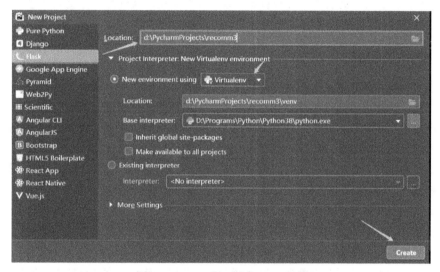

图 8-14　安装 Flask 框架

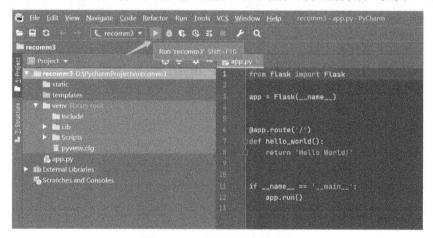

图 8-15　PyCharm 创建 Flask 工程

6）单击"Create"按钮，自动安装虚拟环境和 Flask 框架，并生成项目，如图 8-16 所示。

图 8-16　工程中创建虚拟环境

7）单击"Run"按钮运行工程，在浏览器地址输入：http://127.0.0.1:5000/，前端显示页面如图 8-17 所示，表示 Flask 项目部署成功。

图 8-17　浏览器运行显示

## 8.2　用户属性挖掘模块

用户属性挖掘是完成用户画像的基础环节，从预处理后的数据中采用不同维度，挖掘用户属性，在此基础上，设计基础标签、计算标签权重。下面就用户属性基础标签的创建、标签数据存储及用户属性可视化方法，分别进行简要介绍。

### 8.2.1　基础标签创建

用户基础标签的构建方法有统计方法和业务场景知识经验两种。统计方法有按数据分布、分位数、等箱等；业务场景知识经验方法通常以场景数据驱动进行构建，如用户画像中通用的数据涵盖用户数据、内容数据、用户行为数据 3 大类，其包含的属性有基本属性、社会属性、行为属性、兴趣偏好及心理属性等。

- 基本属性通常包含年龄、性别、身高、地域、学历、收入、出生日期、职业、星座等。
- 社会属性包含职务、婚姻状况、住房、社交关系等。
- 行为属性包含运动、休闲旅游、饮食、消费等。
- 兴趣属性包含购物、游戏、体育、文化、浏览/收藏内容、互动内容、偏好等。
- 心理属性包含生活方式、个性、需求动机、人生态度等。

上述属性中，有些属于静态数据，有些属于动态数据，静态数据变化较少。例如，基本属性建立之后较少发生变化，相对稳定。动态数据变化较大，尤其是兴趣属性和行为属性，通常与业务场景关系紧密，在业务应用场景目标的驱动下，根据目标用户的属性特征，构建相应的基础标签和权重。

**1．基础标签权重构建**

根据场景不同，用户行为可以详细描述为用户类型、时间、地点、事件类型等。

- 用户类型包含网页注册 ID、微信、微博、QQ、移动设备号码等。
- 时间包含行为发生的时间与当前时间的间隔。
- 地点包含用户接触信息的网址和内容。
- 事件类型包含访问、收藏、试用、分享、搜索等。

在上述基础上，可以根据业务场景，设计出不同的基础标签权重公式，例如，基本属性标签权重公式可表示为

基础属性标签权重=时间因子（年龄）×性别权重×职业权重（单位类型）×收入权重×地域权重（城市类型）

用户行为标签权重公式可表示为

行为标签权重=时间衰减因子（当前时间-发生时间）×浏览网址权重（接触地点）×行为权重（行为类型）

**2．基础标签指标构建**

在确定标签权重之后，根据业务产品特点，把基础属性分解化、分类化，按标签体系建立指标，并设计关联附属指标，如表 8-2 所示。

表 8-2　基本属性指标

| 分类 | 类型 | 指标 | 指标权重 | 状态 | 统计时间窗口 | 统计源 |
|------|------|------|---------|------|------------|--------|
| 月指标 | 基础属性 | 基本属性 | 注册 ID<br>账号<br>年龄<br>性别<br>地域<br>学历<br>收入<br>职业 | 1<br>1<br>1<br>1<br>1<br>1<br>3<br>2 | 0 | 6～12 | 网页<br>移动设备<br>移动设备<br>移动设备<br>移动设备<br>移动设备<br>微信<br>微博 |
| | | 行为属性 | 访问<br>收藏<br>试用<br>分享<br>… | 4 | 1 | 0～24 | Log 日志 |
| | | 兴趣属性 | 偏好<br>… | 5 | 1 | 6～8、9～12、17～21 | Log 日志 |

创建上述基础标签的代码如下。

```python
# -*- coding: utf-8 -*-
# 基于社交数据的基础标签创建
def active_geo_description(ip_result, geo_result):
    active_city = {}
    active_ip = {}
    ip_count = 0
    city_count = 0
    ip_list = ip_result.values()
    geo_list = geo_result.values()

    for item in ip_list:
        for k,v in item.items():
            if active_ip.has_key(k):
                active_ip[k] += v
            else:
                active_ip[k] = v
                ip_count += 1
    for item in geo_list:
        for k,v in item.items():
            if active_city.has_key(k):
                active_city[k] += v
            else:
```

```
                              active_city[k] = v
                              city_count += 1


            active_city=sorted(active_city.items(), key=lambda asd:asd[1], reverse=True)
            city = active_city[0][0]

            if city_count == 1 and ip_count <= 4:
                description_text = '固定在同一个地方登录社交网站'
                city_list = city.split('\t')
                city = city_list[len(city_list)-1]
                description = [city, description_text]
            elif city_count >1 and ip_count <= 4:
                description_text1 = '经常出差，较为固定在'
                description_text2 = '个城市登录社交网站'
                city_list = city.split('\t')
                city = city_list[len(city_list)-1]
                description = [city, description_text1, city_count, description_text2]
            elif city_count == 1 and ip_count > 4:
                description_text = '经常在该城市不同的地方登录社交网站'
                city_list = city.split('\t')
                city = city_list[len(city_list)-1]
                description = [city, description_text]
            else:
                description_text = '经常出差，在不同的城市登录社交网站'
                city_list = city.split('\t')
                city = city_list[len(city_list)-1]
                description = [city, description_text]
            return description

    def active_time_description(time_trend_list):
        # active category based on time
        count = 0
        print (time_trend_list)
        for v in time_trend_list:
            count += time_trend_list[v]
        average = count / 6.0
        time_result = {}
        for i in range(6):
            for j in range(7):
                try:
                    time_result[str(i)] += time_trend_list[i+j*6]
                except:
                    time_result[str(i)] = time_trend_list[i+j*6]
        active_time_order = sorted(time_result.items(), key=lambda asd:asd[1],
reverse=True)
        active_time = {'0':'0-4', '1':'4-8','2':'8-12','3':'12-16','4':'16-20',
'5':'20-24'}
        v_list = []
        for k,v in time_result.items():
```

```
                if v > average:
                    v_list.append(active_time[str(k)])
            definition = ','.join(v_list)
        segment = str(active_time_order[0][0])

        pd = {'0':'熬夜的人','1':'早起刷微博','2':'工作时间刷微博','3':'午休时间刷微
博','4':'上班时间刷微博','5':'下班途中刷微博','6':'晚间休息刷微博'}

        description = '用户属于%s 类型, 活跃时间主要集中在%s' % (pd[segment], definition)

        return description

    def hashtag_description(result):
        hashtag_dict = {}
        hashtag_list = result.values()
        for item in hashtag_list:
            for k,v in item:
                if hashtag_dict.has_key(k):
                    hashtag_dict[k] += v
                else:
                    hashtag_dict[k] = v

        order_hashtag = sorted(hashtag_dict.items(), key=lambda asd:asd[1], reverse=
True)

        count_hashtag = len(hashtag_dict)

        count = 0
        if hashtag_dict:
            for v in hashtag_dict.values():
                count += v
            average = count / len(result)

            v_list = []
            like = order_hashtag[0][0]
            v_list = hashtag_dict.keys()
            definition = ','.join(v_list)

        if count_hashtag == 0:
            description = u'该用户不喜欢参与话题讨论, 讨论数为 0'
        elif count_hashtag >= 3:
            description = u'该用户热衷于参与话题讨论,热衷的话题是%s' % definition
        else:
            description = u'该用户不太热衷于参与话题讨论, 参与的话题是%s' % definition

        return description
    if __name__ == "__main__":
        ds = {'beijing':{'209.114.101.1': 4}}
        ts = {0:2, 14400:1,28800:3, 43200:5, 57600:2, 72000:3}
        ms = {'乘风姐姐':4}
        ks = active_time_description(ts)
        md = active_geo_description(ds)
        ns = hashtag_description(ms)
```

```
print (md)
print (ks)
print (ns)
```

## 8.2.2　标签数据存储

在数据仓库、标签数据存储中，事实表和维度表是基础。事实表是存储事实记录的表，如用户日志、产品浏览日志等，事实表包含度量，它们是在其定义中内置了聚合的列。例如，"收入"和"单位"是度量列。

维度表是存储维度属性值的表，维度表包含用于描述业务实体的属性。如"客户名称""区域"和"地址"是属性列，有日期维度（年、季节、月、日等）、产品维度等，维度表跟事实表关联，从事实表抽取常用属性，生成新表进行管理。

在实际业务应用中，用户标签的数据存储通常与场景需求紧密相关，标签数据在不同的业务场景驱动下，存储在 HBase、Hive、MySQL、Redis 等不同的数据库中。不同的数据库有着不同的适用场景和优势，Hive 通常用于建立数据仓库，适用批处理量化计算并写入 HDFS 存储结果。Hive 在批处理如基于用户基本属性表和用户维度表的用户属性标签聚合、用户群体划分、用户主题聚合等，及基于用户点击日志的用户行为聚合等方面具有优势。

与 Hive 相比，HBase 是高可靠性、高性能、面向列、可伸缩的 NoSQL 的分布式存储系统，底层存储与 Hive 一样使用 HDFS 技术，利用 Hadoop MapReduce 来处理 HBase 中的海量数据，通过 Zookeeper 完成协同服务和 failover 机制。HBase 本质上是一个稀疏、多维度、排序的映射表，它以表的形式存储数据，每个 HBase 表由行和列组成，列划分为多个列族。行由行键（row key）标识，每个列都属于一个列族（column family），列有列限定符，用于定位列族里面的数据，通过行、列、列限定符可以指定一个单元格（cell），单元格中的每个数据都有时间戳。

本节在 8.2.1 节基础标签的基础上，使用 HBase 创建事实表、用户画像表、用户兴趣商品表、商品画像表、用户商品关联表、商品关系表等来存储标签数据。

1）创建事实表，记录日志信息，命令如下。

```
create 'user_log',{NAME => 'proInfo', VERSIONS =>3}
```

其存储数据形式如表 8-3 所示。

表 8-3　事实表存储形式

| rowkey | columnFamily | | | |
|---|---|---|---|---|
| 20200504 | 注册 id | 商品 id | timestamp | action |
| | F0005 | U0004 | 201905025 | 浏览 |

其中，rowkey 表示行记录的主键，columnFamily 表示列簇。

2）商品画像，根据商品的特征、目标群体特征，创建商品画像表，命令如下。

```
create 'products',{NAME => 'profession', VERSIONS => 3},{NAME => 'age', VERSIONS => 3}
```

其存储数据形式如表 8-4 所示。

**表 8-4　商品画像表存储形式**

| rowkey | columnFamily(profession) | | columnFamily(age) | | |
|--------|-------------|---------|-----|-----|-----|
| pid | worker | teacher | 20 | 30 | 40 |

3）用户画像，根据用户的基本属性特征，创建用户画像表，命令如下。

```
create 'user',{NAME => 'sex', VERSIONS => 3},{NAME => 'background', VERSIONS
=>3},{NAME => 'hobby', VERSIONS => 3}
```

其存储数据形式如表 8-5 所示。

**表 8-5　用户画像存储形式**

| rowkey | columnFamily (sex) | | columnFamily (background) | | | columnFamily (hobby) | | |
|--------|--------|-----|----------------|---------------|--------|------|-------|------|
| uid | female | man | high school | undergraduate | master | swim | movie | sing |

4）用户商品关联，通过用户对商品的行为动作，记录每个用户对哪些产品发生哪些行为动作，创建生成用户商品关联表，命令如下。

```
create 'user_product',{NAME => 'a', VERSIONS => 3}
```

其存储数据形式如表 8-6 所示。

**表 8-6　用户商品关联存储形式**

| rowkey | columnFamily(action) | | | | |
|--------|-------|-------|-------|-------|-------|
| uid | act_1 | act_2 | act_3 | act_4 | act_5 |

5）用户兴趣商品画像，通过用户的行为及兴趣，记录每个用户感兴趣的商品，命令如下。

```
create 'up_interest',{NAME => 'a', VERSIONS => 3}
```

其存储数据形式如表 8-7 所示。

**表 8-7　用户兴趣商品画像存储形式**

| rowkey | columnFamily(action) | | | | |
|--------|-------|-------|-------|-------|-------|
| uid | act_1 | act_2 | act_3 | act_4 | act_5 |

6）商品相关度画像，记录每个商品与其他商品的相关度情况，创建商品相关度表，命令如下。

```
create 'product_simlarity',{NAME => 'a', VERSIONS => 3}
```

其存储数据形式如表 8-8 所示。

**表 8-8　商品相关度画像存储形式**

| rowkey | columnFamily(action) | | | | |
|--------|---------|---------|---------|---------|---------|
| pid | produ_1 | produ_2 | produ_3 | produ_4 | produ_5 |

7）商品用户画像，记录每个商品的所有用户情况，创建商品用户相关度表，命令如下。

```
create 'product_user_simlarity',{NAME => 'a', VERSIONS => 3}
```

其存储数据形式如表 8-9 所示。

表 8-9　商品相关度画像存储形式

| rowkey | columnFamily(action) | | | | | |
|---|---|---|---|---|---|---|
| pid | user_1 | user _2 | user _3 | user _4 | user _5 | user _6 |

除此之外，使用关系型数据库进行存储也是一种方式，如在前面讲述的 Redis 中创建上述基础表。

### 8.2.3　用户属性可视化

前面已经讲述了用户属性包含基本属性、社会属性、行为属性、兴趣偏好及心理属性等类别，每个类别属性指标又包含多种维度，如基本属性包含用户年龄、性别、安装时间、注册状态、城市、省份、活跃登录地、以往购买状态、以往购买金额等。而这些都可以通过设置用户属性维度标签，如标签名称、标签属性、标签级别、标签类型等方法对用户属性进行分类，从而实现刻画用户的目的。

**1．个人用户属性可视化**

用户属性可视化的方式有多种，如 wordart、worditout、BDP、图悦、Tocloud 等。呈现的可视化图形也有多种，如常见的词云、人形、各种产品图形形状等。

本节以 wordart 为例，简单介绍用户属性的可视化方法。如完成中文的用户属性可视化，需要从 C:\Windows\Fonts 中复制中文字体文件，通过单击"FONTS"选项中的"Add font"按钮添加中文字体，如图 8-18 所示。

然后单击"import"按钮导入用户标签属性文本或通过 Add 方法添加用户属性标签，并可以设置标签的大小、颜色、角度、字体及链接等，如图 8-19 所示。

图 8-18　添加字体

图 8-19　导入标签数据或添加标签数据

最后单击"Visualize"按钮，生成如图 8-20 和图 8-21 所示的用户属性人形标签图。

图 8-20 用户属性可视化操作　　　　　　图 8-21 用户属性标签人形图

### 2．群体用户属性

群体用户属性通常是对用户属性数据、商品数据、行为数据、交易数据等多维的综合挖掘，提取具有共性的具体用户特征，根据共性特征，继续在标签中寻找相同特征（如用户行为等特征）的用户，避免遗漏做过目标动作的潜在客户，使目标群体在行为数据、用户偏好等标签的基础上，实现目标用户群体标签的综合交叉挖掘。不同的群体用户属性的筛选方法如下。

1）根据不同标签组合筛选群体用户，在目标人群的基础上提取其共有属性，并通过用户属性可视化操作，完成群体用户属性的可视化呈现。如图 8-22 所示，根据最近一次访问、敏感度、消费能力 3 个标签，设定不同条件而获取的目标人群。

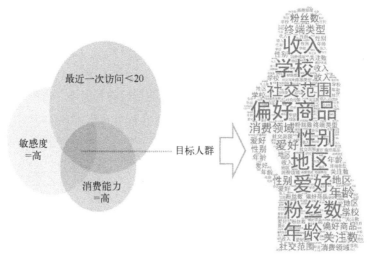

图 8-22 不同标签组合筛选群体用户

2）选取起始种子用户，提取多维度特征，确定目标用户分类标准，确定目标用户群体特征，根据特征扩大提取符合特征的群体用户，如图 8-23 所示。

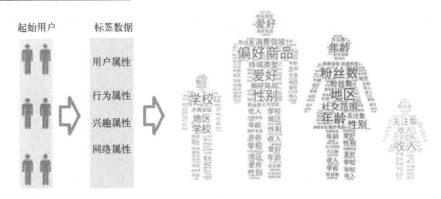

图 8-23　起始用户扩大属性组合筛选群体用户

3）目标群体用户确定流程。根据业务场景和业务流程梳理，通过还原业务流程→覆盖用户行为生命周期→明确商业目标（如提升活跃、留存、流失召回）→根据策略选择目标标签→确定目标群体用户。例如，在业务流程的每一步，梳理出每个行为的一些维度（如兴趣、行为偏好、消费特征），然后根据用户在这方面的行为，构建用户标签体系，如图 8-24 所示。

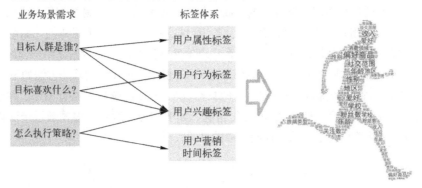

图 8-24　目标用户标签及确定

**3．Python 代码实现属性可视化**

在获得属性标签数据后，可通过下述代码实现标签属性的可视化。注意：需要提前安装词云包 wordcloud。

```
from wordcloud import WordCloud
import PIL
import matplotlib
import matplotlib.pyplot as plt
import numpy as np
# 处理中文字符
from pylab import mpl
mpl.rcParams['font.sans-serif'] = ['SimHei']
mpl.rcParams['axes.unicode_minus'] = False
# 词云方法
def draw_wordcloud(mt):
```

```
        path='msyh.ttf'
        path=unicode(path, 'utf8').encode('gb18030')
    alice_mask = np.array(PIL.Image.open('flower.jpg'))
    # 设置参数
    wc = WordCloud(font_path=path,                        # 设置字体
                             background_color="white",     # 定义背景颜色
                             margin=3,
                             width=1500,
                             height=700,
                             mask=alice_mask,
                             max_words=150,                # 显示词数
                             max_font_size=50,
                             random_state=42)
    #wc = wc.generate(mt)        # 输入数据格式为字符串文本流
    wc= wc.fit_words(mt)         # 输入数据格式[(u'粉丝',50),(u'关注',200)]
    wc.to_file('shuxing.png')
    plt.imshow(wc)
    plt.axis("off")
    plt.show()

def main():
    mt=[]
    f=open(r'biaoqian_data.txt','r').readlines()
    for line in f:
        temp = line.strip()split("  ")
        temp [0] = temp [0].decode("utf-8")
        temp [1] = int(temp [1])
        mt.append(temp)
    draw_wordcloud (mt)

if __name__=='__main__':
    main()
```

# 8.3　用户兴趣挖掘模块

用户兴趣挖掘是用户画像的重要环节，用户兴趣挖掘得准确与否直接决定着后续任务的质量，其挖掘方法和兴趣维度都有很多，下面就用户兴趣挖掘的方法、数据存储、用户兴趣可视化等方法进行简述。

## 8.3.1　用户兴趣挖掘

在实践中，人们通常发现对不同的事物或同一事物，不同的用户或同一用户不同时间，都有着不同的差异，有些是长期的，有些是短期的，有些是静态的，有些是动态的，例如，男性和女性对于影片的偏好是有差别的。而这些天然的性别所赋予的内在兴趣，及用户兴趣随时间衰减的速度小于一定阈值的兴趣，便可称为长期兴趣。短期兴趣和长期兴趣是构建核心兴趣标签的基础，对于互联网广告、个性化推荐、精准营销、预测用户行为具有重要意义。

用户兴趣挖掘的基本过程如图 8-25 所示。其中用户个人描述即用户基本标识包含用户的

Cookie、注册 ID、登录方式（微博、微信、QQ）、Email、手机号码（设备运营商类型）、终端类型、认证描述等。

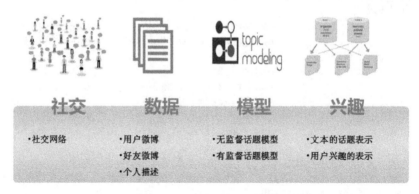

图 8-25　用户兴趣挖掘过程

用户兴趣在社交网络中最重要的体现就是用户所发布的社交文本信息。对这些社交文本内容全面的分析与挖掘是研究社交网络中用户兴趣的关键步骤。

针对社交文本的用户兴趣建模大致可分为基于社交网络内部信息模型和基于外部辅助数据源模型两种。

**1．基于社交网络内部信息的模型**

挖掘用户兴趣的方法有很多，所基于的数据源也多种多样。通过用户生成的社交文本数据来挖掘用户兴趣的模型是非常重要的。常用的文本表示方法有词袋模型和话题模型。由于社交文本长度过短，传统的话题模型（如 PLSA、LDA）仅依靠单一短文本中的文本信息来识别文本所谈论的话题比较困难。一些改进的模型和方法，如 TFIDF 和 TextRank 通过关键词排序算法自动生成社交用户的话题兴趣标签。可同时识别文本话题和用户兴趣的作者话题模型（Author-Topic Model，ATM），将文本集合以用户为单位聚合形成一个大的"用户"文档，然后使用标准的 LDA 模型来分析这些"用户"文档，最终得到用户在话题上的兴趣分布。或将每个 HashTag 作为一个话题标签，直接利用 Labeled-LDA 模型对齐 HashTag 与社交文本的语义信息，从而识别社交文本中潜在的话题结构。

社交网络平台允许用户在发布文本信息的同时插入与之匹配的图片。相比于社交文本信息，图片中所包含的信息更能够自然地反映用户的兴趣。利用社交网络用户的个人照片及对照片的标注文本、评论文本进行共同建模来挖掘用户兴趣。

除此之外，基于社交相关性信息联合社交邻居用户的节点属性相似度和话题相似度等因素，计算用户兴趣，不仅用户所发布的社交文本能够直接反映用户的话题兴趣，同时社交网络上用户的交互行为也能够间接刻画用户的话题兴趣。也有结合用户的社交文本内容和用户的社交活动信息，提出兴趣识别的概率模型。该模型中同时引入了时间因素，能够很好地推断用户兴趣随着不同社交活动的在线变化情况。

**2．基于外部辅助数据源模型**

社交网络上文本内容的长度有限，且含有大量的噪声信息。这导致社交文本话题识别模型中必须解决数据稀疏性的问题。对于社交文本稀疏性的解决主要借助于外部数据源（例如，维基百科、百度百科等）来辅助文本话题信息中用户兴趣的识别。例如，使用命名实体识别（Named Entity Recognition）方法来发现社交文本中所提及的语义实体对其进行语义消歧，然后在基于 Wikipedia 所构建的话题分类系统上检索实体所匹配的子话题集合，通过分析这些子话题的集合来刻画用户的话题兴趣。

也可通过人工标注的话题系统 DMOZ 表示用户的话题兴趣。然而，该方法需要额外地构建一个分类器将用户文本映射到 DMOZ 话题节点上。也可借助公共可用的知识库 Wikipedia 构建层次话题树，通过实体发现、实体打分等步骤将其映射到层次话题树上，从而得到用户的层次话题兴趣信息。此外，社交网络上的信息大多是当前时事新闻的高度浓缩，将新闻文本内容作为辅助数据源同样可以实现对短文本的扩展，从而有效地识别文本的话题信息。

跨平台用户兴趣的获取方法是融合多个社交网络数据源（Twitter、Facebook 和 LinkedIn），利用关键词抽取和统计分析的方法来识别用户的显式兴趣，同时利用语义推理的技术来挖掘用户的隐式兴趣。利用多个数据源能够获取更加全面的用户兴趣，但是对于跨社交网络平台下的同一用户识别的问题无法保证其精度。

此外，借助于公共可用的话题系统 ODP 作为用户话题兴趣的分类系统，利用文本中词项的同位词和文本中所含的 URL 链接信息进行文本扩展，使用机器学习的方法将每个兴趣词映射到兴趣层次系统中，以此获取用户的话题兴趣。

对于社交网络上用户话题兴趣建模的方法按其采用技术方法的不同，大致分为以下 3 类。

- 社交内部数据源：该处理方法仅基于社交网络上内部数据进行用户话题兴趣识别。其中，基于关键词抽取的用户兴趣建模方法的不足之处是粒度太细，不能有效地合并同类项；基于完全无监督的话题模型无法精确识别出潜在的话题语义；有监督的话题建模方法需要利用现实中已有的标注来提高模型准确度，这对于大规模的社交文本数据的话题识别任务来说是不现实的。

- 语义知识库扩展：基于语义知识库辅助数据源的方法能够有效消除社交文本稀疏性的问题，从某种程度上来说改进了用户话题兴趣识别的性能。但同时也存在着其他问题。一方面，由于社交文本长度较短且用户书写不规范，从而导致已有方法和工具在实体识别和语义消歧方面的性能难以得到理想的效果，进而使得用户兴趣识别的精度不高；另一方面，外部语义知识库一般具有成百上千个话题类别及错综复杂的实体关系网络，这就需要设计额外的方法来进行有效的修剪功能和减少特征维度。这可能引入与用户兴趣无关的话题类别，从而降低了用户话题识别的精度。此外，额外的计算开销也是该方法的不足之处。

- 跨社交源数据融合：该处理方法通过对多个社交网络数据源的数据进行融合，从而识别出更加全面的用户兴趣。然而，由于同一用户在多个社交网络上的社交意图不同，导致用户在不同社交平台上所呈现的社交信息可能很不相同。这使得跨社交网络下同一用户识别的精度不是很理想。因此，该方法无法大规模应用于实际的兴趣识别场景中。

用户兴趣挖掘的基本思路如下。

1）首先，通过数据训练出兴趣挖掘模型。

2）使用用户社交数据，应用兴趣挖掘模型，标出用户喜欢的类型（如用户 A 喜欢电影）。

在上述基础上，如果进行推荐任务，接着完成以下步骤。

1）找出与用户具有相同的兴趣爱好的人群（如电影、商品）。

2）找出该类人群喜欢的其他电影或商品。

3）将这些电影或商品推送给用户 A。

上述具有相同兴趣爱好的人群，可以采用用户间相似度计算的方法找出兴趣相同的人群（通过找到两位用户共同评论过的电影，然后计算两者之间的欧式距离，算出两者之间的相似度）。以用户喜欢电影为例，以下代码实现了用户之间相似度的计算。

```python
# 相似用户群体模块
from math import *
def Dis(u1,u2):
    # 取出两位用户评论过的电影和评分
    u1_data=data[u1]
    u2_data=data[u2]
    distance = 0
    # 找到两位用户都评论过的电影，并计算欧式距离
    for ky in u1_data.keys():
        if ky in u2_data.keys():
            # distance 距离越大表示两者越相似
            dis += pow(float(u1_data[ky])-float(u2_data[ky]),2)

    return 1/(1+sqrt(dis))          # 相似度越大，返回值越小

# 计算用户间相似度
def user_simliar(ud):
    rs = []
    for uid in data.keys():
        if not uid == ud:
            simliar = Dis(ud,uid)
            rs.append((urid,simliar))
    rs.sort(key=lambda val:val[1])
    return rs[:5]
```

本节以 Labeled LDA 为例，建立用户感兴趣的话题集合与标签集合对应关系，此问题可转换为用户兴趣的多标签分类问题，即通过用户数据挖掘，分类用户感兴趣的主题标签。其基本原理如图 8-26 所示。

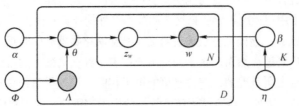

图 8-26　Labeled LDA 模型

其中，$\alpha$ 是狄利克雷话题先验参数，$\eta$ 是词的先验参数，$\Phi$ 表示标签先验，$\theta$ 表示在所有 $K$ 个话题上的多项式混合分布，$\Lambda$ 表示文档的标签，$\beta$ 表示话题的多项式分布参数，$z_w$ 表示词 $w$ 分配

的标签，$D$ 表示文档的集合，$N$ 表示词的个数。

Labeled LDA 算法基本步骤如下。

```
For each topic k∈{1,···,K}:                    # 选取每个话题
        Generate βₖ=(β_{k,1},···,β_{k,V})ᵀ~Dir(·|η)
# βₖ 是一个向量，由对应第 k 个话题的多项式分布参数组成
For each document d:                            # 选取每个文档
    For each topic k∈{1,···,K}
        Generate Λₖ^(d)∈{0,1} ~ Bernoulli(·|Φₖ)
# 基于标签先验的伯努利分布生成文档标签
    Generate a^(d) = L^(d)×α
# L^(d) 表示文档 d 的标签投影矩阵，大小 Mₐ×K，其中 Mₐ=|λₐ|
    Generate θ^(d) = (θ_{l1},···,θ_{lMₐ})ᵀ ~ Dir(·|α^(d))    # θ^(d) 受限于对应的 Λ^(d)
    For each i in (1,···,Nd):
        Generate zᵢ∈{λ₁^(d),···,λ_{Mₐ}^(d)} ~ Mult(·|θ^(d))
        Generate wᵢ∈{1,···,V} ~ Mult(·|β_{zᵢ})
```

上述步骤中 $L^{(d)}$ 的每行 $i∈\{1,···,M_d\}\}$，列 $j∈\{1,···,K\}$，则

$$L_{ij}^{(d)} = \begin{cases} 1 & \text{if} \quad \lambda_i^{(d)} = j \\ 0 & \text{否则} \end{cases}$$

通过下述示例程序 llda.py 调用上述 Labeled LDA 算法，对用户兴趣模型训练，然后使用训练模型对用户数据进行兴趣分类。注意：可以把用户消息看作文档，完成用户兴趣分类任务。

```python
import sys
sys.path.append('../')
import model.labeled_lda as llda

# 初始化训练数据，格式：数据,标签
labeled_documents= [("twitter twitter twitter twitter twitter "*10, ["twitter"]),
                    ("test llda model test llda model test llda model"*10,
["test", "llda_model"]),
                    ("example test example test example test example test"*10,
["example", "test"]),
                    ("good perfect good good perfect good good perfect good
"*10, ["positive"]),
                    ("bad bad down down bad bad down"*10, ["negative"])]

# Labeled LDA 模型
llda_model=llda.LldaModel(labeled_documents=labeled_documents, alpha_vector=0.01)
print (llda_model)

# 训练模型
# llda_model.training(iteration=10, log=True)
while True:
    print("iteration %s sampling..." % (llda_model.iteration + 1))
    llda_model.training(1)
    print "after iteration: %s, perplexity: %s" % (llda_model.iteration,
```

```
llda_model.perplexity())
            print "delta beta: %s" % llda_model.delta_beta
            if llda_model.is_convergent(method="beta", delta=0.01):
                break

    # 更新
    print ("before updating: ", llda_model)
    update_labeled_documents = [("new example test example test example test
example test", ["example", "test"])]
    llda_model.update(labeled_documents=update_labeled_documents)
    print ("after updating: ", llda_model)

    # train again
    # llda_model.training(iteration=10, log=True)
    while True:
        print("iteration %s sampling..." % (llda_model.iteration + 1))
        llda_model.training(1)
        print "after iteration: %s, perplexity: %s" % (llda_model.iteration,
llda_model.perplexity())
            print "delta beta: %s" % llda_model.delta_beta
            if llda_model.is_convergent(method="beta", delta=0.01):
                break

    # 推理预测
    document = "example llda model example example good perfect good perfect
good perfect" * 100

    topics = llda_model.inference(document=document, iteration=100, times=10)
    print (topics)

    # 计算测试数据的 perplexity
    perplexity   =   llda_model.perplexity(documents=["example   example   example
example example",
                                                      "test llda model test llda model
test llda model",
                                                      "example test example test example
test example test",
                                                      "good  perfect  good  good  perfect
good good perfect good",
                                                      "bad bad down down bad bad down"],
                                        iteration=30,
                                        times=10)
    print ("perplexity on test data: %s" % perplexity)
    # 计算训练数据的 perplexity
    print ("perplexity on training data: %s" % llda_model.perplexity())

    # 保存模型
    save_model_dir = "../data/model"
    llda_model.save_model_to_dir(save_model_dir)

    # 载入模型
    llda_model_new = llda.LldaModel()
```

```
llda_model_new.load_model_from_dir(save_model_dir,
load_derivative_properties=False)
        print ("llda_model_new", llda_model_new)
        print ("llda_model", llda_model)
        print ("Top-5 terms of topic 'negative':", llda_model.top_terms_of_topic
("negative", 5, False))
        print ("Doc-Topic Matrix: \n", llda_model.theta)
        print ("Topic-Term Matrix: \n", llda_model.beta)
```

然后直接执行命令：python llda.py，完成上面用户数据的兴趣分类任务。程序运行结果如图 8-27 所示。

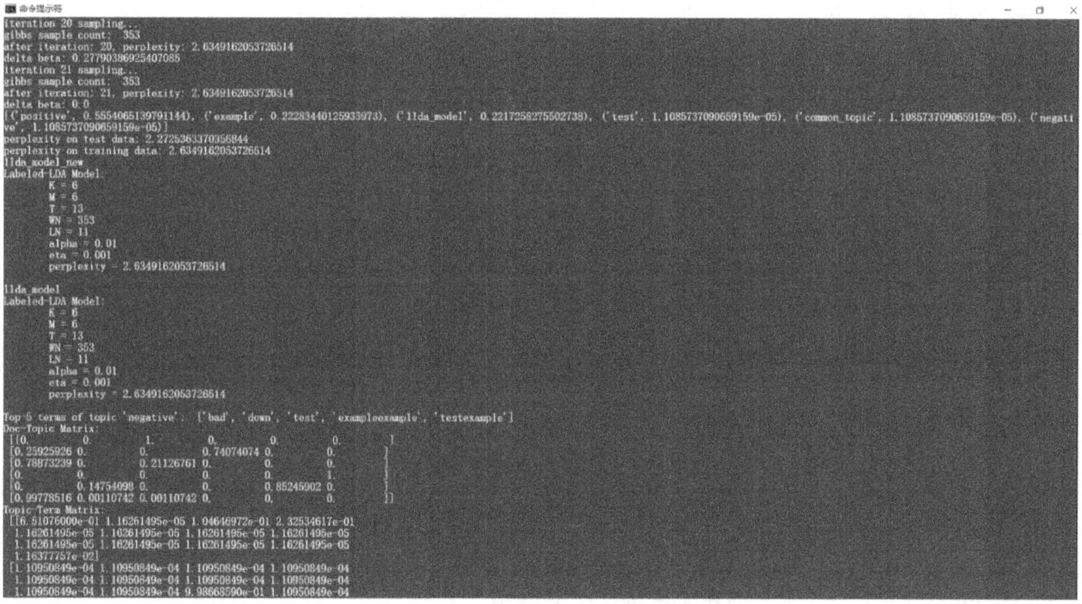

图 8-27　Labeled LDA 兴趣分类任务结果

## 8.3.2　用户兴趣数据存储

在上述用户兴趣标签分类任务完成后，大数据量可以使用前述讲解的 HBase 或关系型数据库来存储，小批量数据可以使用文件.txt 格式或 CSV 格式来存储，本节以用户的电影兴趣为例，介绍其基本数据存储格式。

1）用户兴趣表，记录每个用户感兴趣的电影，命令如下。

```
create 'movie_interest',{NAME => ' mv_in ', VERSIONS => 3}
```

其存储数据形式如表 8-10 所示。

表 8-10　用户兴趣表存储形式

| rowkey | columnFamily(mv_in) | | | | |
|---|---|---|---|---|---|
| uid | mv_id_1 | mv_id_2 | mv_id_3 | ... | mv_id_100000 |

如用户 uid_1 喜欢电影 mv_id_1，使用 1 表示，其他使用 0 表示，其数据存储格式如表 8-11 所示。

表 8-11　数据存储形式

| | mv_id_1 | mv_id_2 | ... | mv_id_100000 |
|---|---|---|---|---|
| uid_1 | 1 | 1 | 0 | 1 |
| uid_2 | 0 | 1 | 1 | 1 |
| ... | 0 | 0 | 1 | 1 |
| uid_n | 1 | 1 | 1 | 0 |

2）标签 tag 表，记录每个用户感兴趣的电影及其类型，命令如下。

```
create 'user_tag',{NAME => ' taginfo ', VERSIONS => 3}
```

假设 tag 是标签类型，rating 是评分，timestamp 是时间戳，其存储数据形式如表 8-12 所示。

表 8-12　标签 tag 表存储形式

| rowkey | columnFamily(taginfo) | | | |
|---|---|---|---|---|
| uid | mv_id | tag | rating | timestamp |

3）电影 movie 表，记录每个电影及其类型，命令如下。

```
create 'movies',{NAME => ' movieinfo ', VERSIONS => 3}
```

其存储数据形式如表 8-13 所示。

表 8-13　电影 movie 表存储形式

| rowkey | columnFamily(movieinfo) | | | |
|---|---|---|---|---|
| mv_id | title | genres | imdbid | tmdbld |

其中 title 是标题，genres 是电影类型，imdbid 表示来自 www.imdb.com 用户，tmdbld 表示来自 www.themoviedb.org 用户。

在上述基础表上，根据应用场景查询综合群体用户喜欢的电影集合，生成中间表进行数据存储。

### 8.3.3　用户兴趣可视化

用户兴趣可视化与应用需求场景密切相关，既可以使用 sklearn 线性分析库导入线性判别分析 LDA，将特征空间数据中的多维样本，投影到一个维度更小的 K 维空间，保持区别类型的信息，然后可视化输出；也可以使用通过 K-Means 方法，对向量特征进行计算，通过聚类的形式可视化输出，输出形式可以为散点图、热力图、曲线图等。

本节同样以电影数据集为例，描述对相同电影感兴趣的用户分布情况，基本思路为：假设如果用户 A 看过电影 B，则表示用户对电影 B 感兴趣，如果用户 A 给电影 B 评分越高，表示越认同电影 B，那么，对电影 B 评分的用户，他们可以认为是对电影 B 类型感兴趣的相似群体。下面根据不同类型电影的评分情况，使用 K-Means 算法对用户群体进行聚合展示，代码如下。

```
# -*- coding: utf-8 -*-
import pandas as pd
import matplotlib.pyplot as plt
import numpy as np
from scipy.sparse import csr_matrix
import hutil
from sklearn.cluster import Kmeans

# 读取 movies 数据集
movies = pd.read_csv('movies.csv')

# 读取 ratings 数据集
ratings = pd.read_csv('ratings.csv')
# 计算科幻电影和爱情片的均评分
cat_ratings = hutil.cat_ratings(ratings, movies, ['Romance', 'Sci-Fi'],
['romance_rating', 'scifi_rating'])
'''
    cat_ratings 计算了每位用户对所有爱情片和科幻片的平均评分。对数据集稍微进行偏倚，删
除同时喜欢科幻片和爱情片的用户，使聚类能够将它们定义为更喜欢其中一种类型。
'''

biased_dataset = hutil.cat_rating_dataset(cat_ratings, 3.0, 2.3)

X = biased_dataset[['scifi_rating','romance_rating']].values
kmns = KMeans(n_clusters=4)
predictions = kmns.fit_predict(X)

# 可视化画图
hutil.draw (biased_dataset, predictions)
```

上述程序运行结果如图 8-28 所示。

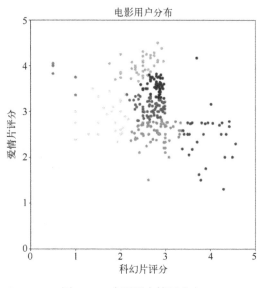

图 8-28　电影用户情况分布

此外，也可以使用热力图的形式，展示评分次数最多的电影和对电影评分次数最多的用户之间的关系，如选择前 40 部电影和前 20 个用户，衡量它们之间的关系，代码如下。

```
ratings_title = pd.merge(ratings, movies[['movieId', 'title']], on='movieId' )
user_movie_ratings = pd.pivot_table(ratings_title, index='userId', columns='title', values='rating')

user_movie_ratings.iloc[:6, :10]

num_movies = 40
num_users = 20
most_rated_movies_users_selection = helper.sort_by_rating_density(user_movie_ratings, num_movies, num_users)
print (most_rated_movies_users_selection)
hutil.draw_heatmap(most_rated_movies_users_selection)
```

运行结果如图 8-29 所示。

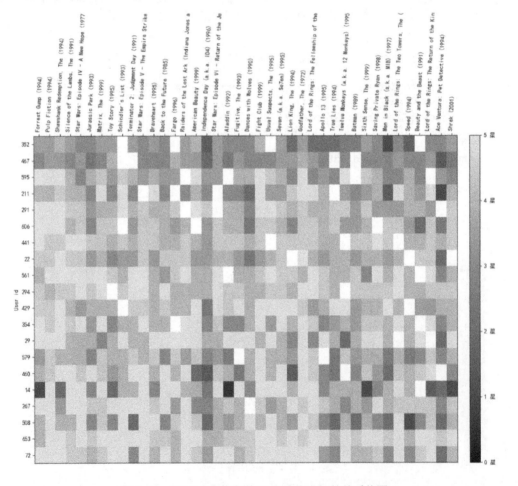

图 8-29　前 20 个用户和前 40 部电影之间的关系热图

# 8.4　用户行为挖掘模块

用户行为具有多样性和复杂性，用户行为通常与特定的环境、网络、目标有着很大的关联性。在不同的网络，用户有着不同的行为，如在微博网络中，用户可以有点赞、转发、评论、回复等行为，而在淘宝网络中，用户的行为通常为购买、评价、收藏、点击、浏览等，本节选取一个电商应用场景，对用户行为挖掘进行介绍。

## 8.4.1　行为挖掘

不同企业对于用户画像有着不同的理解和需求。根据行业和产品的不同，所关注的特征也有不同，但主要还是体现在基本特征、社会特征、偏好特征、行为特征等。除了上述的用户属性之外，一个完整的用户画像通常还包含用户行为数据，通过用户行为分析挖掘，可以识别用户偏好、推荐用户感兴趣的信息商品，制定运营策略、提升用户转化率及留存率、降低流失率。

用户行为根据不同的应用场景，有着不同的行为，如在电商应用场景中，用户对于商品的行为有点击、购买、加入（购物车）、收藏等，可以通过 4W+H 进行描述表示：Who（谁）、When（什么时候）、Where（在哪里）、What（做了什么）、How（交互），在此过程中，涉及了动态、感知、认知、行为及环境等因素的相互作用，如 AISAS 模型（Attention、Interest、Search、Action、Share），分析用户对哪些产品、类目感兴趣、用户购买行为特点等。

在社交网络应用场景中，用户与用户之间的行为有点赞、回复、提及、评论、喜欢、关注、转发等多种，其中转发是社交网络中信息传播和扩散的一种重要方式，转发与用户话题兴趣、消息内容、消息发布时间等因素有着密切的联系，转发主要意图包括娱乐大众、同意某人的观点、构建朋友关系等。社交用户行为挖掘基本过程包含数据提取、清洗整理、建立模型、行为预测，如图 8-30 所示。

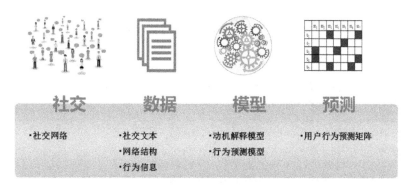

图 8-30　社交网络用户预测

本节以淘宝中用户行为数据为例，挖掘用户基本行为：点击（pv）、购买（buy）、加入（将商品加入购物车，cart）、收藏（fav），数据基本格式包含 User ID（用户 ID）、Item ID（商品 ID）、Category ID（商品类目 ID）、Bahavior type（行为类型）、Timestamp（时间戳）。数据网址为 https://tianchi.aliyun.com/dataset/dataDetail?dataId=649。

1）读取数据集 UserBehavior.csv 数据。

```
import numpy as np
import pandas as pd
import matplotlib.pyplot as plt

cols = ["userid", 'itemid', 'categoryid', 'type', 'timestamp']
# 使用 iterator 将数据分块
data = pd.read_csv("./UserBehavior.csv", iterator=True,
                   chunksize=1000000, names=cols, parse_dates=['timestamp'])
# 将前 100w 行数据存放在 df
df=data.get_chunk(1000000)
# 显示信息
df.info()
```

2）清洗数据时间格式。

```
import time
# 定义转换时间
def get_unixtime(timeStamp):
    formatStr = "%Y-%m-%d %H:%M:%S"
    tmObject = time.strptime(timeStamp, formatStr)
    return int(time.mktime(tmObject))
startTime = get_unixtime("2017-11-20 00:00:00")
endTime = get_unixtime("2017-12-03 00:00:00")
print (startTime)
print (endTime)

# 获取 2017-11-20 到 2017-12-3 的所有数据
df = df[(df.timestamp.astype('int') >= int(startTime)) & (df.timestamp.
astype('int') <= int(endTime))]
# 设置转换 pd.to_datetime 为中国上海时区
df['datetime'] = pd.to_datetime(
    df.timestamp, unit='s', utc=True).dt.tz_convert("Asia/Shanghai")
```

3）挖掘购买用户和非购买用户的浏览行为、购买行为。

```
# 获取总用户、商品及类目
sum_users = df.userid.nunique()
sum_itemid = df.itemid.nunique()
sum_categoryid = df.categoryid.nunique()
# 获取购买用户和非购买用户
sum_user_b=df[df['type']=='buy'].userid.nunique()
sum_user_nob = sum_users-sum_user_bought

# 获取用户行为
types = ["pv", "cart", "fav", "buy"]
sum_type = df.type.value_counts()

# 计算 2017-11-20 到 2017-12-3 的所有、日均、人均数
type_df = pd.DataFrame([sum_type, sum_type /14, sum_type / sum_users],
                       columns=types, index=["all", "aver_day", "aver_user"])
```

```
# 获取购买过的用户的浏览次数、购买次数
type_df.loc['user_bought']=df[df['userid'].isin(df[df['type']=='buy']['userid'].
unique())].type.value_counts()

# 获取非购买过的用户的浏览次数、购买次数
type_df.loc['user_nob']=type_df.loc['all']-type_df.loc['user_b']

print(f"购买用户数有：{sum_user_b}")
print(f"商品数：{count_itemid}")
print(f"购买用户人均点击数：{type_df.loc['user_b'].pv/sum_user_b:.2f}")
print(f"非购买用户人均点击数：{type_df.loc['user_nob'].pv/count_user_nob:.2f}")
```

4）执行命令 python action.py，运行结果如图 8-31 所示。

```
Name: timestamp, Length: 1000000, dtype: object
购买用户数: 6259
商品数: 360491
购买用户人均点击数: 89.55
非购买用户人均点击数: 61.26
```

图 8-31　购买用户和非购买用户人均点击数

5）也可根据上述统计数据计算用户流失率、用户二次购买率、用户转化率。

```
# 按 userid 进行分组
groupby_userid = df.groupby(by=df.userid)
# 使用 unstack()展开为 dataframe
user_type = groupby_userid.type.value_counts().unstack()

# 流失率：只有点击而没有购买行为
pv_users = user_type[user_type['pv'] == user_type.sum(axis=1)]
# 使用 shape[0]取出行数
nobuy_rate = pv_users.shape[0]/ sum_users

# 二次购买率：第二次购买行为
user_b_agin = user_type[user_type['buy'] >= 2].shape[0]
user_b = user_type[user_type['buy'] >= 1].shape[0]
bagin_rate = user_bagin/user_b
# 显示信息
print("流失率:{:.2f}%".format(nobuy_rate*100))
print("二次购买率:{:.2f}%".format(bagin_rate*100))
```

以某购物平台为例，收集用户行为数据，如活跃人数、页面浏览量、访问时长、浏览路径等；收集用户偏好数据，如登录方式、浏览内容、评论内容、互动内容、品牌偏好等；收集用户交易数据，如客单价、回头率、流失率、转化率和促活率等。收集这些指标性的数据，便于对用户进行有针对性、目的性的运营。

行为建模就是根据用户行为数据进行建模。通过对用户行为数据进行分析和计算，为用户打上标签，可得到用户画像的标签建模，即搭建用户画像标签体系，标签建模主要是基于原始数据进行统计、分析和预测，从而得到事实标签、模型标签与预测标签。

以今日头条的文章推荐机制为例，通过机器分析提取用户关键词，按关键词贴标签，给文章打上标签，给用户打标签。接着内容投递冷启动，通过智能算法推荐，将内容标签跟用户标签相

匹配，把文章推送给对应的人，实现内容的精准分发。

用户画像的核心是为用户打标签，即将用户的每个具体信息抽象成标签，利用这些标签将用户形象具体化，从而为用户提供有针对性的服务。以李二的用户画像为例，将其年龄、性别、婚否、职位、收入、资产标签化，通过场景描述，挖掘用户痛点，从而了解用户动机。其中将 21～30 岁作为一个年龄段，薪资 20～25（千元）作为一个收入范围，利用数据分析得到数据标签结果，最终满足业务需求，从而让构建用户画像形成一个闭环。

除了上述的基本方法之外，还有 User-based CF、Content-based CF、MF-SVD、Item-based CF、Item-to-Item CF、SlopeOne、FunkSVD、RBCF、PMF、BPR、TrustWalker、FM、SLIM、DSSM、SoRec、SBPR、GBDT 等方法，通过概率图模型、社交信息构造、隐式反馈建模用户偏好、数据稀疏场景、User 及 Item 独立网络构建等方式，实现用户行为挖掘及推荐。

## 8.4.2 基于神经网络的挖掘

随着图神经网络的快速发展，基于神经网络的推荐框架和库出现了很多，如 NGCF（Neural Graph Collaborative Filtering）、ComiRec（Controllable Multi-Interest Framework for Recommendation）、NeuRec（Neural Recommender library）等。

NGCF 模型属于协同过滤（Collaborative Filtering，CF），其基本思路是行为相似的用户，表现出对于商品的相似喜好，包含两个关键组件：embedding 组件（向量表示）和 intercation modeling 组件（交互模型）。embedding 组件转换用户 users 和商品 items 为向量表示，intercation modeling 组件基于向量表示重构历史的交互行为。此模型已经被内置在 NeuRec 库中。

ComiRec 属于协同多兴趣模型，包含多个兴趣提取模块（dynamic routing 算法和基于 self-attention 方法），从用户点击行为中挖掘用户感兴趣的多系列商品 item IDs，然后把 item IDs 输入 Embedding 层，转换为 item embeddings，并生成兴趣 embedding 进行模型训练和服务，在 Training（模型训练）阶段通过采样的 softmax loss 方法完成训练，在 Serving（服务）阶段，每个兴趣 embedding 独立选取 top-N 最近商品 items，输入聚合模块，然后聚合模块生成整体的 top-N 商品 items，并推荐给用户。过程如图 8-32 所示。

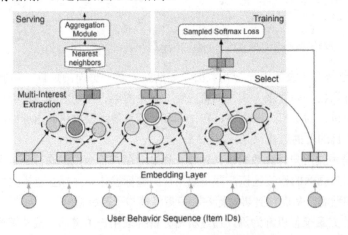

图 8-32　ComiRec 模型训练及推荐过程

NeuRec 是一个包含大量神经推荐模型、应用于推荐系统的开源 Python 库，其特点为跨平台、配置灵活、可拓展、多线程，内置了 33 个最好的神经网络模型和算法评价接口，评价方法有 Precision、Recall、MAP、NDCG、MRR 等，基本结构如图 8-33 所示。

1）安装 NeuRec 库，命令如下。

```
pip install neurec
```

或直接网上下载 NeuRec 库源码。

2）命令行编译评价 cpp 文件，执行命令：python setup.py build_ext –inplace，结果如图 8-34 所示。

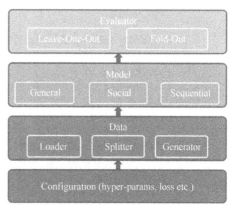

图 8-33　NeuRec 框架

```
D:\ziliao20200526\tuijian2020\NeuRec-master>python setup.py build_ext --inplace
Warning: passing language='c++' to cythonize() is deprecated. Instead, put '# distutils: language=c++' in your .pyx or .
pxd file(s)
running build_ext
building 'cpp_evaluator' extension
creating build
creating build\temp.win-amd64-3.8
creating build\temp.win-amd64-3.8\Release
C:\Program Files (x86)\Microsoft Visual Studio\2019\Professional\VC\Tools\MSVC\14.26.28801\bin\HostX86\x64\cl.exe /c /no
logo /Ox /W3 /GL /DNDEBUG /MD -ID:\Programs\Python\Python38\lib\site-packages\numpy\core\include -ID:\ziliao20200526\tui
jian2020\NeuRec-master\evaluator/backend/cpp/include -ID:\ziliao20200526\tuijian2020\NeuRec-master\util/cython/include -
ID:\Programs\Python\Python38\include -ID:\Programs\Python\Python38\include "-IC:\Program Files (x86)\Microsoft Visual St
udio\2019\Professional\VC\Tools\MSVC\14.26.28801\ATLMFC\include" "-IC:\Program Files (x86)\Microsoft Visual Studio\2019\
Professional\VC\Tools\MSVC\14.26.28801\include" "-Id:\Windows Kits\10\include\10.0.18362.0\ucrt" "-ID:\Windows Kits\10\i
nclude\10.0.18362.0\shared" "-ID:\Windows Kits\10\include\10.0.18362.0\um" "-ID:\Windows Kits\10\include\10.0.18362.0\wi
nrt" "-ID:\Windows Kits\10\include\10.0.18362.0\cppwinrt" /EHsc /Tpcpp_evaluator.cpp /Fobuild.temp.win-amd64-3.8\Release
\cpp_evaluator.obj -std=c++11
cl: 命令行 warning D9002 :忽略未知选项 "-std=c++11"
cpp_evaluator.cpp
```

图 8-34　编译评价 cpp 文件

3）在属性配置文件 NeuRec.properties 中，配置 model、dataset、pre-processing/ filtering、data splitting、evaluating 相关模块的参数。

```
######## model 模型，使用默认的 MF 算法
recommender=MF
# model configuration directory
config_dir=./conf

gpu_id=0
gpu_mem=0.5

######## dataset 数据集
data.input.path=dataset
data.input.dataset=ml-100k

# data.column.format = UIRT, UIT, UIR, UI
data.column.format=UIRT

# separator "\t" " ",":","::", ","
data.convert.separator='\t'

######## pre-processing/filtering 预处理/过滤
user_min=0
```

309

```
item_min=0

######## data splitting 数据分割比例
# splitter = ratio, loo, given
splitter=ratio
# train set ratio if splitter=ratio
ratio=0.8
by_time=False

######## evaluating  评价方法
# metric = Precision, Recall, MAP, NDCG, MRR
metric=["Precision", "Recall", "NDCG", "MAP", "MRR"]
# topk is int or list of int
topk=[10, 20]
# group_view is list or None, e.g. [10, 20, 30, 40]
group_view=None
rec.evaluate.neg=0
test_batch_size=128
num_thread=8
```

4）创建 main.py 文件执行命令：python main.py，完成载入参数、数据，然后训练模型和评价模型。main.py 文件代码如下。

```
import os
import random
import numpy as np
#import tensorflow as tf          # tensorflow版本<2 使用
import tensorflow.compat.v1 as tf # tensorflow版本>2 使用
tf.disable_v2_behavior()

import importlib
from data.dataset import Dataset
from util import Configurator, tool

np.random.seed(2018)
random.seed(2018)
tf.set_random_seed(2017)
os.environ['TF_CPP_MIN_LOG_LEVEL'] = '2'

if __name__ == "__main__":
    conf = Configurator("NeuRec.properties", default_section="hyperparameters")
    gpu_id = str(conf["gpu_id"])
    os.environ["CUDA_VISIBLE_DEVICES"] = gpu_id

    recommender = conf["recommender"]
    # num_thread = int(conf["rec.number.thread"])

    # if Tool.get_available_gpus(gpu_id):
    #     os.environ["CUDA_VISIBLE_DEVICES"] = gpu_id
    dataset = Dataset(conf)
    config = tf.ConfigProto()
    config.gpu_options.allow_growth = True
```

```
        config.gpu_options.per_process_gpu_memory_fraction = conf["gpu_mem"]
        with tf.Session(config=config) as sess:
            if importlib.util.find_spec("model.general_recommender." + recommender)
is not None:

                my_module = importlib.import_module("model.general_recommender."
+ recommender)

            elif importlib.util.find_spec("model.social_recommender." + recommender)
is not None:

                my_module = importlib.import_module("model.social_recommender." +
recommender)

            else:
                my_module = importlib.import_module("model.sequential_recommender."
+ recommender)

            MyClass = getattr(my_module, recommender)
            model = MyClass(sess, dataset, conf)

            model.build_graph()
            sess.run(tf.global_variables_initializer())
            model.train_model()
```

5）MF 算法训练执行结果如图 8-35 所示。

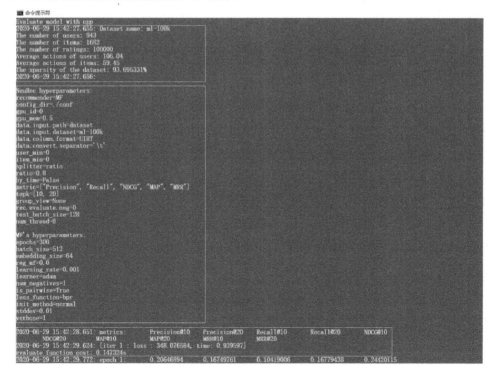

图 8-35 MF 算法训练执行结果

## 8.4.3　行为标签存储

在上述用户行为挖掘中，同样可以使用前述讲解的 HBase 或关系型数据库，或文件.txt 格式、CSV 格式存储用户行为数据，本节以用户的电影兴趣为例，介绍其基本数据存储格式。

1）用户收藏表，记录每个用户收藏的电影，命令如下。

```
create 'favor_mv',{NAME => ' favor_mv ', VERSIONS => 3}
```

其存储数据形式如表 8-14 所示。

表 8-14　用户收藏表存储形式

| rowkey | columnFamily(favor_mv) | | | | |
|--------|-------------|-------------|-------|-----|---------|
| uid | create_date | create_time | mv_id | ... | mv_name |

2）用户评论表，记录每个用户感兴趣电影的评论信息，命令如下。

```
create 'user_comment',{NAME => ' comment ', VERSIONS => 3}
```

其存储数据形式如表 8-15 所示。

表 8-15　用户评论表存储形式

| rowkey | columnFamily(comment) | | | | |
|--------|-------|---------|---------------|-------------|-------------|
| uid | mv_id | comment | comment_image | create_time | create_date |

3）用户搜索表，存放用户在 Web 端搜索相关的日志信息，命令如下。

```
create 'search_log',{NAME => ' searchlogfo ', VERSIONS => 3}
```

其存储数据形式如表 8-16 所示。

表 8-16　用户搜索表存储形式

| rowkey | columnFamily(searchloginfo) | | | | | |
|--------|---------|-----------|-------|------------|----------|----------|
| uid | user_id | search_id | mv_id | visit_time | search_q | tag_name |

其中 search_q 是搜索关键词，tag_name 是标签内容，visit_time 是搜索时间。

在上述基础表上，根据用户行为建立用户行为标签表。

4）用户行为标签表，存放用户行为及标签信息，命令如下。

```
create 'user_tag',{NAME => ' usertaginfo ', VERSIONS => 3}
```

其存储数据形式如表 8-17 所示。

表 8-17　用户行为标签表存储形式

| rowkey | columnFamily(usertaginfo) | | | | | | |
|--------|--------|----------|---------|----------|----------|------------|------|
| uid | tag_id | tag_name | act_num | act_genr | tag_genr | tag_weight | date |

其中 tag_id 是标签 id，tag_name 是标签名称，act_num 是行为次数，act_genr 是行为类型，

tag_genr 是标签类型，tag_weight 是标签权重，date 是用户行为生成标签日期。

## 8.4.4　用户行为关系可视化

在淘宝中用于推荐的用户行为 UserBehavior.csv 数据基础上，从各个维度分析用户的行为，如点击访问行为、时间段访问行为、收藏行为、购买行为、加入购买车行为，及各种行为之间的关系。

在 8.4.1 节中 1～3 步骤的基础上，可视化用户点击访问情况，代码如下。

```python
plt.rcParams['font.sans-serif'] = ['SimHei']      # 避免中文乱码
plt.rcParams['axes.unicode_minus'] = False        # 避免中文乱码
plt.figure(figsize = (10,5))
#分类统计提取点击访问数据
pv = df[df['type'] == 'pv'].groupby('date')['userid'].count()
for x, y in zip(pv.index, pv.values):
    plt.text(x, y+0.3, str(y), ha='center', va='bottom', fontsize=10.5)
plt.plot(pv)
plt.title('用户点击访问 PV 情况')
plt.show()
```

运行结果如图 8-36 所示。

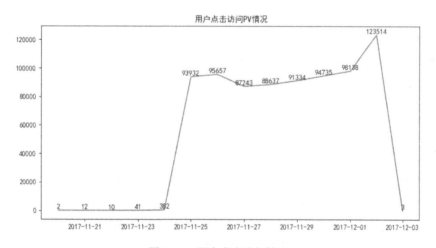

图 8-36　用户点击访问情况

从图 8-36 中可以看出 12 月 2 日是点击访问最大值，11 月 24 日到 25 日是急剧上升，11 月 27 日到 12 月 2 日是缓慢上升的趋势。

还可以可视化用户不同时间段点击访问的情况，代码如下。

```python
hours_pv = df[df['type'] == 'pv'].groupby('hour')['userid'].count()
plt.figure(figsize = (10,5))
for x, y in zip(hours_pv.index, hours_pv.values):
    plt.text(x, y+0.5, str(y), ha='center', va='bottom', fontsize=10.5)
plt.plot(hours_pv)
```

```
h = range(1,24,2)
plt.xticks(h)
plt.title('用户不同时间段点击访问 PV 情况')
plt.show()
```

运行结果如图 8-37 所示，可以看出 19:00—22:00 是用户访问高峰时间段，凌晨 1:00—5:00 是访问低谷时间段。

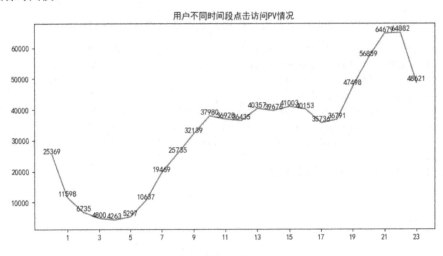

图 8-37　用户不同时间段点击访问情况

可视化用户的不同行为转换关系，基本代码如下。

```
from pyecharts import Funnel
pv_users = df[df['type'] == 'pv']['userid'].count()
fav_users = df[df['type'] == 'fav']['userid'].count()
cart_users = df[df['type'] == 'cart']['userid'].count()
buy_users =df[df['type'] == 'buy']['userid'].count()
attr = ['点击', '加入购物车', '收藏', '购买']
#attr =["pv", "cart", "fav", "buy"]
values = [np.around((pv_users / pv_users * 100), 2),
          np.around((cart_users / pv_users * 100), 2),
          np.around((fav_users / pv_users * 100), 2),
          np.around((buy_users / pv_users * 100), 2)]
funnel = Funnel("用户行为转化漏斗", width=600, height=400, title_pos='center')
#width=600, height=400,
    funnel.add(
        "",
        attr,
        values,
        is_label_show=True,
        label_formatter = '{b} {c}%',
        label_pos="outside",
        is_legend_show =True,
        legend_pos='left',
```

```
        legend_orient='vertical'
)
print(values)
#funnel.show_config()
funnel.render()
```

上述程序运行结果如图 8-38 所示。

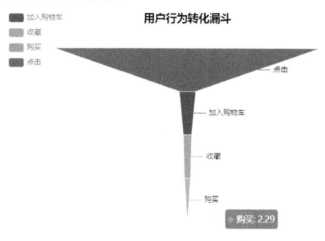

图 8-38　用户不同行为转换图

## 8.5　用户画像前端模块

在 2.4.3 节已经讲述了 Python 在动态网站开发时，使用 Django 框架快速开发 Web 动态网站的基本过程。本节以另外一个高级框架 Flask 为例，介绍 Windows 系统下搭建开发 Python 动态网站前端模块的基本流程和步骤。

在安装 Flask 框架之前，建议安装 virtualenv 或 virtualenvwrapper，建立虚拟环境，以保证建立一个隔离的目录安装动态网站项目需要的所有包，而不与其他项目包产生冲突。

步骤同 8.1.3 节一样，创建画像系统工程 myrecomm，然后下载 bootstrap 包，并将其解压缩后的文件夹，放到工程下 static 文件中，并创建如图 8-39 所示的文件目录。

### 8.5.1　标签综合视图

用户画像系统前端标签综合视图包含人物检索、人物排序、人物画像、群体分析、统计信息、分析信息、特殊重点人物、话题重点人物、排名信息等，如图 8-40 所示。

图 8-39　创建画像系统工程

315

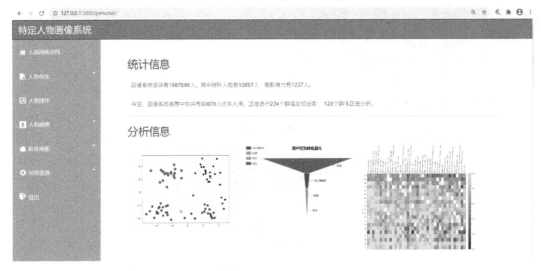

图 8-40　标签综合视图

其基本创建步骤如下。

1）在上述创建的 myrecomm 工程下 app.py 中，添加前端综合视图页面信息路径，代码如下。

```python
from flask import Flask
from flask import render_template
app = Flask(__name__)
@app.route('/')
def hello_world():
    return 'Hello World!'


@app.route('/index/')
@app.route('/index/<name>')
def portrait(name=None):
    return render_template('index.html', name=name)
# 路径到 template 文件下的 personal.html 文件
@app.route('/personal/')
def overview():
    return render_template('personal.html')


if __name__ == '__main__':
    app.run(debug=True, host='127.0.0.1')
```

2）创建静态模板文件 base.html，代码如下。

```html
<!doctype html>
<head>
  <!-- html head -->
  {% block head_meta %}
  <meta charset="utf-8" />
  <!-- Always force latest IE rendering engine (even in intranet) & Chrome
Frame -->
```

```
<meta http-equiv="X-UA-Compatible" content="IE=edge,chrome=1" />
<!-- Mobile viewport optimized: h5bp.com/viewport -->
<meta name="viewport" content="width=device-width">


<meta name="robots" content="noindex, nofollow">
<meta name="description" content="MetroUI-Web : Simple and complete web UI
framework to create web apps with Windows 8 Metro user interface." />
<meta name="keywords" content="metro, metroui, metro-ui, metro ui, windows
8, metro style, bootstrap, framework, web framework, css, html" />
<meta name="author" content="AozoraLabs by Marcello Palmitessa"/>
{% endblock head_meta %}
<title>{% block title %}{% endblock title %}</title>

<link rel="stylesheet" type="text/css" href="/static/content/css/bootstrap.css">
<link rel="stylesheet" type="text/css" href="/static/css/font/iconfont.css">
<link rel="stylesheet" type="text/css" href="/static/content/css/bootstrap.min.
css">
<link rel="stylesheet" type="text/css" href="/static/content/css/bootstrap-
responsive.css">
<link rel="stylesheet" type="text/css" href="/static/content/css/bootmetro.
css">
<link rel="stylesheet" type="text/css" href="/static/content/css/bootmetro-
tiles.css">
<link rel="stylesheet" type="text/css" href="/static/content/css/bootmetro-
charms.css">
<link rel="stylesheet" type="text/css" href="/static/content/css/metro-ui-
light.css">
<link rel="stylesheet" type="text/css" href="/static/content/css/icomoon.
css">
<link rel="stylesheet" type="text/css" href="/static/content/css/charisma-
app.css">
<link rel="stylesheet" type="text/css" href="/static/content/css/colorbox.
css">
<link rel="stylesheet" type="text/css" href="/static/content/css/jquery.
iphone.toggle.css">
<link rel="stylesheet" type="text/css" href="/static/content/css/jquery.
dataTables.min.css">
<link href="/static/content/css/city-picker.css" rel="stylesheet" type=
"text/css" />
<link rel="stylesheet" type="text/css" href="/static/content/css/uploadify. css">
<!-- bower_components css -->
<link href='/static/bower_components/chosen/chosen.min.css' rel='stylesheet'>
<link href='/static/bower_components/colorbox/example3/colorbox.css' rel=
'stylesheet'>
<link href='/static/bower_components/responsive-tables/responsive-tables.
css' rel='stylesheet'>
<link href='/static/bower_components/bootstrap-tour/css_js/css/bootstrap-tour.
min.css' rel='stylesheet'>
<!-- daohang -->
```

```html
        <link rel="stylesheet" type="text/css" href="/static/content/css/font-awesome.min.css" >
        <link rel="stylesheet" type="text/css" href="/static/content/css/templatemo_main.css" >

        <!-- these two css are to use only for documentation -->
        <link rel="stylesheet" type="text/css" href="/static/content/css/demo.css">
        <link rel="stylesheet" type="text/css" href="/static/scripts/google-code-prettify/prettify.css" >
        <link rel="stylesheet" type="text/css" href="/static/content/css/table_custom.css" >

        <!-- Le fav and touch icons -->
        <link rel="shortcut icon" href="/static/content/ico/favicon.ico">
        <link rel="apple-touch-icon-precomposed" sizes="144x144" href="/static/content/ico/apple-touch-icon-144-precomposed.png">
        <link rel="apple-touch-icon-precomposed" sizes="114x114" href="/static/content/ico/apple-touch-icon-114-precomposed.png">
        <link rel="apple-touch-icon-precomposed" sizes="72x72" href="/static/content/ico/apple-touch-icon-72-precomposed.png">
        <link rel="apple-touch-icon-precomposed" href="/static/content/ico/apple-touch-icon-57-precomposed.png">
        <style>
        #nav-bar .dropdown-menu .divider{
            height:2px;
        }
        *{font-family: 微软雅黑}
        .templatemo-content .search_name {
            background-color: #DAD9D9;
            font-weight: bold;
            width: 85px;
            text-align: center;
            vertical-align: middle;
        }
        .templatemo-sidebar a:hover{
          color:#0F1010;
        }
        #supersearch td {
            border: 1px solid #c5c1c1;
            text-align: left;
        }
        #supersearch label {
            font-weight: normal;
        }
        .portrait_button{
            background-clip: border-box;
background-color: rgb(70, 23, 180);
border-color: transparent;
color: #FFF;
        }
```

```
        </style>
        {% block custom_css %}

        {% endblock custom_css %}

        <!-- All JavaScript at the bottom, except for Modernizr and Respond.
            Modernizr enables HTML5 elements & feature detects; Respond is a
polyfill for min/max-width CSS3 Media Queries
            For optimal performance, use a custom Modernizr build: www.
modernizr.com/download/ -->
        <script src='/static/scripts/jquery-1.8.2.min.js'></script>
        <script src="/static/bower_components/bootstrap/css_js/js/bootstrap.min.
js"></script>

        <script src="/static/scripts/modernizr-2.6.1.min.js"></script>


        <script type="text/javascript" src="/static/scripts/google-code-prettify/
prettify.js"></script>
        <script type="text/javascript" src="/static/scripts/jquery.mousewheel.
js"></script>
        <script type="text/javascript" src="/static/scripts/jquery.scrollTo.js">
</script>
        <script type="text/javascript" src="/static/scripts/jquery.dataTables.min.
js"> </script>
        <script type="text/javascript" src="/static/scripts/jquery.cookie.js">
</script>
        <!-- calender plugin -->
        <script src='/static/bower_components/moment/min/moment.min.js'></script>
        <script src='/static/bower_components/fullcalendar/css_js/fullcalendar.min.
js'></script>
        <!-- select or dropdown enhancer -->
        <script src="/static/bower_components/chosen/chosen.jquery.min.js"></script>
        <!-- plugin for gallery image view -->
        <script src="/static/bower_components/colorbox/jquery.colorbox-min.js"></script>
        <!-- notification plugin -->
        <script src="/static/scripts/jquery.noty.js"></script>
        <!-- library for making tables responsive -->
        <script src="/static/bower_components/responsive-tables/responsive-tables.
js"></script>
        <!-- tour plugin -->
        <script src="/static/bower_components/bootstrap-tour/css_js/js/bootstrap-
tour.min.js"></script>
        <script type="text/javascript" src="/static/scripts/jquery.raty.min.js">
</script>
        <script type="text/javascript" src="/static/scripts/jquery.history.js">
</script>
        <script type="text/javascript" src="/static/scripts/jquery.autogrow-
textarea.js"></script>
        <script type="text/javascript" src="/static/scripts/jquery.iphone.toggle.
```

```
js"></script>
          <script type="text/javascript" src="/static/scripts/jquery.uploadify-3.1.
min.js"></script>
          <script src="/static/scripts/city-picker.data.js"></script>
          <script src="/static/scripts/city-picker.js"></script>
          <script type="text/javascript" src="/static/scripts/bootmetro.js"></script>
          <script type="text/javascript" src="/static/scripts/bootmetro-charms.js">
</script>
          <script type="text/javascript" src="/static/scripts/demo.js"></script>

          <script type="text/javascript" src="/static/scripts/holder.js"></script>

          <script type="text/javascript" src="/static/scripts/echarts.js"></script>
          <script type="text/javascript" src="/static/scripts/echarts-all.js"></script>
          <script type="text/javascript" src="/static/scripts/highstock.js"></script>

          <script src='/static/scripts/time_for_test.js'></script>
        {% block custom_js %}

        {% endblock custom_js %}
    </head>

    <body data-accent="blue" style="padding-top:0px;padding-bottom:0px">
      <!-- Prompt IE 6 users to install Chrome Frame. Remove this if you support
IE 6.
          chromium.org/developers/how-tos/chrome-frame-getting-started -->
      <!--[if lt IE 7]><p class=chromeframe>Your browser is <em>ancient!</em> <a
href="http:// browsehappy.com/">Upgrade to a different browser</a> or <a href=
"http://www.google.com/chromeframe/ ?redirect= true">install Google Chrome Frame</a> to
experience this site.</p><![endif]-->
          <div class="navbar navbar-inverse" role="navigation" style="
          position: fixed;
          top: 0px;
          width: 100%;
          z-index: 4;
          background-color: #0B90C4;

      ">
          <div class="navbar-header" >
            <div class="logo" ><h1 style="color:#FFF" >特定人物画像系统</h1></div>
          </div>
          </div>
          <div >
          <div class="navbar-collapse collapse templatemo-sidebar" style="margin:
0px;/*background:url (/static/img/back_left.png);box-shadow: 5px 6px 21px rgba(12,
11,11,0.8);*/background-size: 100%; background-attachment: fixed;position: fixed;top:
50px;background-color:#A9A4A4">
              <ul class="templatemo-sidebar-menu" id='left_menu' style="overflow-
y:auto;height:668px;">
        <!--          <li>
```

```html
                            <form class="navbar-form">
                                <input type="text" class="form-control" id="templatemo_search_
box" placeholder= "Search...">
                                <span class="btn btn-default">Go</span>
                            </form>
                        </li> -->
                        <li ><a href="/index/personal/" id="base_overview"><i class="icon
iconfont" style="font-weight: lighter; font-size: 18px;">&#xe610;</i>人物画像系统</a>
</li>

                        <li class="sub ">
                        <a href="javascript:;">
                            <i class="icon iconfont" style="font-weight: lighter; font-size:
18px;">&#xe603;</i>人物检索 <div class="pull-right"><span class="caret"></span></div>
                        </a>
                        <ul class="templatemo-submenu">
                            <li><a href="/index/search_portrait/">    
   库内属性检索</a></li>
                            <li><a href="/index/search_context/">     
 背景信息检索</a></li>
                        </ul>
                        </li>
                        <li><a href="/index/influence/"><i class="icon iconfont" style=
"font-weight: lighter; font-size: 18px;">&#xe60a;</i>人物排序</a></li>
                        <li class="sub ">
                        <a href="javascript:;">
                            <i class="icon iconfont" style="font-weight: lighter; font-size:
18px;">&#xe606;</i>人物画像 <div class="pull-right"><span class="caret"></span></div>
                        </a>
                        <ul class="templatemo-submenu">
                            <li><a href="/index/portrait/">       
查看人物画像</a></li>
                            <li><a href="/index/connect/">      
人物关联分析</a></li>
                        </ul>
                        </li>
                        <li class="sub ">
                        <a href="javascript:;">
                            <i class="icon iconfont" style="font-weight: lighter; font-
size: 18px;">&#xe612;</i>群体分析 <div class="pull-right"><span class="caret"></span>
</div>
                        </a>
                        <ul class="templatemo-submenu">
                            <li><a href="/index/groupfind/">     
 群体发现</a></li>
                            <li><a href="/index/grouplist/">     
 群体分析</a></li>
                        </ul>
                        </li>
```

```
                <li class="sub ">
                  <a href="javascript:;">
                    <i class="icon iconfont" style="font-weight: lighter; font-size:
18px;">&#xe61a;</i>画像系统管理 <div class="pull-right"><span class="caret"></span>
</div>
                  </a>
                  <ul class="templatemo-submenu">
                    <li><a href="/index/recommend_in/">     
 入库推荐</a></li>
                      <li><a href="/index/tag_manage/">     
 自定义标签</a></li>
                  </ul>
                </li>
                <li ><a href="/logout/" id="base_overview"><i class="icon iconfont"
style="font-weight: lighter; font-size: 18px;">&#xe61e;</i>登出</a></li>
          <!--               <li><a href="/index/recommend_in/"><i class="fa fa-map-
marker"></i>入库管理</a></li>
                <li><a href="/index/tag_manage/"><i class="fa fa-cog"></i>系统标签管
理</a></li>
                <li><a href="/index/tag_search/">用户标签标注</a></li>
                <li><a href="/index/group_task/" ><i class="fa fa-sign-out"></i>系统
监控管理</a></li>
                <li><a href="/index/group_search/">画像系统用户监控</a></li> -->
            </ul>
          </div>

          <div class="templatemo-content" style="overflow-x:visible; min-height:
670px;/*background:  url (/static/img/back.jpg);  background-size:  100%;background-
attachment: fixed;*/margin-top:50px">
                    {% block body %}
                        {% endblock body %}
            </div>
          </div>

          <script type="text/javascript">
            $(".metro").metro();

          var a = document.getElementById('left_menu');
          var b = document.getElementById('content_menu');
          console.log(window.screen.availHeight);
          a.style.height=window.screen.availHeight -60+'px';
          $(".templatemo-sidebar-menu a").each(function(){
            $this=$(this);
            if($this[0].href==String(window.location)){
              $this.parent().addClass('active');
              if($this.parent().parent().parent().hasClass('sub')){
                $this.parent().parent().parent().addClass('open');
              }
            }
```

```
        });
      </script>
        <!--导航 -->
      <script type="text/javascript" src="/static/scripts/Chart.min.js"></script>
      <script type="text/javascript" src="/static/scripts/templatemo_script.js">
</script>
        {% block end_js %}

        {% endblock end_js %}
      </body>
    </html>
```

3）在工程下 template 文件夹中创建 personal.html 文件。应用 Flask 的{% extends %}、{% block title %}等标签加载静态文件。

先定义好一个父模板 base.html，然后在模板中需要变化的地方使用{% block %}标签定义一个接口，并给不同的接口取相应的名字，方便子模板中调用。例如，{% block title %}{% endblock %} 和 {% block content %}<p style="background: red">是父模板中的代码</p>{% endblock %}，然后新建一个 personal.html 文件，继承 templates 文件夹中 index 文件夹下的 base.html 文件。personal.html 文件的代码如下。

```
        {% extends "index/base.html" %}
        {% block title %}画像系统{% endblock title %}
        {% block subtitle %}画像系统{% endblock subtitle %}
        {% block custom_css %}
        {{ super() }}
          <link rel="stylesheet"href="/static/custom/css/overview.css"media="screen" />
          <link  rel="stylesheet"  href="/static/custom/css/jelevator.css"   media=
"screen" />
          <style>
          .box{width:310px;height:300px;float:left;}
          .important{}
          #page {height:2900px;}
          basic span {color:red;}
          /*h2 {font-family:'微软雅黑';}*/
          li{list-style-type:none}
          .pageList ul li{float:left;margin-left:20px;}
          </style>
        {% endblock custom_css %}

        {% block body %}
          <div id="page">
              <div id="content">
                  <h2>统计信息</h2>
                  <div id='basic'>
                      <p style="margin-top:30px;margin-left:10px;">画像系统总共有
<span id="totalNumber"></span>人。其中特殊人物有<span id="sensitiveN"></span>人，高影响
力有<span id="hinfluence"></span>人。</p>
                      <p style="margin-top:30px;margin-left:10px;">今日，画像系统推荐
```

```
中总共有<a href='/index/recommend_in/' target='_blank'><span id="storeNumber"></span>
</a>人还未入库。正在进行 <a href='/index/group_identify/'target='_blank'><span id=
"groupN"> </span></a>234个群组发现任务，
                        <a href='/index/group_list/' target='_blank'><span id="gtotal">
</span></a>个群体正在分析。

                    </div>
                    <hr>
                    <h2>分析信息</h2>
                    <div class="count" style="height:300px;margin-top:10px;">

                        <div id="clusteringAnalysis" class="box"> <img src="{{ url_for
('static', filename= 'img/clustering.gif') }}" width="300" height="200"> </div>
                        <div id="actionAnalysis" class="box"> <img src="{{ url_for
('static', filename= 'img/ludou.jpg') }}" width="300" height="200"> </div>
                        <div id="moviehotAnalysis" class="box"> <img src="{{ url_for
('static', filename= 'img/movie_rating.jpg') }}" width="300" height="200"> </div>

                    </div>

                    <hr style="width:970px;">
                    <h2 >特殊重点人物</h2>
                    <span style="float:right;cursor:pointer;margin-top:-30px;margin-right:
50px;" type="button" data-toggle="modal" data-target="#more_domain"><u>查看更多</u></span>
                    <div class="important" id="domain_portrait"></div>
                    <hr>
                    <h2>话题重点人物</h2>
                    <!--
                    <div style="float:right;cursor:pointer;margin-top:-30px;margin-right:
50px;" type="button" data-toggle="modal" data-target="#more_topic"><u>查看更多</u></div>
                    -->
                    <div class="important" id="topic_portrait"></div>
                    <div class="clear"></div>

                    <hr>

                    <h2>排名信息</h2>
            <div style="padding:10px;">
                        <span style='font-size:16px;'>影响力排名</span>
                        <span type="button" data-toggle="modal" data-target="#rank_
influence" style= 'font-size:16px;margin-left:140px;cursor:pointer'><u>查看更多</u> </span>
                        <span style="margin-left:30px;font-size:16px;">重要度排名</span>
                        <span data-toggle="modal" type="button"data-target="#rank_
important" style= 'font-size:16px;margin-left:130px;cursor: pointer'><u>查看更多</u></span>
                        <span style="margin-left:35px;font-size:16px;">活跃度排名</span>
                        <span type="button"data-toggle="modal" data-target="#rank_
activeness" style= 'font-size:16px;margin-left:130px;cursor: pointer'><u>查看更多</u>
</span>

                    </div>
```

```
                        <div    class="table-responsive"id='top_influence'   style='overflow-
x:hidden;width:300px; height: 250px;float:left;'>
                        </div>
                        <div class="table-responsive"id='importance' style='overflow-x:
hidden;width:300px; height:250px;float:left;margin-left:25px;'>
                        </div>
                        <div class="table-responsive"id='top_activeness' style='overflow-
x:hidden;width: 300px; margin-right:20px;height:250px;float:left;margin-left:25px;'>
                        </div>

                        <div style="padding:10px;">
                            <span style='font-size:16px;;'>敏感度排名</span>
                            <span  type="button"data-toggle="modal"  data-target="#rank_
sensitive"  style=  'font-size:16px;margin-left:140px;cursor:  pointer'><u>查看更多</u>
</span>
                            <span style="margin-left:30px;font-size:16px;;">转发量排名</span>
                            <span  type="button"data-toggle="modal"  data-target="#rank_
retweeted"  style='font-size:16px;margin-left:130px;cursor:  pointer'><u>查看更多</u>
</span>
                            <span style="margin-left:35px;font-size:16px;;">评论量排名</span>
                            <span  data-toggle="modal"  type="button"data-target="#rank_
comment"  style=  'font-size:16px;margin-left:130px;cursor:  pointer'><u>查看更多</u>
</span>
                        </div>
                        <div class="table-responsive" id='top_sensitive' style='overflow-
x:hidden;width:300px; height:250px;float:left;'>
                        </div>
                        <div class="table-responsive" id='sensitive_hot_retweet' style=
'overflow-x:hidden; width: 300px; height:250px;float:left;margin-left:25px;'>
                        </div>
                        <div class="table-responsive" id='sensitive_hot_comment' style=
'overflow-x:hidden;width:300px;height:250px;margin-right:20px;float:left;margin-left:
25px;'>
                        </div>

            </div>
```

## 8.5.2　单个用户画像

单个用户信息可以从多个维度进行画像。单个用户画像包含个人画像信息和人物基本分析两个模块，分别针对社交应用场景下个人信息基本描述、个人标签信息、个人画像信息、用户详细属性、相似用户等进行画像分析。同时，从人物基本关系的关联维度：行业、关键词、立场倾向性、话题、地理位置及其群体进行分析和图示展现。

1）在 app.py 文件中添加路径信息，如下所示。

```
@app.route('/index/userportrait/')
def portraits():
    return render_template('index/portrait.html')
```

2）在工程下 template 文件夹中 index 文件夹下创建 portrait.html 文件，并通过查询提取用户画像数据信息，部分代码如下。

```
{% extends "index/base.html" %}
{% block title %}个人详情{% endblock title %}

{% block custom_css %}
{{ super() }}
<link type="text/css" href="/static/personal/css/style.css" rel="stylesheet"/>
<link type="text/css" href="/static/personal/css/basic.css" rel="stylesheet"/>
<link type="text/css" href="/static/personal/css/framestyle.css" rel="stylesheet"/>

{% endblock custom_css %}

{% block head_js %}
{{ super() }}

{% endblock head_js %}

{% block body %}
<div id="basicwrapper">
    <!-- end #menu -->
    <div id="basicpage">
    <div id="basicpage-bgtop">
    <div id="basicpage-bgbtm">
        <div class="framepost" id="frametopbar" style="height:250px;">
            <h3 class='title' style="background:#f5f5f5;padding:5px;">个人信息</h3>
            <div    style="width:180px;    float:left;margin:10px;margin-left:40px;
padding-left:40px;padding- top:10px;"><span  class="img-photo"><img  id="portraitImg"
src="/static/img/zhangsan.jpg" alt="Photo" width="170" height="170" /></span></div>
                <div   style="width:750px;  float:left;padding-top:10px;padding-right:
10px;margin-left:10px;">
                    <div style="margin-left:80px;height:70px; margin-bottom: 8px;">
                        <div style="width:640px; float:left;">
                            <span class="nickname" id="nickname"></span>
                            <a  style="font-size:15px;margin-left:15px;cursor:pointer;"
onclick="detail_load();"> 用户详细属性</a>
                            <a id="contact" target="_blank" style="font-size:15px;
margin-left:15px; cursor:pointer;">相似用户分析</a>
                            <div class="PersonPre" style="margin-bottom:5px;">
                                <span class="lightw">个人描述: </span>
                                <span  class=""  style="font-family: " 宋 体 ";"  id=
"portraitDetail"></span>
                            </div>
                        </div>
                    </div>

                </div>
            </div>
            <div style="width:750px; float:left;margin-left:10px;">
                <div  style="margin-left:80px;height:90px;font-weight:bold;font-
```

```
size:14px;margin-right: 10px;border-style:solid;border-width: 1px; padding: 5px; border-
color: #CCCCCC; background-color: #f5f5f5;">
                            <div class="cols" style="width:750px;margin-top:0px;">
                                <div style="width:230px;height:40px;float:left;">
                                    <span class="lightw fleft lineh42 mright38">用户
ID:</span>
                                    <span class="fleft lineh42 mright38"id="userId">#</span>
                                </div>
                                <div style="width:145px;height:40px;float:left;">
                                    <span class="lightw fleft lineh42 mright38">注册地:
</span>
                                    <span class="fleft lineh42 mright38"id="userLocation">#
</span>
                                </div>
                                <div style="width:145px;height:40px;float:left;">
                                    <span class="lightw fleft lineh42 mright38"> 性
   别:</span>
                                    <span class="fleft lineh42 mright38" id="userGender">#
</span>
                                </div>
                                <div style="width:200px;height:40px;float:left;">
                                    <span class="lightw fleft lineh42 ">创建时间:</span>
                                    <span class="fleft lineh42 " id="created" >#</span>
                                </div>
                            </div>
                            <div class="cols" style="width:700px;margin-top:0px;">
                                <div style="width:230px;height:40px;float:left;">
                                    <span class="lightw fleft lineh42 mright38">粉丝
数:</span>
                                    <span class="fleft lineh42 mright38" id="userFans" >
120343</span>
                                </div>
                                <div style="width:145px;height:40px;float:left;">
                                    <span class="lightw fleft lineh42 mright38">关注
数:</span>
                                    <span class="fleft lineh42 mright38" id="userFriend" >
3456</span>
                                </div>
                                <div style="width:145px;height:40px;float:left;">
                                    <span class="lightw fleft lineh42 mright38">微博
数:</span>
                                    <span class="fleft lineh42 mright38" id="userWeibo" >
1203</span>
                                </div>
                                <div style="width:100px;height:40px;float:left;">
                                    <span class="lightw fleft lineh42 ">认证类型:</span>
                                    <span class="fleft lineh42 " id="verify_type" >手机
</span>
                                </div>
                            </div>
```

```
                </div>
            </div>
        </div>
        <div id="framesidebar"style="float:left;width:28%;height:auto;border:
#555 solid 1px; background: #f5f5f5">
                <ul style="margin-left:0px;">
                    <li>
                        <h3 style="padding:5px;background:#f5f5f5;" class="title">
备注信息</h3>
                            <span style="width:100%;margin-left:30px;margin-top:10px;
font-size:14px;"> 个人标签: </span>
                        <ul style="padding:0px;">
                            <div id="ptag" class="fleft" style="font-size:14px;
width: 240px;margin-top:20px;">
                                <!--
                                <div class="tagClo fleft" ><span style="color: red;">
test1</span>: <span class="tagbg"><span>tag1<span><a id="delIcon"></a></span></div>
                                <div class="tagClo fleft" ><span style="color:red;">
test1</span>: <span class="tagbg"><span>tag1<span><a id="delIcon"></a></span></div>
                                -->
                            </div>
                            <div id="addM" style="font-size:14px;border-bottom:solid
1px lightgrey; border-top:solid 1px lightgrey;width:240px;padding-top:20px;padding-
bottom:20px;padding-right:25px;" class= "fleft">
                                <div >
                                    <span style="margin-left:10px;">选择类别</span>
                                    <span id="attribute_name_zh"style="margin-left:
10px">

                                    </span>
                                </div>
                                <div style="margin-top:20px;">
                                    <span style="margin-left:10px">选择标签: </span>
                                    <span id="attribute_value_zh" style="margin-left:
10px">

                                    </span>
                                </div>
                                <span style=""><button class="btn btn-primary btn-
sm" style= "width:80px;height:30px;margin-top:30px;margin-left:30px;float:right;" id=
"add_person_tag_button" title="确定选择"onclick="add_person_tag()">添加</button> </span>
                            </div>
                            <div style="margin-top:0px;padding:0px;float:left;">
                                <span style="width:100%;margin-left:10px;font-size:
14px;">所在群组: </span>
                                <ul style="float:left;width:245px;padding-top:20px;
font-size:14px;" id="group_tag">
                                </ul>
                            </div>
                            <div class="PersonPre" style="margin-top:0px;padding:
```

```
10px;float:left;font- size:14px;"><span class="lightw">备注：</span>
                                    <span style="font-family: '宋体';"id="extraDetail">
</span>
                                </div>
                        </ul>
                    </li>
                </ul>
            </div>
            <div id="framecontent" style="float:right;width:70%;">
                <div class="framepost">
                    <h3 class="title" style="background:#f5f5f5;padding:5px;">个人
画像信息</h3>
                    <div class="entry">
                        <div style="height:160px;width:100%;" id='overview'>
                            <!--
                            <div style='height:150px;width:10%;float:left;'>
                                <select style='margin-top:108px;margin-left:10px;
width:20px;' id= 'status_option'>
                                    <option value='latest'>最新</option>
                                    <option value='longterm'>长期</option>
                                </select>
                            </div>
                            -->
                            <table style="height:150px;width:90%;">
                                <tr>
                                    <td style="text-align:center;vertical-align:middle;
width:25%;"> <img src="/static/img/active.png" style="height:80px"></td>
                                    <td style="text-align:center;vertical-align:middle;
width:25%;"> <img src="/static/img/important.png" style="height:80px"></td>
                                    <td style="text-align:center;vertical-align:middle;
width:25%;"> <img src="/static/img/influence.png" style="height:80px"></td>
                                    <td style="text-align:center;vertical-align:
middle;width: 25%;"><img src="/static/img/sensitive.png" style="height:80px"></td>
                                </tr>
                                <tr style='font-size:14px;'>
                                    <td style="text-align:center;vertical-align:middle">
                                        <span class=" red" id="APnum"></span>(No.
<span id= "APrank"> </span>10<span id="APsum"></span>)
                                    </td>
                                    <td style="text-align:center;vertical-align:middle">
                                        <span class=" red" id="IPnum"></span>(No.
<span id= "IPrank"></span>100<span id="IPsum"></span>)
                                    </td>
                                    <td style="text-align:center;vertical-align:middle">
                                        <span class=" red" id="FPnum"></span>(No.
<span id= "FPrank"></span>top5<span id="FPsum"></span>)
                                    </td>
                                    <td style="text-align:center;vertical-align:
middle">
                                        <span class=" red" id="SPnum"></span>(No.
```

```
<span id= "SPrank"></span>top20<span id="SPsum"></span>)
                                    </td>
                            </tr>
                            <tr>
                                    <td style="padding:0px;font-size:14px;text-align:
center;vertical-align:middle"><b>活跃度</b></td>
                                    <td style="padding:0px;font-size:14px;text-align:
center;vertical-align:middle"><b>重要度</b></td>
                                    <td style="padding:0px;font-size:14px;text-align:
center;vertical-align:middle"><b>影响力</b></td>
                                            <td style="padding:0px;font-size:14px;text-
align:center; vertical-align:middle"><b>敏感度</b></td></tr>
                            </table>
                    </div>
                    <div class="m-wrap" style="margin-top:50px;">
                        <ul id="vector_table"class="clearfix">
                        </ul>
                    </div>
                </div>
            </div>
        <!--<div style="clear: both;"> </div>-->
        </div>

        <!-- end #sidebar -->
        <!--<div style="clear: both;"> </div>-->
    </div>
    </div>
    </div>
    <!-- end #page -->
</div>
```

3）人物画像信息前端界面如图 8-41 所示。

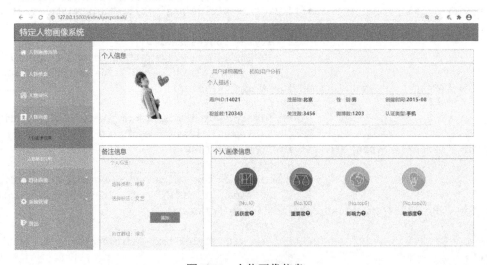

图 8-41   人物画像信息

4）再在 app.py 文件中添加如下代码。

```
@app.route('/index/connect/')
def connet():
    return render_template('index/connect.html')
```

5）在工程下 template 文件夹中 index 文件夹下创建用户个人联系页面 connect.html，继承 base.html 模板，并查询数据信息，部分代码如下。

```
{% extends "index/base.html" %}
{% block title %}人物关联分析{% endblock title %}

{% block custom_css %}
{{ super() }}
<link type="text/css" href="/static/personal/css/style.css" rel="stylesheet"/>
<link type="text/css" href="/static/personal/css/basic.css" rel="stylesheet"/>
<link rel="stylesheet" href="/static/custom/css/overview.css" media="screen" />
<style>
    .caroufredsel_wrapper{
        left: -16px;
    }
    /*.addIcon{background-image:url(../../static/img/add.png);width:32px;
display:inline-block;height: 32px;cursor:pointer;padding-top:10px;}*/
    #box-height span{font-size:13px;}
    /*.addIcon{background-image:url(../../static/img/add.png);width:32px;
display:inline-block;height: 32px;cursor:pointer;padding-top:10px;}*/
    .tagCols{width:550px;margin:auto 0;    text-align:  center;margin-bottom:
10px;height:50px;line-height: 45px;}
    .tagCols span{font-size:20px;}
    .col-lg-2 {width:30%;}
</style>
{% endblock custom_css %}

{% block body %}
<div id="page">
<div id="personal_head" style="font-family:"Microsoft YaHei UI"; font-size:
16px;" >
    <div class="PortraitImg" ><img id="portraitImg" src="" alt="" class="img-
circle"></div>
    <div class="nickname" id="nickname"></div>
</div>

<!-- <div id="float-wrap" class="hidden"></div> -->
<div class='row'>
<div class="box col-md-12" >
    <div class="box-inner" id = 'box-height' style="float:left">
        <div class="box-header well" data-original-title style="padding-top:5px">

            <span class="TabTitle" style="font-weight:bold;font-size:16px;">用户
画像关联维度</span>
```

```
                    </div>
                <div id="contact_select" class="box-content" style="float:left">
                    <div class="col-md-12">
                        <div class='controls'>
                            <label style="margin-left:38px;color:grey;font-weight: normal">
用户画像维度的关联权重，范围是 0-5 的整数，权重为 0 则忽略该关联维度。</label>
                            <div class='col-md-12' style="margin-bottom:4px">
                                <div class='col-lg-2'>
                                    <span class="input-group-addon" style="width:170px;
padding:0px; border:1px solid white;background-color:white; display:inline-block" >行
业: <span id="domain"> </span></span>
                                        <input type='text' class="form-control" style='width:
10%; display: inline-block;height:25px'  value='1'>
                                </div>
                                <div class='col-lg-2'>
                                    <span class="input-group-addon" style="width:170px;
padding:0px; border:1px solid white;background-color:white; display:inline-block" >立
场倾向性: <span id="politics"> </span></span>
                                        <input type='text' class="form-control" style='width:
10%; display: inline- block;height:25px' value='0'>
                                </div>
                                <div class='col-lg-2'>
                                    <span class="input-group-addon" style="width:170px;
padding:0px; border:1px solid white;background-color:white; display:inline-block">话
题: <span  id="topic"></span> </span>
                                        <input type='text' class="form-control" style='width:
10%; display: inline-block;height:25px' value='0'>
                                </div>

                                <div class='col-lg-2'>
                                    <span class="input-group-addon" style="width:170px;
padding:0px; border:1px solid white; background-color:white;display:inline-block" >关
键词: <a id="keywords_string" href= "#" data-toggle="modal" data-target="#more_ keywords"  >
</a></span>
                                        <input type='text' class="form-control" style='width:
10%; display: inline;height:25px' value='0'>
                                </div>
                                <div class='col-lg-2'>
                                    <span class="input-group-addon" style="width:170px;
padding:0px; border:1px solid white;background-color:white; display:inline-block">地理
位置: <a id="geo_activity"  href="#" data-toggle="modal" data-target="#more_ location" > </a>
</span>
                                        <input   type='text'   class="form-control"   style=
'width: 10%; display: inline-block;height:25px' value='0'>
                                </div>
                                <div class='col-lg-2'>
                                    <span class="input-group-addon" style="width:170px;
padding:0px; border:1px solid white; background-color:white;display:inline-block" >社
交话题: <a id="hashtag" href="#" data- toggle="modal" data-target="#more_ hashtag" >
</a></span>
```

```
                                    <input type='text'class="form-control" style='width:
10%; display: inline;height:25px' value='0'>
                            </div>
                            <div class='col-lg-2'>
                                <span class="input-group-addon" style="width:170px;
padding:0px; border:1px solid white; background-color:white;display:inline-block" >特
殊标签词: <a id="sensitive_ words_string" href="#" data-toggle="modal" data-target=
"#more_ sensitive"  ></a></span>
                                <input  type='text'  class="form-control"  style=
'width:10%; display: inline;height:25px' value='0'>
                            </div>
                        </div>
                        <div class='col-md-12' id='tag' >

                        </div>
                    </div>
                </div>
                <div class="col-md-12" style='margin-top:11px'>
                    <div class='col-md-12' style='text-align:right; padding-right:
35px'>

                        <span class="label label-success" style='cursor:pointer;
background-color:rgba (69, 133, 195, 0.89)'>提交</span>
                    </div>
                </div>
            </div>
        </div>
    </div>

    </div>
            <span type="button" id="compare_button" style="float:right;font-size:
16px;cursor: pointer" onclick="diy_button();">
                <span class="label label-success" style="background-color:rgba(69,
133, 195, 0.89); color:white;padding:5px">添加用户标签</span>

            </span>

        <ul class="nav nav-tabs" id="myTab">
            <li class="active" title="列表视图"><a href="#inf_recom">列表展示图</a>
</li>

            <li title="图标视图"><a href="#sen_recom">趋势展示图</a></li>

        </ul>
        <div id="myTabContent" class="tab-content">
          <div class="tab-pane active" id="inf_recom" style="margin-top:10px">
                <!-- <div class="main col-sm-9 col-md-10"> -->
                    <!-- <div class="col-sm-12"> -->
                        <div class="panel panel-default" style="max-height: 500px;
overflow-y: auto;width: 980px;/* margin-left: -30px; */height: 195px;" id='table'>
                        </div>
                        <!-- </div> -->
```

```
                    <div style="float:left; line-height:40px;">关联用户总共有<span id=
"relatednum"> </span>人</div>

                        <div style=" margin-left:880px">

                            <button class="btn btn-primary btn-sm" style="width:
80px;height:40px; margin-right:5px" name="group_button" id="group_button" onclick=
"group_button();">群体分析</button>
                        </div>
                    </div>
                    <div class="tab-pane " id="sen_recom" style="margin-top:10px">
                        <div class="main col-sm-9 col-md-10">
                            <div class="col-sm-12">
                                <div class="panel panel-default" style="width:945px;
height:500px; margin- left:-30px" id='echart'>
                                </div>
                            </div>
                        </div>
                    </div>
                </div>
            </div>
```

6）人物维度分析前端界面如图 8-42 所示。

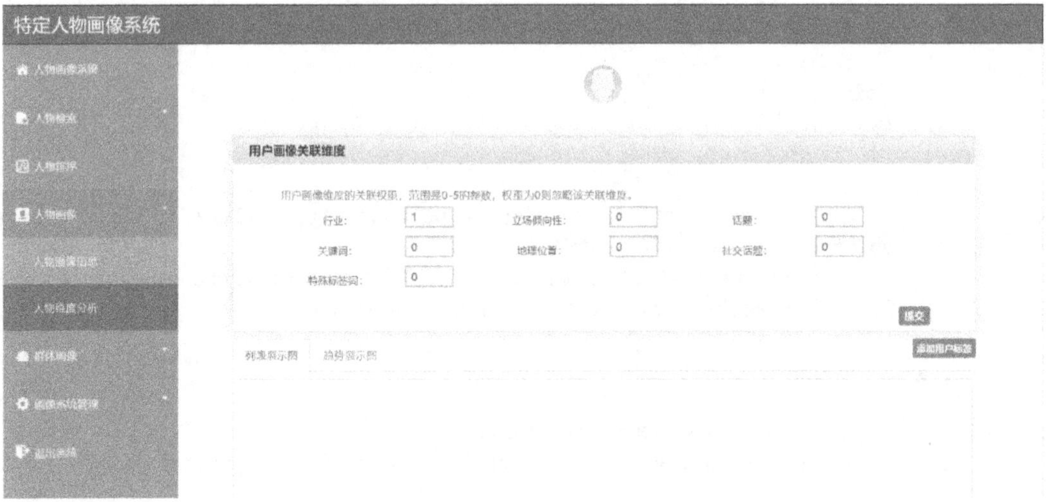

图 8-42  人物维度分析

## 8.5.3  用户群体画像

在上述单个用户画像的基础上，使用前述的聚类、相似度计算等相关算法，实现用户群体的挖掘、画像描述和统计分析，用户群体画像包含群体画像和群体分析两个模块，群体画像模块中包含了单个用户群体画像、多个用户群体画像、特定属性群体画像、特定事件群体画像，及用户到群体、属性到群体、事件到群体的描述分析。

1）在 app.py 文件中添加创建的用户群体页面 groupfind.html 和 groupanalysis.html，代码如下。

```
@app.route('/index/groupfind/')
def group_list():
    return render_template('index/groupfind.html')
@app.route('/index/groupanalysis/')
def group():
    return render_template('index/groupanalysis.html')
```

2）由于篇幅原因，仅描述在工程下 template 文件夹的 index 文件夹下创建 groupfind.html 文件，实现用户到群体、属性到群体、事件到群体的用户群体画像，并通过查询数据库提取群体画像数据信息，部分代码如下。

```
{% extends "index/base.html" %}
    {% block title %}<h1 align="center">用户群体画像</h1>{% endblock title %}
    {% block custom_css %}
        {{ super() }}
        <style>
            .dataTables_length{display:none;}
            .dataTables_filter{display:none;text-align:right;margin-bottom:
5px;}
            .dataTables_paginate{margin-top:-10px;margin-bottom:-20px;}
            .wrapper{min-height:330px;margin-top:50px;margin-left:-20px;
background: #fff;position: relative;}
            #tab{width: 160px;height:284px;}
            #tab_left,#tab_con{margin: 0px;background: #fff;} #tab,#tab_con
{float: left;}
            #tab_left{width:180px;height:380px;font-family:"Microsoft Yahei"}
            #tab_left li{list-style-type: none;font-size: 20px;text-align:
center;border-top: 1px solid #ccc;}
            #tab_left li a{color: #000;opacity:0.7;text-decoration: none;
line-height: 80px;width: 160px;height: 70px;display: block;background: #fff;text-
shadow:1px 1px 2px #ccc;border-left: 1px solid #ccc;}
            #tab_left li.current a{background: #dde4f2;text-decoration: none;
border-left: 1px solid #f00;text-shadow:1px 1px 2px #ccc;}
            #tab_left li a:hover{background: #dde4f2;text-decoration: none;
border-left: 1px solid #f00;text-shadow:1px 1px 2px #ccc;}
            #tab_con{width: 820px;overflow: hidden;margin-bottom:65px;}
                .col-lg-2 {width:30%;}
        </style>
        <link rel="stylesheet" href="/static/custom/css/overview.css" media="screen" />
        <link type="text/css" href="/static/personal/css/style.css" rel="stylesheet"/>
    {% endblock custom_css %}
    {% block head_js %}
        {{ super() }}

    {% endblock head_js %}
    {% block body %}
```

```html
            <link      rel="stylesheet"      type="text/css"      href="/static/css/jquery.
datetimepicker.css"/>
            <script  type="text/javascript"  src="/static/js/jquery.datetimepicker.js">
</script>
        <div id="page" style="margin-left:0">
        <div id='content'>
        <h2  align="center">用户群体画像</h2>
            <div class="box-content">

                <div id="myTabContent" class="tab-content">
                    <div id="content_discovery" class="tab-pane active" style="margin-
top:10px">

                        <div class="wrapper">
                            <div id="tab">
                                <ul id="tab_left">
                                    <li id="tab_left_1" class="current"><a href="#tab_
con">用户<img src="/static/img/go-next-icon.png" style="width:20px;margin: 0 5px;">群
体</a></li>
                                    <li  id="tab_left_2"><a  href="#tab_con"> 属 性 <img
src="/static/img/ go-next-icon.png" style="width:20px;margin: 0 5px;">群体</a></li>
                                    <li  id="tab_left_3"><a  href="#tab_con"> 事 件 <img
src="/static/img/ go-next-icon.png" style="width:20px;margin: 0 5px;">群体</a></li>
                                </ul>
                            </div>
                            <div id="tab_con">
                                <div id="tab_con_1">
                                    {% include "index/group/startuser.html"%}

                                </div>
                                <div id="tab_con_2" style='display:none'>
                                    {% include "index/group/attribute_pattern.html"%}
                                </div>
                                <div id="tab_con_3" style='display:none'>
                                    {% include "index/group/event_pattern.html"%}
                                </div>
                                <!--
                                <div id="tab_con_4" style='display:none'>
                                    {% include"index/group/group_social_sensing.html"%}
                                </div>
                                -->
                            </div>
                        </div>
                        <div >
                            <div id="dis_table" style="width:900px;margin-left:40px;">
                            </div>
                        </div>
                    </div>
                </div>
                <div id="content_manage" class="tab-pane" style="margin-top:10px">

                </div>
```

```
            </div>
        </div>

        <div class="modal fade" id="group_control" tabindex="-1" role="dialog"
aria-labelledby= "myModalLabel">
            <div class="modal-dialog" role="document" style="width:850px;">
                <div class="modal-content">

                    <div class="modal-body">
                        <span>群体名称：</span>
                        <input type='text' style='width:38%;margin-left:10px;display:inline-
block;height:25px' name="con_group_name" /></span>
                        <span style="margin-left:10px;">备注：</span>
                        <input type='text' style='width:35%;margin-left:10px;display:
inline-block;height:25px; margin-right:40px;' name="con_remark" ></span>
                        <div style="width:100%">
                            <span style="margin-top:10px;display:inline-block">终止时间：
</span>
                            <input name="con_end_time" type='text' style='margin-left:10px;
width:145px;margin- top:10px;display:inline-block;height:25px'>
                        </div>

                    <div class="modal-footer">
                        <button type="button" class="btn btn-default" data-dismiss=
"modal">关闭</button>
                        <button type="button" class="btn btn-primary" data-dismiss=
"modal" id="group_ control_confirm_button">提交</button>
                    </div>
                </div>
            </div>
        </div>
        </div>
        </div>


        <div class="modal fade" id="group_analyze" tabindex="-1" role="dialog"
aria-labelledby= "myModalLabel">
            <div class="modal-dialog" role="document" style="width:850px;">
                <div class="modal-content">
                    <div class="modal-header">
                        <button type="button" class="close" data-dismiss="modal" aria-
label="Close"><span aria-hidden="true">&times;</span></button>
                        <h4 class="modal-title" id="myModalLabel">提交分析群体</h4>
                    </div>
                    <div class="modal-body">
                        <span>群体名称：</span><span id="group_name0" style="margin-left:
10px;margin-right:250px;"></span>
                        <span style="margin-left:10px;">备注：</span>
                        <span id="remark0" style="width:400px"></span>
                        <div id="group_analyze_confirm" style="margin-top:30px;overflow-
```

```
y:auto;max-height: 300px;"></div>
                </div>
                <div class="modal-footer">
                    <button type="button" class="btn btn-default" data-dismiss="modal">关
闭</button>
                    <button type="button" class="btn btn-primary" data-dismiss=
"modal" onclick= "group_ analyze_confirm_button()">确认</button>
                </div>
            </div>
        </div>
    </div>


        <div class="modal fade" id="table_search" tabindex="-1" role="dialog"
aria-labelledby= "myModalLabel">
            <div class="modal-dialog" role="document" style="width:850px;">
                <div class="modal-content">
                <div class="modal-header">
                    <button type="button" class="close" data-dismiss="modal" aria-
label="Close"><span aria-hidden="true">&times;</span></button>
                    <h4 class="modal-title" id="myModalLabel">搜索条件</h4>
                </div>
                <div class="modal-body">
                    <div style='width:300px;margin: 0px auto;'>
                        <div style="margin-top:5px;">群组名称：<input type="text" id=
"groupName" class="input searchinput" name="task_name" placeholder="请输入群组名称"
style="float: right;width: 175px;"/></div>
                        <div style="margin-top:10px;"> 备 注： <input type="text" id=
"groupState" class= "input searchinput" name="state" placeholder="请输入备注" style=
"float: right;width: 175px;"/></div>
                        <div style="margin-top:10px;"> 时 间： <input type="text" id=
"groupState" class= "input searchinput" name="submit_date" placeholder="请输入时间"
style="float: right;width: 175px;"/> </div>
                        <div style="margin-top:10px;">提交用户：<input type="text" id=
"submitUser" class="input searchinput" name="submit_user" placeholder="请输入提交用户"
style="float: right;width: 175px;"/> </div>
                        <div style="margin-top:10px;">群体发现类型:
                            <select name="detect_type" class="searchinput" style=
"width:174px; height: 24px;float: right;">
                                <option value="" selected = "selected">全部</option>
                                <option value="single" >单个用户群体画像</option>
                                <option value="multi">多用户群体画像 </option>
                                <option value="attribute">特定属性群体画像</option>
                                <option value="event">特定事件群体画像</option>

                            </select></div>
                    </div>
                </div>
                <div class="modal-footer">
                    <button type="button" class="btn btn-default" data-dismiss=
"modal">关闭</button>
```

```
                    <button  type="button"  class="btn  btn-primary"  data-dismiss=
"modal" onclick="group_ search_button()">确认</button>
                    </div>
                </div>
            </div>
        </div>

        <div  class="modal  fade"  id="task_search"  tabindex="-1"  role="dialog"
aria-labelledby= "myModalLabel">
            <div class="modal-dialog" role="document" style="width:850px;">
                <div class="modal-content">
                    <div class="modal-header">
                        <button  type="button"  class="close"  data-dismiss="modal"  aria-
label="Close"><span aria-hidden="true">&times;</span></button>
                        <h4 class="modal-title" id="myModalLabel">搜索条件</h4>
                    </div>
                    <div class="modal-body">
                        <div style='width:300px;margin: 0px auto;'>
                            <div style="margin-top:5px;">群组名称：<input type="text"  id=
"groupName0" class="input searchinput" name="task_name0" placeholder="请输入群组名称"
style="float: right;width: 175px;"/></div>
                            <div  style="margin-top:10px;"> 备注 ： <input  type="text"  id=
"groupState0"  class= "input searchinput"  name="state0"  placeholder="请输入备注"
style="float: right;width: 175px;"/></div>
                            <div  style="margin-top:10px;"> 时间 ： <input  type="text"  id=
"groupState" class= "input searchinput" name="submit_date0" placeholder="请输入时间"
style="float: right;width: 175px;"/> </div>

                        </div>
                    </div>
                    <div class="modal-footer">
                        <button  type="button"  class="btn  btn-default"  data-dismiss=
"modal">关闭</button>
                        <button  type="button"  class="btn  btn-primary"  data-dismiss=
"modal" onclick="task_ search_button()">确认</button>
                    </div>
                </div>
            </div>
        </div>

        <input type="hidden" id="submituser" name="submituser" value="{{g.user}}"/>

        {% endblock body %}
```

3）程序运行部署后，选择"群体画像"→"用户群体画像"选项，系统中用户到群体的显示结果如图 8-43 所示。

图 8-43　用户群体画像

# 习题

### 1．简答题

1）用户画像设计过程包含哪些方面？

2）用户画像的标签体系有哪些？

3）基础标签如何创建？

4）如何实现用户属性的可视化？

5）用户兴趣挖掘和用户行为挖掘有什么不同？

### 2．操作题

编写一个用户画像前端系统程序，系统要求如下。

1）实现数据的自动读取、存储、展示。

2）支持个人画像和群体画像分析。

3）支持关键词和敏感人物画像。

4）支持不同类型事件、属性画像分析。